高等职业教育土建类“十四五”系列教材

建筑工程识图与CAD

JIANZHU GONGCHENG SHITU YU CAD

主　编　张义坤　裴文祥

副主编　周春林　蔡祖霞

参　编　李海强　田　源

華中科技大學出版社

http://press.hust.edu.cn

中国·武汉

图书在版编目(CIP)数据

建筑工程识图与 CAD / 张义坤，裴文祥主编. -- 武汉 ：华中科技大学出版社，2024. 8.
ISBN 978-7-5772-1144-2

Ⅰ. TU204.21；TU201.4

中国国家版本馆 CIP 数据核字第 20242UT424 号

建筑工程识图与 CAD
Jianzhu Gongcheng Shitu yu CAD

张义坤　裴文祥　主编

策划编辑：康　序
责任编辑：刘艳花
封面设计：岸　壳
责任监印：周治超
出版发行：华中科技大学出版社(中国・武汉)　　电话：(027)81321913
　　　　　武汉市东湖新技术开发区华工科技园　　邮编：430223
录　　排：武汉三月禾文化传播有限公司
印　　刷：武汉市洪林印务有限公司
开　　本：787mm×1092mm　1/16
印　　张：16
字　　数：410 千字
版　　次：2024 年 8 月第 1 版第 1 次印刷
定　　价：55.00 元

前言

Preface

本书以习近平新时代中国特色社会主义思想为指导，按照《关于推动现代职业教育高质量发展的意见》的要求，结合职业教育越来越看重学生的实践操作能力的特点，以“岗课赛证”综合育人为培养目标，根据土建大类岗位群对工程识图与绘制的技能要求，坚持“理论够用、重在实践”的高职教育特点，体现“教、学、训、思”一体的教学模式，注重教学、训练以及“1＋X”职业技能等级考试理论知识与技能需求统筹覆盖，实现将“以知识体系为中心”转变为“以能力达成为中心”的教学目标。

本书课程内容选择符合德技并修、理论够用、重在实践、手脑并用、工学结合的高素质和高技能人才培养模式。本书主要在以下几个方面作出了安排。

第一，将传统的“建筑制图与识图”课程中理论性强且在实际工作中几乎不用的内容去掉，体现“理论够用、重在实践”的特点，以适合高职高专学生使用。

第二，摒弃“建筑制图与识图”尺规作图部分，本书根据现在行业发展需求将手工绘图修改为计算机绘图。学生在掌握基本的知识点和识图方法后，绘图部分直接用 CAD 的知识点代替，内容完善且连贯。

第三，考虑到初学者空间想象能力较差，本书利用 Revit 软件创建了大量的模型资源，促进初学者空间想象力的培养。本书以实际工程图（见附录中的二维码）为载体，贯穿项目 2 到项目 6 中，便于教师教学和学生学习。

本书采用项目化教学的模式，每个项目下有若干任务，内容连贯、思路清晰，使学生更容易学习、掌握，也更容易产生兴趣。

本书由重庆科创职业学院的张义坤、裴文祥担任主编，重庆春林建设工程咨询有限公司的周春林、蔡祖霞担任副主编，重庆荣炜旭工程建设有限公司的李海强和重庆科创职业学院的田源参与编写。本书具体编写分工为：张义坤编写项目 1；裴文祥编写项目 4；周春林编写项目 3；蔡祖霞编写项目 2；李海强编写项目

5;田源编写项目 6。在此,本着校企友好合作精神,特别鸣谢重庆市建筑工程设计院有限责任公司提供的施工图,感谢贵公司对教育事业的大力支持。

为了方便教学,本书还配有电子课件等资料,任课教师可以发邮件至 husttujian@163.com 索取。

由于编者教学经验和学术水平有限,编写时间仓促,本书难免存在疏漏和错误之处,敬请读者批评、指正。

编 者

2024 **年** 6 **月**

目录

Contents

项目1

建筑投影基本知识与应用

JIANZHU TOUYING JIBEN ZHISHI YU YINGYONG

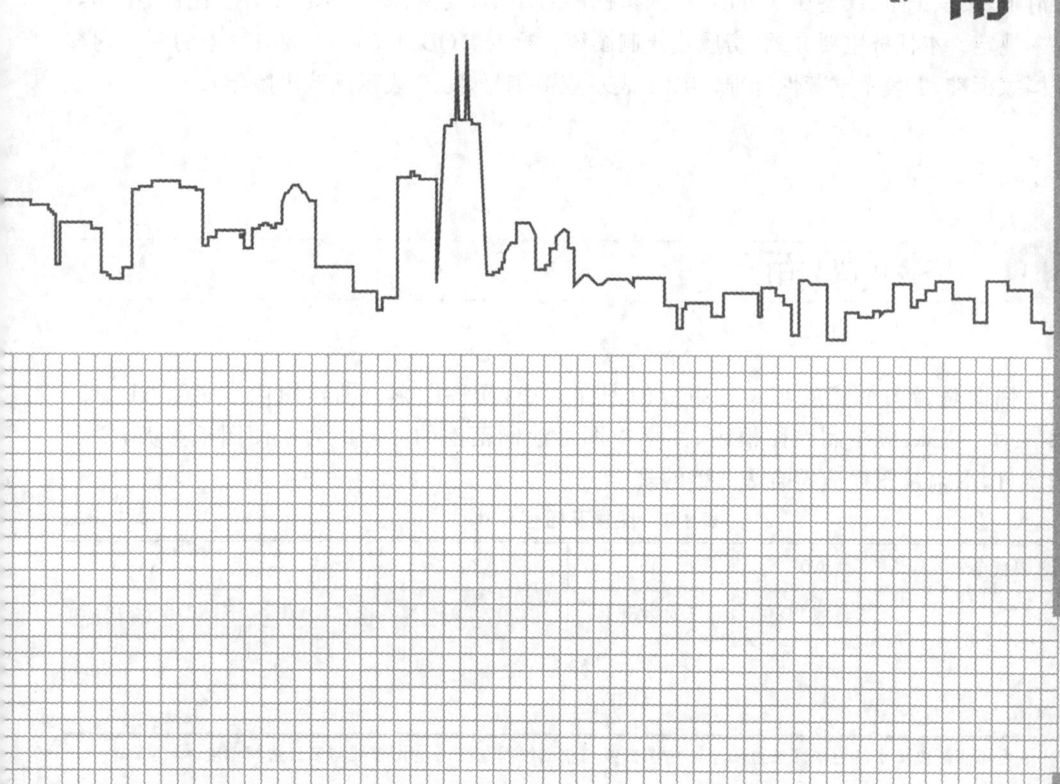

任务1 建筑制图基本知识

任务目标

(1) 熟练掌握国家制图标准的基本规定，能够运用各种线型绘制图样，能够书写工程文字和数字。

(2) 掌握尺寸的组成，理解标注规则，能够正确地进行尺寸标注。

建筑图纸是建筑设计和施工中的重要技术资料，是交流技术信息的工程语言。为使建筑施工图清晰、文字工整、线型层次分明等，国家标准对图幅、线型、线宽、尺寸标注、比例、字体等进行统一规定。本任务主要介绍《房屋建筑制图统一标准》(GB/T 50001—2017)中的部分内容(GB表国家标准，T表示推荐性标准，50001表示规范编号，2017表示规范出版年)。

1.1 图纸幅面

图纸幅面是指图纸宽度与长度组成的图面大小，简称图幅。图幅用代号A0、A1、A2、A3、A4表示。图纸应绘制在图框内，图框指图纸绘制范围的界限。为了使图纸整齐，便于保管和装订，图幅及图框应符合表1-1的规定。

表1-1 图幅及图框尺寸 单位：mm

图幅代号	A0	A1	A2	A3	A4
$b \times l$	841×1189	594×841	420×594	297×420	210×297
c	10			5	
a	25				

注：表中b为幅面短边尺寸，l为幅面长边尺寸，c为图框线与幅面线间宽度，a为图框线与装订边间宽度。

图纸中应有标题栏、图框线、幅面线、装订边线和对中标志。图纸的标题栏及装订边的位置，应符合下列规定：横式使用的图纸，长边作为水平边使用的图幅称为横式图幅，应按图 1-1 规定的形式布置；立式使用的图纸，短边作为水平边使用的图幅称为立式图幅，应按图 1-2 规定的形式进行布置。

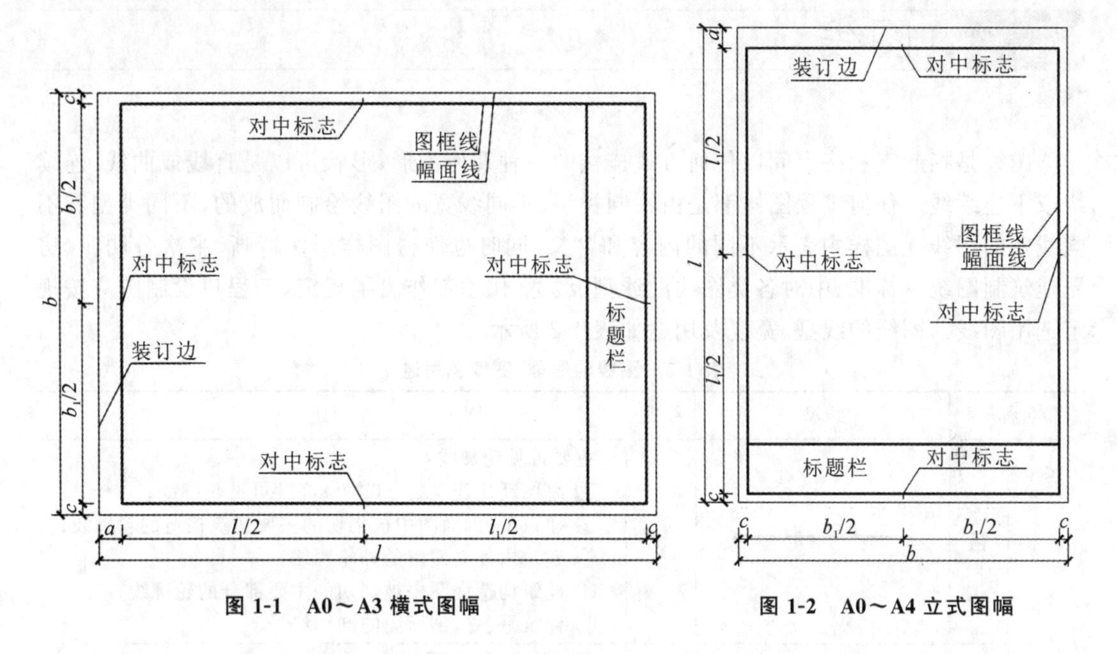

图 1-1 A0～A3 横式图幅　　图 1-2 A0～A4 立式图幅

标题栏和会签栏应根据工程的需要选择确定标题栏、会签栏的尺寸、格式及分区，规范中给出了参考，如图 1-3、图 1-4 所示，设计单位也可以根据各单位需求设计出不同样式的标题栏、会签栏。

设计单位名称区	注册师签章区	项目经理签章区	修改记录区	工程名称区	图号区	签字区	会签栏

30～50

图 1-3 标题栏

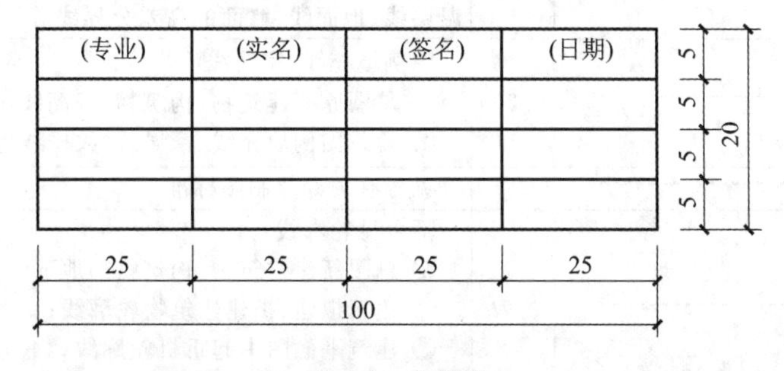

图 1-4 会签栏

1.2 图线

图线是指起点和终点间以任何方式连接的一种几何图形，形状可以是直线或曲线，连续线或不连续线。任何工程图样都是由不同类型、不同线宽的图线绘制而成的，不同类型和不同线宽的图线在图样中表示不同的内容和含义，同时也使得图样层次清晰、主次分明。《房屋建筑制图统一标准》中对各类图线的线型、线宽、用途都作出了规定，工程建设制图应按规定选用图线。图线的线型、宽度及用途如表 1-2 所示。

表 1-2　图线的线型、宽度及用途

名称		线型	线宽	用途
实线	粗		b	主要可见轮廓线： ① 总图新建建筑物±0.000 高度可见轮廓线； ② 建筑平、剖面图中被剖切的主要建筑构造的轮廓线； ③ 建筑内外立面图的外轮廓线； ④ 建筑构造详图中被剖切的主要部分的轮廓线； ⑤ 建筑平、立、剖面图的剖切符号
	中粗		$0.7b$	可见轮廓线、变更云线： ① 总图新建建筑物、道、桥、涵、边坡、围墙等可见轮廓线； ② 建筑平、剖面图中被剖切的次要建筑构造的轮廓线； ③ 建筑平、立、剖面图中建筑构配件的轮廓线； ④ 建筑构造详图及建筑构配件详图中的一般轮廓线； ⑤ 建筑施工图中变更云线
	中		$0.5b$	可见轮廓线、尺寸线： ① 总图新建建筑物、道、桥、涵、边坡、围墙等可见轮廓线； ② 建筑小于 $0.7b$ 图形线、尺寸线、尺寸界线、索引符号线、标高符号线、详图材料做法说明线、引出线、粉刷线、保温层线、地面线、墙面的高差分界线等
	细		$0.25b$	图例填充线、家居线： ① 总图原有建筑物、构筑物、等高线等可见轮廓线； ② 建筑图例填充线、家居线、纹样线等
虚线	粗		b	见各有关专业制图标准
	中粗		$0.7b$	不可见轮廓线： ① 总图新建建筑物、构筑物的地下轮廓线； ② 建筑拟建、扩建建筑物轮廓线； ③ 建筑平面图中起重机轮廓线； ④ 建筑构造详图及建筑构配件不可见的轮廓线
	中		$0.5b$	不可见轮廓线、图例线： ① 总图计划预留用地各线； ② 建筑投影线、小于 $0.5b$ 的不可见轮廓线
	细		$0.25b$	图例填充线、家居线： ① 建筑图例填充线、家居线； ② 总图原有建筑物、构筑物的地下轮廓线

续表

名称		线型	线宽	用途
单点长画线	粗		b	建筑起重机轨道线
	中		$0.5b$	见各有关专业制图标准
	细		$0.25b$	① 总图分水线、中心线、对称线、定位轴线； ② 建筑中心线、对称线、定位轴线、屋顶分水线
双点长画线	粗		b	总图用地红线
	中		$0.5b$	见各有关专业制图标准
	细		$0.25b$	总图建筑红线
折断线	细		$0.25b$	部分省略表示时的断开界线
波浪线	细		$0.25b$	部分省略表示时的断开界线、曲线形构件的断开界线、构造层次的断开界线

图线的基本线宽 b 应根据图形的复杂程度以及绘制的比例大小从表1-3线宽组中选取。同一张图纸内，相同比例的各图样应选用相同的线宽组。

表1-3 线宽组

单位：mm

线宽	线宽组			
b	1.4	1.0	0.7	0.5
$0.7b$	1.0	0.7	0.5	0.35
$0.5b$	0.7	0.5	0.35	0.25
$0.25b$	0.35	0.25	0.18	0.13

注：(1) 需要缩微的图纸，不宜采用0.18mm及更细的线宽。

(2) 同一张图纸内，各不同线宽中的细线，可统一采用较细的线宽组的细线。

(3) 图线线宽均指打印成品图纸的线宽。大比例图纸线宽 b 宜选用1.4mm，中比例图纸线宽 b 宜选用1.0mm或0.7mm，小比例图纸线宽 b 宜选用0.5mm。

图纸的图框和标题栏线可采用表1-4所示的线宽。

表1-4 图框和标题栏线的线宽

单位：mm

图幅代号	图框线	标题栏外框线对中标志	标题栏分割线幅面线
A0、A1	b	$0.5b$	$0.25b$
A2、A3、A4	b	$0.7b$	$0.35b$

要正确地绘制一张工程图，除了确定线型和线宽外，还应注意以下事项。

(1) 相互平行的图例线净间隙或线中间隙不宜小于0.2mm。

(2) 虚线、单点长画线或双点长画线的线段长度和间隔宜各自相等。

(3) 当在较小图形中绘制单点长画线或双点长画线有困难时，可用实线代替。

(4) 单点长画线或双点长画线的两端，不应采用点。点画线与点画线交接或点画线与其他图线交接时，应采用线段交接。

(5) 虚线与虚线交接或虚线与其他图线交接时，应采用线段交接。虚线为实线的延长线时，不得与实线相接。

(6) 图线不得与文字、数字或符号重叠、混淆，不可避免时，应首先保证文字清晰。

1.3 字体

字体是指文字的风格式样，又称书体。工程图的文字与数字是工程图样的重要组成部分。文字说明施工的做法与构造要求，数字标明尺寸和标高等。工程图纸上常用的有汉字、阿拉伯数字和拉丁字母，有时也会出现罗马数字、希腊字母等。制图标准中规定：图纸上书写的文字均应笔画清晰、字体端正、排列整齐，标点符号应清晰、正确。

1.3.1 汉字

汉字的书写应遵守《汉字简化方案》和有关规定，汉字一律书写为长仿宋体，如图 1-5 所示。

图 1-5 长仿宋体字示例

文字高度应符合表 1-5 要求，字高大于 10mm 的文字宜采用 True type 字体，当需书写更大的字体时，字体高度应按$\sqrt{2}$递增。同一图纸的字体种类不应超过两种，长仿宋体字的高、宽比应符合表 1-5 的规定。

表 1-5 长仿宋体字的高、宽关系 单位：mm

字高	3.5	5	7	10	14	20
字宽	2.5	3.5	5	7	10	14

在实际应用中，汉字的字高应不小于 3.5 mm。

1.3.2 字母与数字

图样及说明中的字母、数字宜优先采用 True type 字体中的 Roman 字型，字母及数字如果需要写成斜体字，其斜度应是从字的底线逆时针向上倾斜 75°。斜体字的高度和宽度应与相应的直体字相等。字母及数字的字高应不小于 2.5 mm,数量的数值注写应采用正体阿拉伯数字。

长仿宋汉字、字母、数字应符合现行国家标准《技术制图　字体》(GB/T 14691—1993)的有关规定。

1.4 比例

比例指图中图形与其实物相应要素的线性尺寸之比。工程图是建筑施工、预算等的主要依据,工程图中的图形最好画成与实物一样大小,以便直接从图上看出物体的实际大小,但是一般情况下,很难将物体按照实际大小画在图上,工程中会按照一定的比例将实物放大或缩小。比例的符号应为“:”,比例应以阿拉伯数字表示,比例宜注写在图名的右侧,字的基准线应取平,比例的字高宜比图名的字高小一号或二号,如图 1-6 所示。一般情况下,一个图样应选用一种比例,绘图所用的比例应根据图样的用途与被绘对象的复杂程度从表 1-6 中选用,并应优先采用表 1-6 中的常用比例。根据专业制图需要,同一图样可选用两种比例。特殊情况下也可自选比例,这时除应注出绘图比例外,还应在适当位置绘制出相应的比例尺。需要缩微的图纸应绘制比例尺。

平面图　1:100　　⑥　1:20

图 1-6　比例的注写

表 1-6　绘图比例选用表

图名	常用比例	可用比例
总平面图	1:500、1:1000、1:2000	1:400、1:600、1:5000、1:10000
建筑物或构筑物的平面图、立面图、剖面图	1:50、1:100、1:150、1:200	1:250、1:300
建筑物或构筑物的局部放大图	1:10、1:20、1:30、1:50	1:15、1:25、1:40、1:60、1:80
构配件及构造详图	1:1、1:2、1:5、1:10、1:20、1:30、1:50	1:15、1:25、1:40

1.5 尺寸标注

图样中的图形只能表示建筑物的形状,不能表示建筑物的大小和位置关系,这些需要通过标准尺寸来体现,同时尺寸标注也是建筑施工、预算参考的重要依据。施工图中的尺寸数值表明物体的真实大小,与绘图时所用的比例无关。

1.5.1 尺寸的组成

尺寸标注由尺寸界线、尺寸起止符号、尺寸数字和尺寸线四个要素组成,如图 1-7 所示。

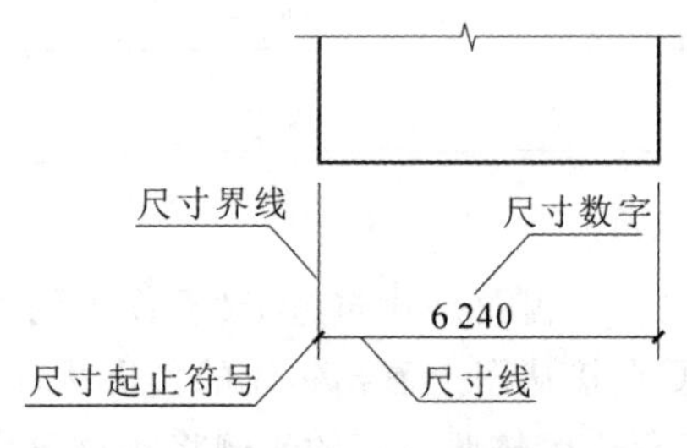

图 1-7 尺寸标注组成

1. 尺寸界线

尺寸界线应用细实线绘制,应与被注长度垂直,其一端应离开图样轮廓线不小于 2 mm,另一端宜超出尺寸线 2～3 mm,图样轮廓线可用作尺寸界线,尺寸线应用细实线绘制,应与被注长度平行,两端宜以尺寸界线为边界,也可超出尺寸界线 2～3 mm,图样本身的任何图线均不得用作尺寸线。

2. 尺寸起止符号

尺寸起止符号用中粗斜短线绘制,其倾斜方向应与尺寸界线成顺时针 45°角,长度宜为 2～3 mm。

3. 尺寸数字

尺寸数字应按照规定的字体书写,字高一般是 2.5 mm 或 3.5 mm。

图样上的尺寸应以尺寸数字为准,不应从图上直接量取,图样上的尺寸单位,除标高及总平面以米为单位外,其他都以毫米为单位。尺寸数字的方向应按图 1-8(a)的形式注写。若尺寸数字在 30°斜线区内,也可按图 1-8(b)的形式注写。

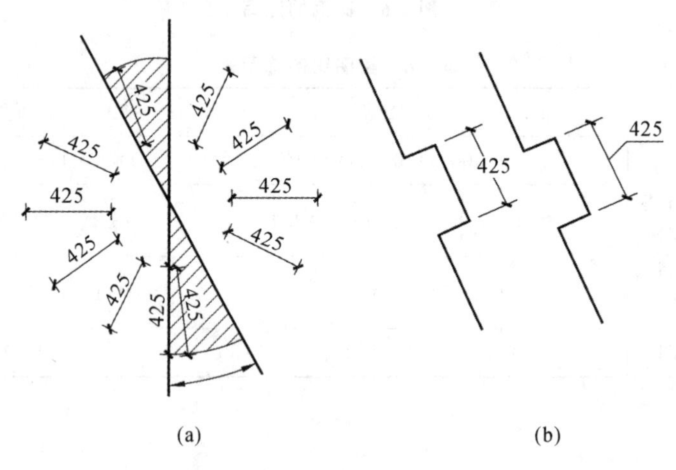

图 1-8 尺寸数字的注写方向

尺寸数字应依据其方向注写在靠近尺寸线的上方中部。如没有足够的注写位置,最外边的尺寸数字可注写在尺寸界线的外侧,中间相邻的尺寸数字可上下错开注写,可用引出线表示标注尺寸的位置(见图 1-9)。

4. 尺寸线

尺寸线与图样最外轮廓线的间距不宜小于 10 mm,平行排列的尺寸线的间距宜为 7～

10 mm,并保持一致,如图 1-10 所示。

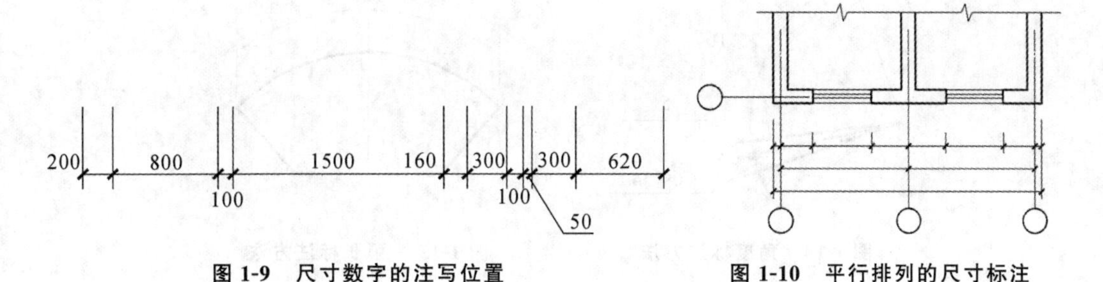

图 1-9　尺寸数字的注写位置

图 1-10　平行排列的尺寸标注

1.5.2　圆、球、角度、弧长、弦长等尺寸标注

(1) 圆的尺寸标注。在标注圆的直径尺寸数字前面,加注直径符号“ϕ”,如图 1-11 所示;在标注圆的半径尺寸数字前面,加注半径符号“R”,如图 1-12 所示。

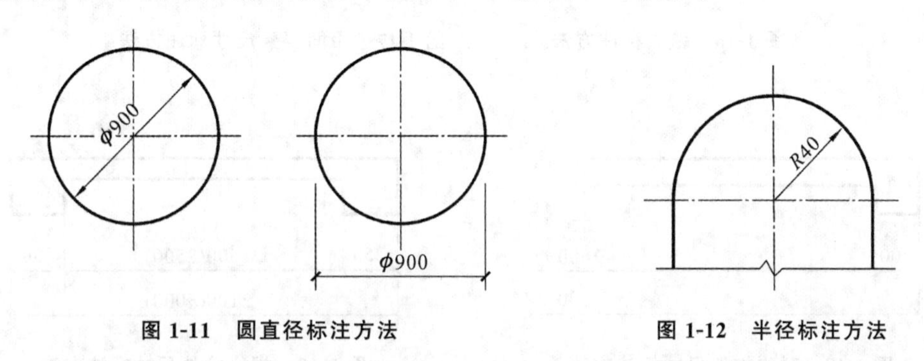

图 1-11　圆直径标注方法

图 1-12　半径标注方法

(2) 球的尺寸标注。标注球径时,在数字前面加注球半径符号“SR”或球直径符号“$S\phi$”,如图 1-13 所示。

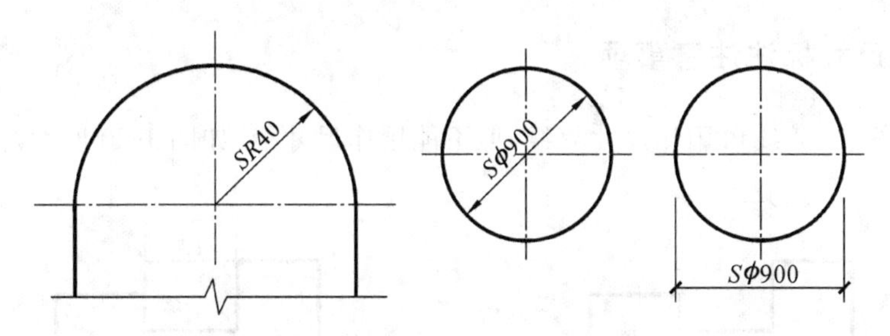

图 1-13　球的半径、直径的标注方法

(3) 角度、弧长、弦长、相同要素、对称构件、相似构件的尺寸标注应满足规范要求,如图 1-14、图 1-15、图 1-16、图 1-17、图 1-18、图 1-19 所示。

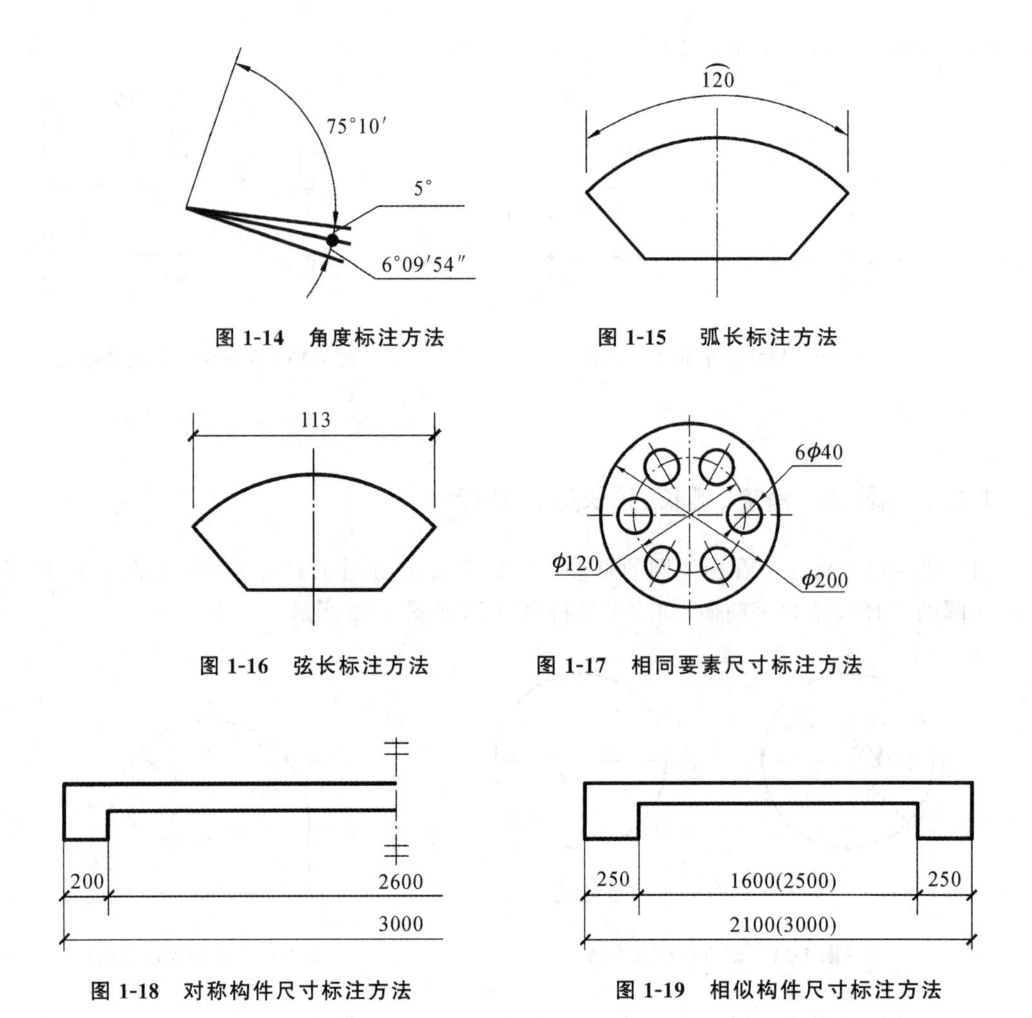

图 1-14 角度标注方法

图 1-15 弧长标注方法

图 1-16 弦长标注方法

图 1-17 相同要素尺寸标注方法

图 1-18 对称构件尺寸标注方法

图 1-19 相似构件尺寸标注方法

1.5.3 尺寸标注注意事项

(1) 轮廓线、中心线可用作尺寸界线，但不能用作尺寸线，如图 1-20 所示。

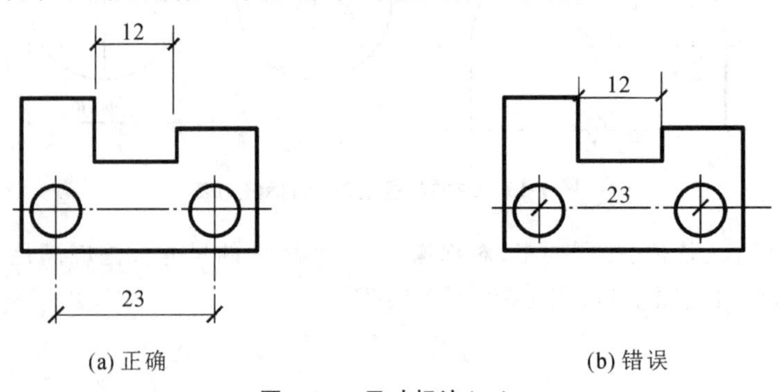

(a) 正确

(b) 错误

图 1-20 尺寸标注(一)

(2) 不能用尺寸界线作尺寸线，如图 1-21 所示。

(3) 应将大尺寸标在外侧，小尺寸标在内侧，如图 1-22 所示。

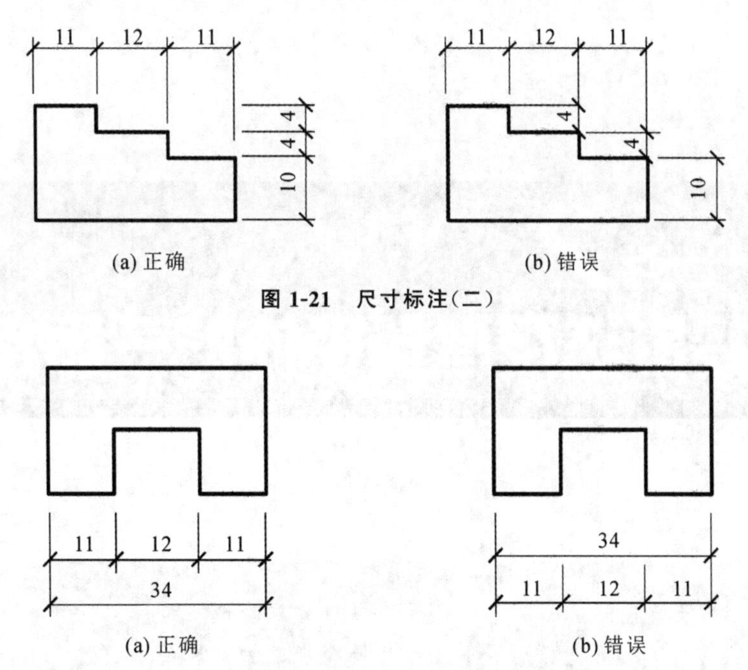

图 1-21　尺寸标注(二)

图 1-22　尺寸标注(三)

(4) 水平方向的尺寸注写在尺寸线的上方中部,字的头部应朝正上方。竖直方向的尺寸注写在竖直尺寸线的左方中部,字的头部应朝左。所有注写的尺寸数字应离开尺寸线约 1 mm,如图 1-23 所示。

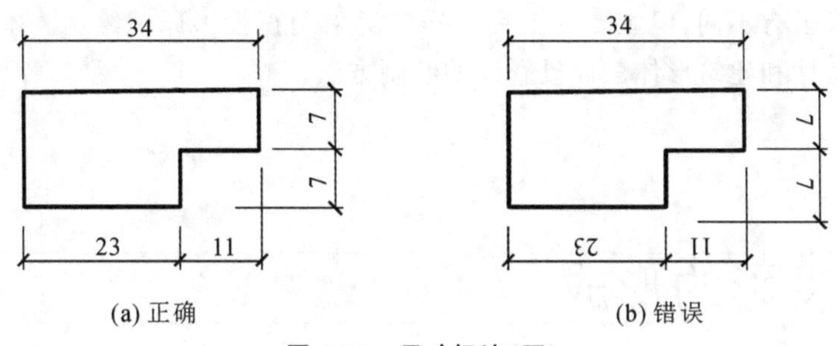

图 1-23　尺寸标注(四)

(5) 建筑工程图上的尺寸单位除标高和总平面图以米(m)为单位外,一般以毫米(mm)为单位。因此,图样上的尺寸数字都不再注写单位。

(6) 任何图线不能穿交尺寸数字。无法避免时,需将图线断开,如图 1-24 所示。

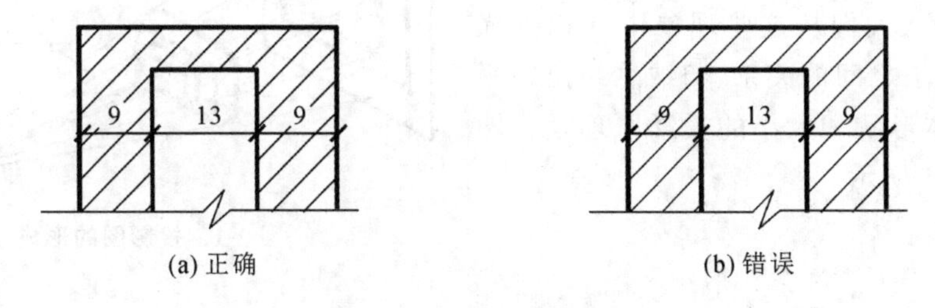

图 1-24　尺寸标注(五)

(7) 同一张图纸所标注的尺寸数字字号应大小统一,通常选用 3.5 号字。

任务2 投影法及建筑形体的三面投影图

任务目标

(1) 了解投影法的基本知识及正投影的原理与特性。
(2) 理解三面投影图的形成过程及投影间的对应关系。
(3) 掌握绘制建筑形体三面投影图的基本方法及技能。

图形是表示工程对象结构形状最有效的方法之一,工程图样采用正投影原理绘制。掌握投影的特性有助于快速、准确地表达建筑形体的结构形状。在工程实践中,不同行业对图样的内容及要求虽有不同,但主要的工程图样广泛采用正投影原理绘制。本任务主要介绍正投影的投影特性和建筑形体三面投影图的绘制方法。

2.1 投影的形成

当有光线照射物体时,在地面或墙面上便会出现影子,影子的位置、形状随光线的照射角度或距离的改变而改变,这是日常生活中常见的投影现象,人们从这些现象中认识到光线、物体和影子之间的关系,归纳总结出在平面上表达物体形状和大小的投影原理及作图方法,如图 2-1 所示。

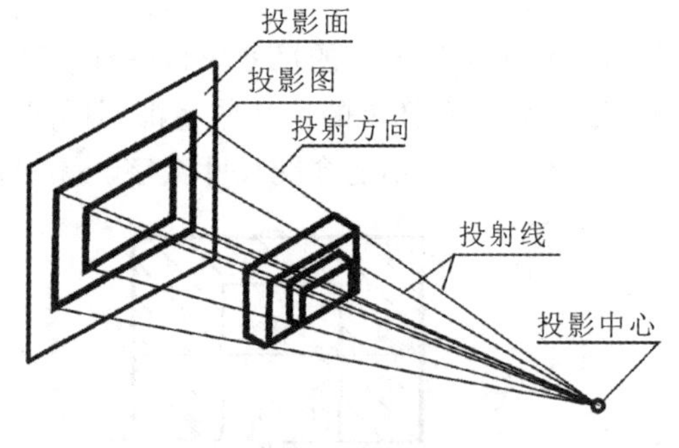

图 2-1 投影图的形成

2.2 投影的分类

投影一般分为中心投影和平行投影两大类。

(1) 中心投影：投射线都是由投射中心发出的，这种投影方法称为中心投影法。由此得到的投影称为中心投影，如图 2-2(a)所示。

(2) 平行投影：投射中心距投影面无限远时，所有投射线成为平行线，这种投影方法称为平行投影法，由此得到的投影称为平行投影。平行投影可分为平行斜投影和平行正投影。

平行斜投影：投射线倾斜于投影面所作出的平行投影称为平行斜投影，如图 2-2(b)所示。平行斜投影特点：不反映物体的真实形状大小，作图较复杂，直观性强。平行斜投影工程上常用于绘制辅助图样。

平行正投影：投射线垂直于投影面所作出的平行投影称为平行正投影(以下简称正投影)，如图 2-2(c)所示。正投影特点：绘制的图样不仅能够准确反映物体的真实形状和大小，而且度量性好，作图简捷，但直观性差。工程中的图样广泛用正投影法绘制。

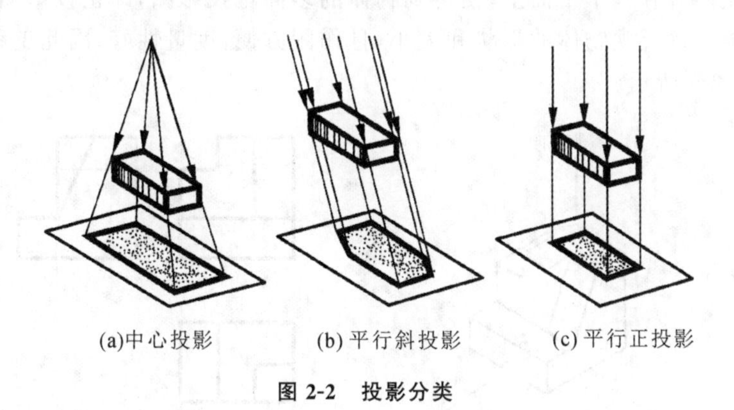

图 2-2 投影分类

2.3 工程中常用的投影图

根据不同的需要，可应用以上所述的各种投影方法得到工程中常见的四种投影图。

1. 透视投影图

按中心投影法画出的透视投影图如图 2-3 所示，只需一个投影面。其优点是图形逼真、非常直观。但这种图作图复杂，形体的尺寸不能直接在图中度量，故不能作为施工依据，仅用于建筑设计方案的比较及工艺美术和宣传广告等。

2. 轴测投影图

轴测投影图(也称立体图),它是平行投影的一种图,画图时只需画一个投影面,如图 2-4 所示。这种投影图的优点是立体感强、非常直观,但作图较复杂,表面形状在图中往往失真,不能直接在图中度量,只能作为工程上的辅助图样。

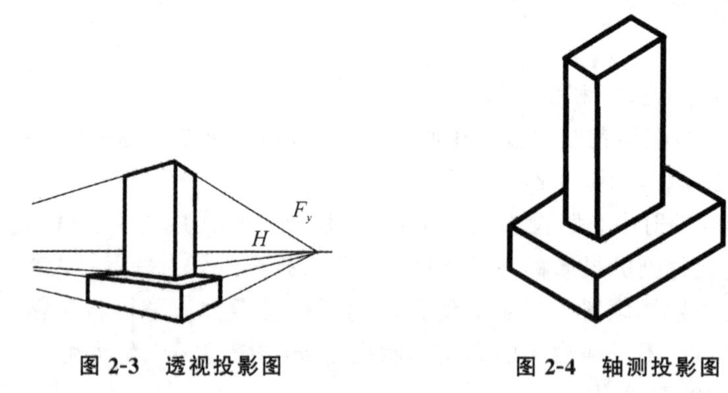

图 2-3 透视投影图　　图 2-4 轴测投影图

3. 正投影图

采用相互垂直的多个投影面,按正投影方法在每个投影面上分别获得同一物体的正投影,然后按规则展开在一个平面上,便得到物体的多面正投影图,即正投影图。正投影图直观性不强,但能正确反映物体的形状和大小,且作图方便,度量性好,因此工程上应用最广。正投影图如图 2-5 所示。

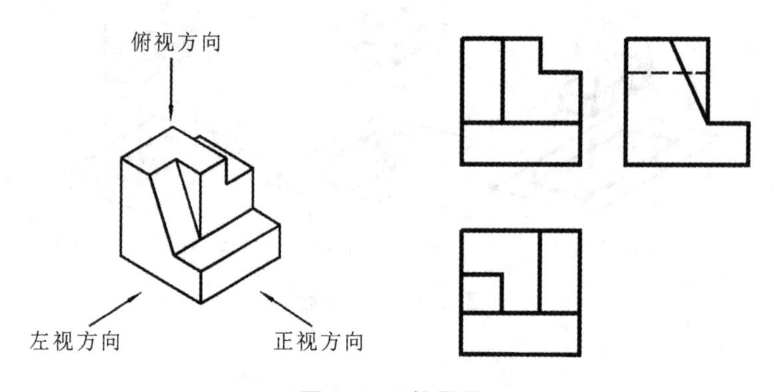

图 2-5 正投影图

正投影特征如下。

(1) 类似性:当直线或平面与投影面倾斜时,其投影为缩短的线段或缩小的平面。

(2) 全等性:当直线或平面与投影面平行时,其投影反映实长或实形。

(3) 积聚性:当直线或平面与投影面垂直时,其投影积聚成一点或一直线。

(4) 重合性:当两个或两个以上的点、线、面具有同一投影时,其投影称为重合投影。

(5) 定比性:直线上线段长度之比等于直线的平行投影上该两段投影的长度之比。

4. 标高投影图

标高投影是一种带有数字标记的单面正投影。在建筑工程上,它常用来表示地面的形状。作图时,用一组等距离的水平面切割地面,其交线为等高线。将不同高程的等高线投影在水平投影面上,并注出各等高线的高程,即为等高线图,也称标高投影图,如图 2-6 所示。

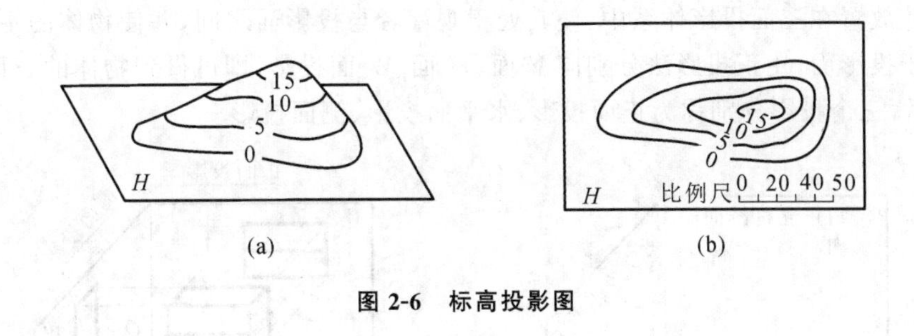

图 2-6　标高投影图

2.4　正投影图的形成及其投影规律

将物体放置在投影面和观察者之间，以观察者的视线为一组相互平行且与投影面垂直的投射线，用正投影的方法在投影面上得到物体的投影。一般情况下，物体的一个投影或两个投影不能完整地确定物体的形状结构。多个物体的单面投影如图 2-7 所示，不同的三维立体在同面投影中投影相同，因此物体的投影应采用多面投影图表示，在这里我们主要介绍三面投影体系。

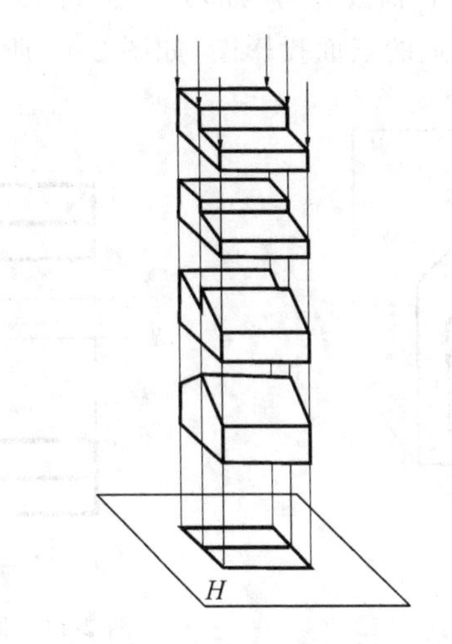

图 2-7　多个物体的单面投影

2.4.1　三面投影图的形成

设立三个互相垂直相交的投影面，它们构成三面投影体系，如图 2-8 所示，三个投影面分别称为正立投影面 V（简称正面）、水平投影面 H（简称水平面）、侧立投影面 W（简称侧面）。

两个投影面的交线 OX、OY、OZ 称为投影轴，三个投影轴互相垂直相交于一点 O，称为原点。

将物体放置在三面投影体系中，使其处于观察者与投影面之间，并使物体的主要表面平行或垂直于投影面，用正投影法分别向 V 面、H 面、W 面投影，即可得到物体的三面投影，如图 2-9 所示，三个投影分别称为正面投影、水平面投影、侧面投影。

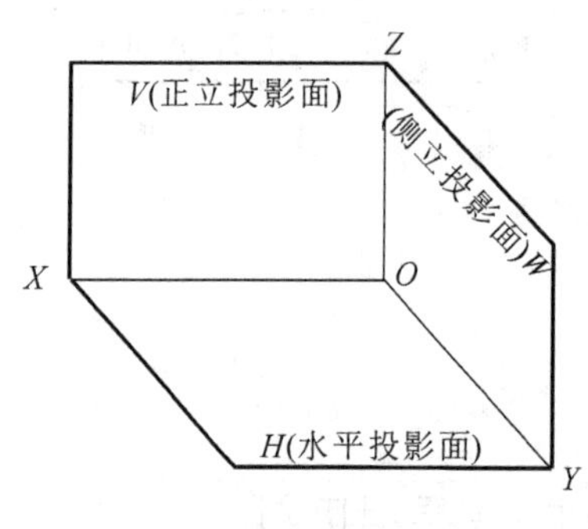

图 2-8 三面投影体系

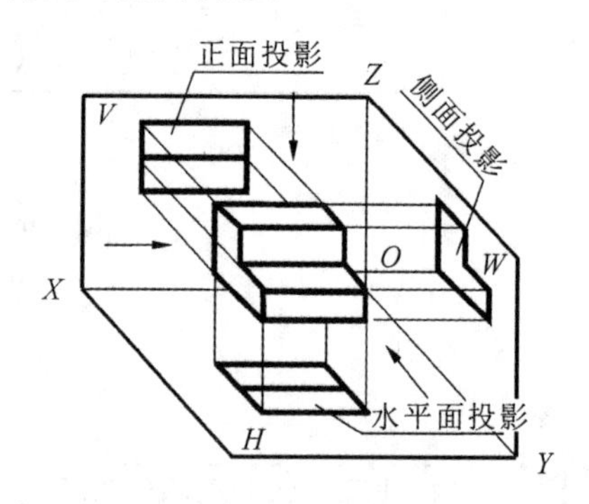

图 2-9 三面投影

- 正面投影：由前向后在 V 面上所得到的投影。
- 水平面投影：由上向下在 H 面上所得到的投影。
- 侧面投影：由左向右在 W 面上所得到的投影。

为了绘图方便，需要将处于三个投影面的投影展开到一个平面上。

投影面展开的方法如图 2-10 所示，V 面保持不动，H 面绕 OX 轴向下旋转 90°，W 绕 OZ 轴向右旋转 90°。投影面展开后 Y 轴被分为两部分。在 H 面的 Y 轴称为 Y_H，V 面的 Y 轴称为 Y_W。这样就得到同一个平面上的三面投影图，如图 2-11 所示。

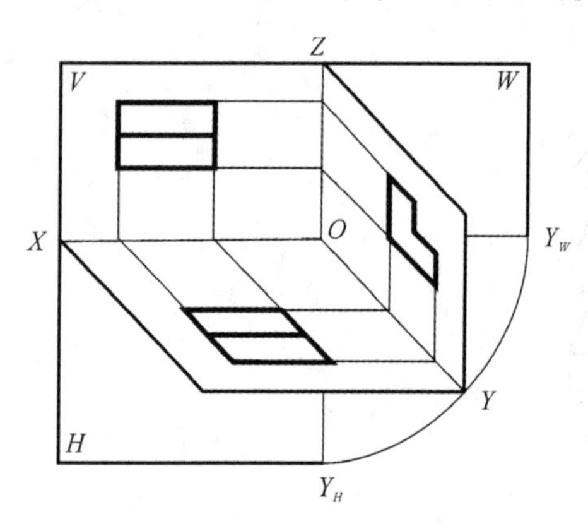

图 2-10 投影面展开

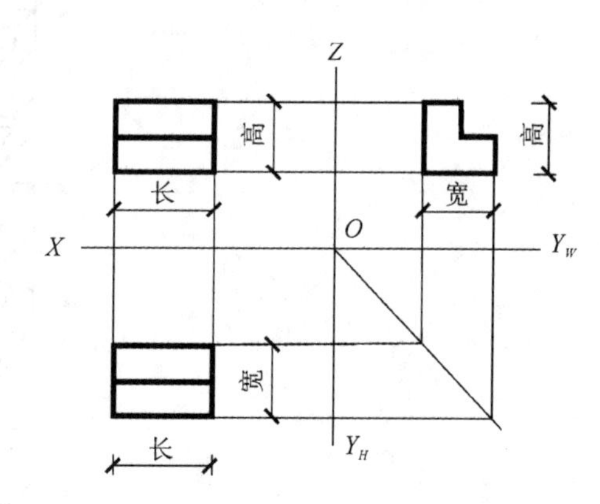

图 2-11 同一个平面上的三面投影图

绘制物体三面投影图时，建议初学者采用细实线画出投影轴，且将形体的可见轮廓线用粗实线表示，不可见轮廓线用细虚线表示，图形的对称中心线或轴线用细点画线表示。粗实线与任何图线重合画粗实线，虚线与细点画线重合画细虚线。

2.4.2 三面投影的基本规律

三面投影图之间有严格的位置要求，即水平面投影在正面投影的正下方，侧面投影在正面投影的正右方。按上述位置配置，建议标注三个投影的名称(即 V、H、W)，物体有长、宽、高三个方向的尺寸。左右方向(X 轴方向)的尺寸称为长度,上下方向(Z 轴方向)的尺寸称为高度,前后方向(Y 轴方向)的尺寸称为宽度。从三面投影图的形成过程可以看出:一个投影可以反映物体两个方向的尺寸。正面投影和水平面投影都反映物体的长度,正面投影和侧面投影都反映物体的高度,水平面投影和侧面投影都反映宽度。因此三面投影图之间存在如下投影关系(见图 2-11):

(1) 长对正:即正面投影与水平面投影长度对正。

(2) 高平齐:即正面投影与侧面投影高度平齐。

(3) 宽相等:即水平面投影与侧面投影宽度相等。

任何物体的空间位置可包括上下、前后、左右的位置关系。三视图中每个视图反映的方位关系如图 2-12 所示。

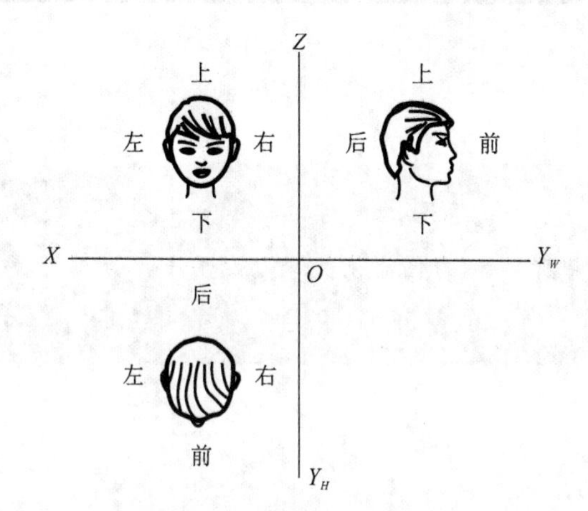

图 2-12 投影图反映的方位关系

正面投影反映物体的左右、上下方位关系。

水平面投影反映物体的左右、前后方位关系。

侧面投影反映物体的前后、上下方位关系。

通过上述分析可知,物体的投影有两个及以上才能完全反映物体的六个方位关系。绘图和读图时应特别注意水平面投影和侧面投影之间的前、后对应关系。

任务3 点、直线和平面的投影

任务目标

(1) 熟练掌握点、直线和平面的投影规律。

(2) 熟练掌握两点的位置判定方法,直线上点的投影,平面上直线和点的投影。

3.1 点的投影

点、线、面是组成物体的最基本的几何元素。点的投影是直线、平面投影的基础。用从点到线、线到面、面到体的方法分析和认知形体,逐步培养空间想象能力,进一步掌握绘制和阅读三面投影图的方法。

3.1.1 点的投影及其规律

如图 3-1(a)所示,将物体上一点 A 放在三面投影体系中,点 A 的三面投影就是过点 A 分别向 V、H、W 投影面作垂线所得到的垂足。水平面投影记作 a,正面投影记作 a',侧面投影记作 a''。一般情况下空间的点用大写字母表示,水平面投影用小写字母表示,正面投影用小写字母加上标“$'$”表示,侧面投影用小写字母加上标“$''$”表示。将三面投影展开,展开过程如图 3-1(b)所示,得到点的三面投影图如图 3-1(c)所示。

点的三个投影之间的关系与物体的三面投影的“三等”关系是一致的,即点的投影规律如下。

(1) 点的正面投影 a' 与水平面投影 a 的连线垂直于 X 轴,$aa' \perp OX$。

(2) 点的正面投影 a' 与侧面投影 a'' 的连线垂直于 Z 轴,$a'a'' \perp OZ$。

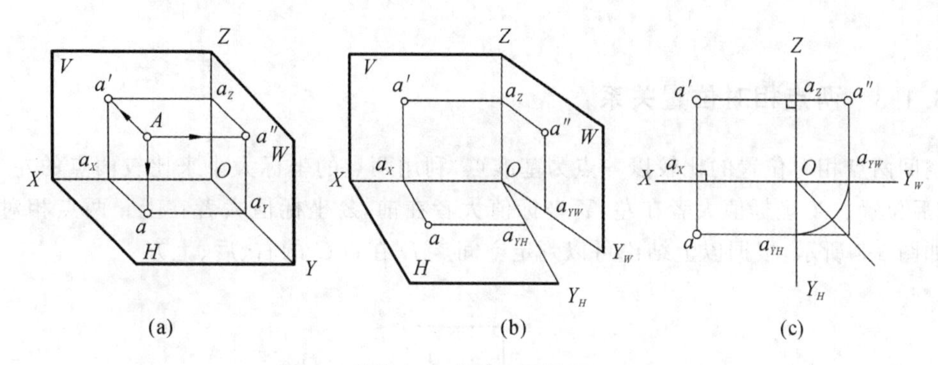

图 3-1　点的三面投影

(3) 点的水平面投影 a 到 X 轴的距离等于侧面投影 a'' 到 Z 轴的距离，即 $aa_X=a''a_Z$。

点的投影规律说明了点的任一投影与另外两个投影之间的关系，是画图和读图的重要依据。

3.1.2　点与直角坐标的关系

三面投影体系相当于以投影面为坐标面，投影轴为坐标轴，O 为坐标原点的直角坐标系。点的空间位置可以用 X、Y、Z 三个坐标表示，点的一个投影可以反映点的两个方向坐标，三面投影反映空间点的三个方向坐标。因此，三面投影图可以确定点的空间位置。点的一个坐标表示点到某一投影面的距离，如图 3-2 所示。

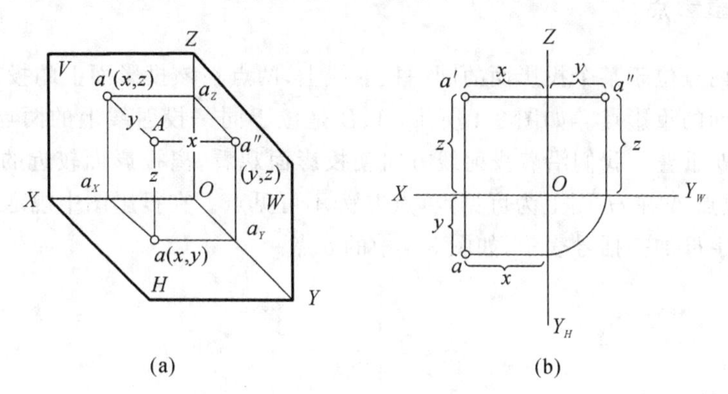

图 3-2　点的投影与坐标的关系

点的 X 坐标表示点到侧面的距离 $X_A=aa_Y=a'a_Z=Aa''$。

点的 Y 坐标表示点到正面的距离 $Y_A=aa_X=a''a_Z=Aa'$。

点的 Z 坐标表示点到水平面的距离 $Z_A=a'a_X=a''a_Y=Aa$。

点 A 的 V 投影 a' 由 X、Z 坐标确定，H 投影 a 由 X、Y 坐标确定，W 投影 a'' 由 Y、Z 坐标确定。点的任何两个投影都反映了点的三个坐标值。因此，已知点的投影图可以确定点的坐标。反之，已知点的坐标也可以作出点的投影图。

3.1.3 两点相对位置关系

空间两点相对位置的比较以一点为基准点，利用两点的坐标大小来比较两点的左右、上下、前后位置。X 坐标值大者在左，Y 坐标值大者在前，Z 坐标值大者在上。两点相对位置关系如图 3-3 所示，根据以上结论可以判定空间点 D 在点 C 的右、后、上方。

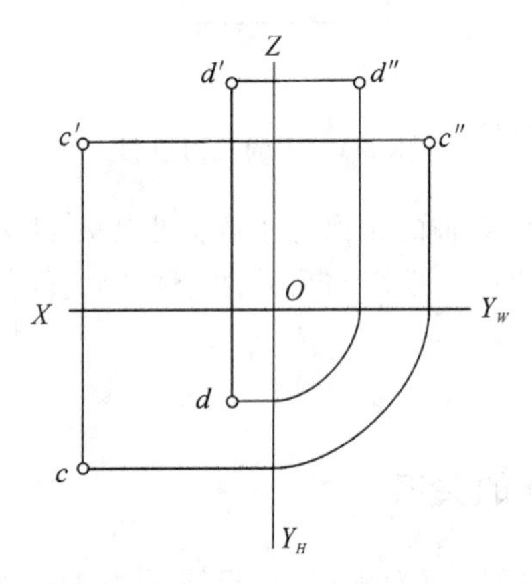

图 3-3 两点相对位置关系

3.1.4 重影点

如果空间两点位于某个投影面的同一投射线上，两点在该投影面上的投影重合，则这两点称为该投影面的重影点。如图 3-4 所示，A、B 是位于同一投射线上的两点，它们在 H 面上的投影 a 和 b 重叠。我们沿着投射线方向朝投影面观看，离投影面较近的 B 点被较远的 A 点所遮挡，故点 A 在 H 面上为可见点，点 B 为不可见点。在投影图中规定，重影点中不可见点的投影用字母加一括号表示，如图 3-4 中的 b 点。

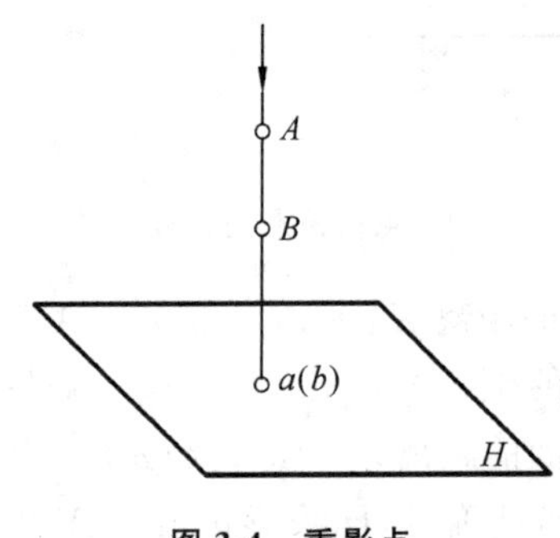

图 3-4 重影点

例 3-1 已知空间点 A、B、C、D 距 H 面、V 面、W 面的距离如图 3-5 所示。求点的三面投影，并判断点 A、B 的相对位置关系。

分析 根据点 A 离 H 面的距离为 20 可得 Z 坐标为 20；离 V 面的距离为 15 可得 Y 坐标为 15；离 W 面的距离为 10 可得 X 坐标为 10，即点 A 的空间坐标$(X,Y,Z)=(10,15,$

20)，同理可得点 B 的空间坐标$(X,Y,Z)=(15,5,10)$；点 C 的空间坐标$(X,Y,Z)=(0,20,5)$；点 D 空间坐标$(X,Y,Z)=(20,0,15)$，根据投影规律可绘制其投影图，如图 3-6 所示。空间点 A 的 X 坐标小于点 B 的坐标，点 A 的 Y 坐标大于点 B 的，点 A 的 Z 坐标大于点 B 的，因此空间点 A 在点 B 的左、前、上方。

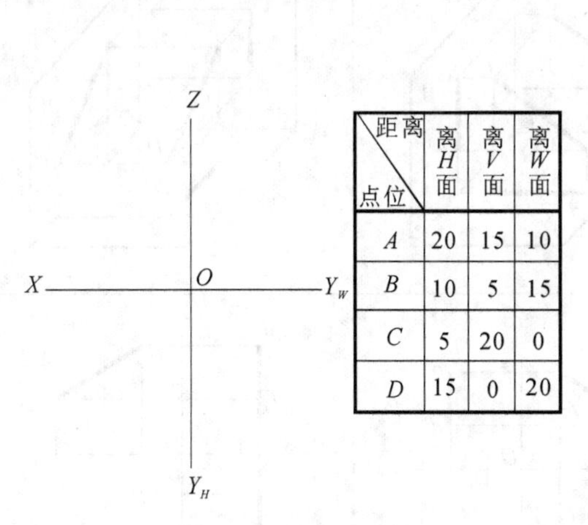

点位＼距离	离H面	离V面	离W面
A	20	15	10
B	10	5	15
C	5	20	0
D	15	0	20

图 3-5　点的空间位置

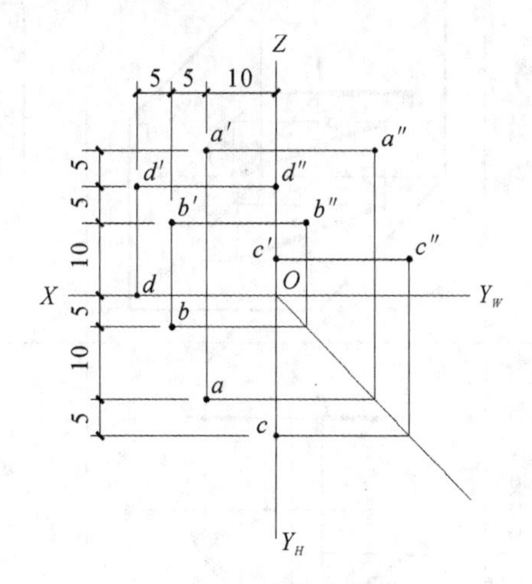

图 3-6　点的三面投影

3.2　直线的投影

直线常以线段的形式表示。

两点确定一条直线，将直线上两点的同面投影用直线连接起来，就得到直线的三面投影。一般情况下，直线的投影仍为直线。

直线在三面投影体系中的投影取决于直线与三个投影面的相对位置。根据直线与投影面的位置关系，将直线分为三大类：投影面的平行线、投影面的垂直线、一般位置的直线。

投影面的平行线和投影面的垂直线又称为特殊位置的直线。

在三面投影体系中，直线对 H、V、W 面的夹角分别用 α、β、γ 表示。

3.2.1　投影面的平行线

平行于一个投影面、倾斜于另外两个投影面的直线称为投影面的平行线。

投影面的平行线按其平行的投影面不同有三种位置，可分为以下三种平行线。

(1) 正平线：平行于 V 面而倾斜于 H、W 面的直线。

(2) 水平线：平行于 H 面而倾斜于 V、W 面的直线。

(3) 侧平线：平行于 W 面而倾斜于 H、V 面的直线。

这三种平行线的投影图及投影特性如表 3-1 所示。

表 3-1 投影面平行线的投影图及投影特性

名称	水平线（平行于 H 面，倾斜于 V、W 面）	正平线（平行于 V 面，倾斜于 H、W 面）	侧平线（平行于 W 面，倾斜于 H、V 面）
直观图	Z V c' d' c'' C β γ W X D d'' O c d H Y	Z V c' d' C c'' W X O γ α D d'' d c H Y	Z V c' C c'' d' β W X O α D d'' c H d Y
投影图	Z c' d' c'' d'' X O Y_W c β γ d Y_H	Z c' c'' d' α γ d'' X O Y_W d c Y_H	c' Z c'' β d' α d'' X O Y_W c d Y_H
投影特性	在所平行的投影面上的投影反映实长，在另外两个投影面上的投影分别平行于相应的投影轴，但其投影长度缩短		
判别	一斜两直线，定是平行线；斜线在哪面，平行哪个面（投影面）		

从表 3-1 中可归纳出投影面平行线的投影特性如下。

（1）直线在所平行的投影面上的投影为倾斜于投影轴的直线，反映该线段的实长，且与投影轴的夹角反映平行线与相应投影面夹角的实形，具有真实性。

（2）直线在其他两投影面的投影为分别平行于相应投影轴的直线，且小于实长，具有类似性。

投影面的平行线的投影特性可概括为“一斜两直线”。

画图先画出反映实长的投影，再画其他两投影。

读图时，利用直线投影特性可判断直线的空间位置。在直线的任意两面投影中，如果一个投影是一倾斜于投影轴的直线，而另个投影为一平行于投影轴的直线，则该空间直线一定是投影为倾斜线的投影面的平行线（一斜一直线，必是平行线，斜在哪面平行哪面）。若投影图中有两面投影分别平行于投影轴，且平行于不同的投影轴时，该直线一定是第三个投影面的平行线。

3.2.2 投影面垂直线

垂直于一个投影面的直线称为投影面的垂直线。直线垂直于一个投影面，则必定与另外两个投影面平行。

投影面的垂直线按所垂直的投影面的不同有三种位置，可分为以下三种垂线。

(1) 正垂线：垂直于 V 面，平行于 H、W 面的直线。

(2) 铅垂线：垂直于 H 面，平行于 V、W 面的直线。

(3) 侧垂线：垂直于 W 面，平行于 V、H 面的直线。

这三种垂直线的投影图及投影特性如表 3-2 所示。

表 3-2　投影面垂直线的投影图及投影特性

名称	铅垂线（垂直于 H 面，平行于 V、W 面）	正垂线（垂直于 V 面，平行于 H、W 面）	侧垂线（垂直于 W 面，平行于 H、V 面）
直观图	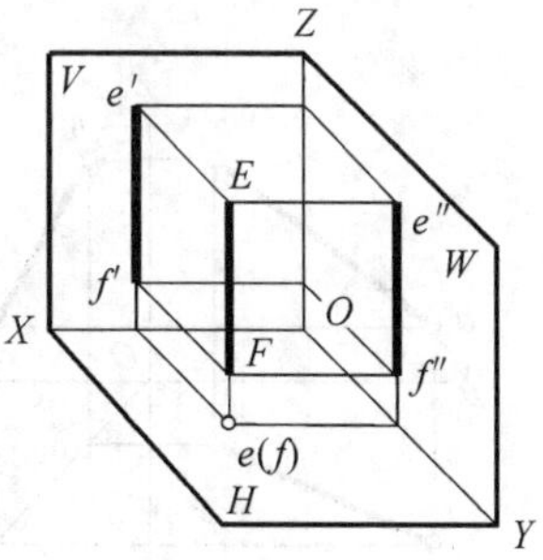	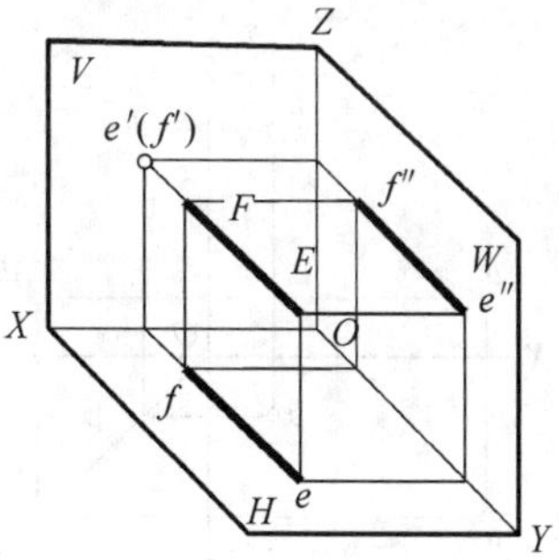	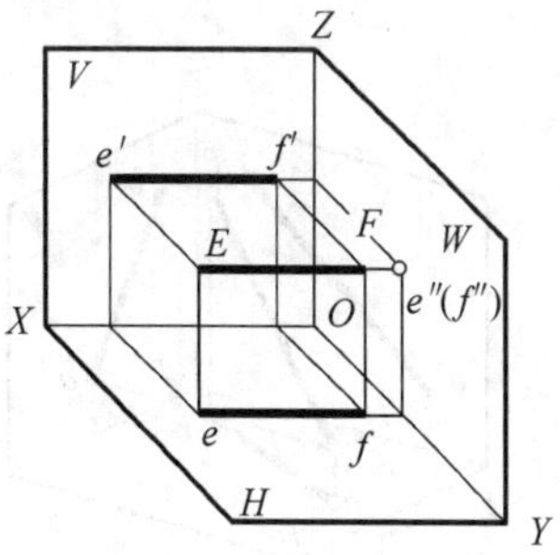
投影图	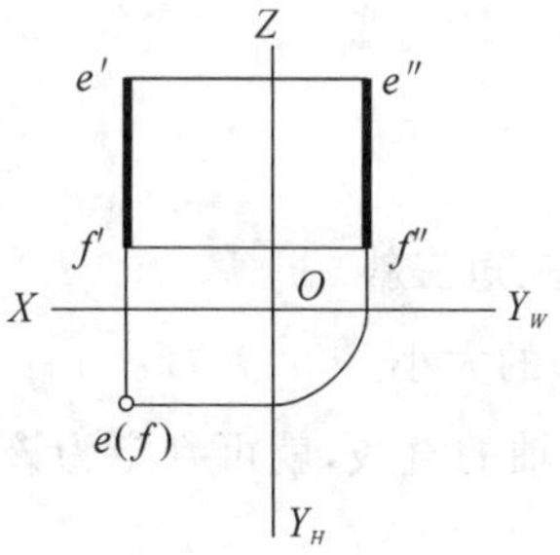	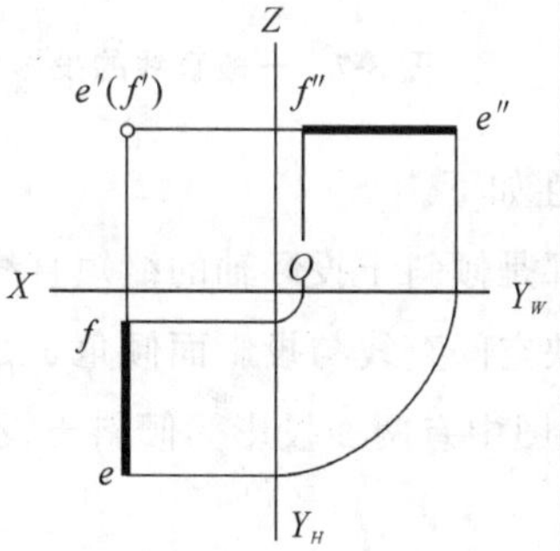	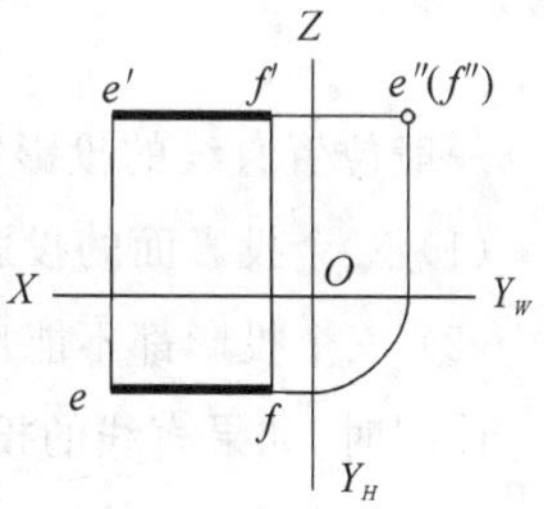
投影特性	在所垂直的投影面上的投影积聚成一点，在另外两个投影面上的投影都反映线段实长，且平行于相应的投影轴		
判别	一点两直线，定是垂直线；点在哪个面，垂直哪个面（投影面）		

从表 3-2 中可归纳出投影面垂直线的投影特性如下。

(1) 直线在所垂直的投影面上的投影积聚为点，具有积聚性。

(2) 直线在另外两个投影面上的投影分别为平行于同个投影轴的直线，且反映空间直线的实长，具有真实性。

投影面的垂直线的投影特性可概括为“一点两直线”。画图先画出投影为点的投影，再画其他投影。

读图时，在直线的投影图中，如果有个投影为点，则该空间直线一定是投影为点的投影面的垂直线。若投影图中任意两面投影分别平行于同一个投影轴，则该直线必是第三个投影面的垂直线。

3.2.3 一般位置直线

既不平行于任一投影面，也不垂直于任一投影面的直线，称为一般位置的直线。

如图 3-7(a)所示，直线 AB 与 V、H、W 面都倾斜，是一般位置直线。由于 AB 与三个投影面既不平行，也不垂直，因此其在三个投影面的投影既不反映空间直线的实长，也不积聚成点。三个投影都是缩短的直线，具有类似性。其三面投影图如图 3-7(c)所示。

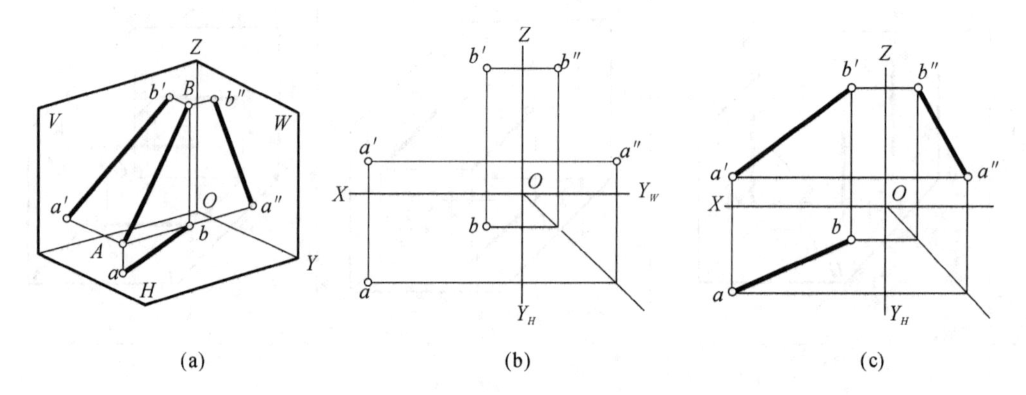

图 3-7 一般直线的投影

一般位置直线的投影特性如下。

(1) 三个投影面的投影都是倾斜于投影轴的缩短直线(三短三斜)。

(2) 三个投影都不能反映空间直线与投影面倾角 α、β、γ 的大小。

读图时，如果直线的投影图中有两面投影为倾斜于投影轴的直线，就可判定为该直线为一般位置直线。

3.2.4 直线上的点

1. 从属性

如果点在直线上，则点的各面投影必在直线的同面投影上，如图 3-8 中的 K 点。反之，若点的各个投影都在线的同面投影上，则点在直线上，如图 3-8 中的 G 点。

根据此定理利用投影图可判断点是否在直线上。

2. 定比性

直线上的点将直线分制成两部分，两部分的线段长度之比等于各个投影上相应部分的线段长度之比。

在图 3-8 中，K 点分直线 AB 为 AK、KB 两段，则有：

$$\frac{AK}{KB}=\frac{ab}{kb}=\frac{a'b'}{k'b'}$$

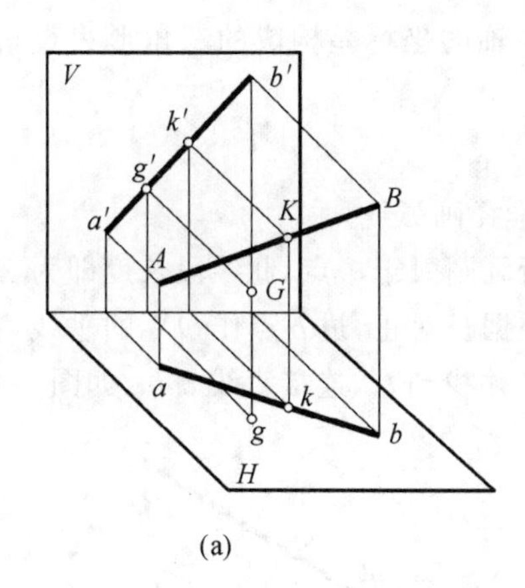

(a)

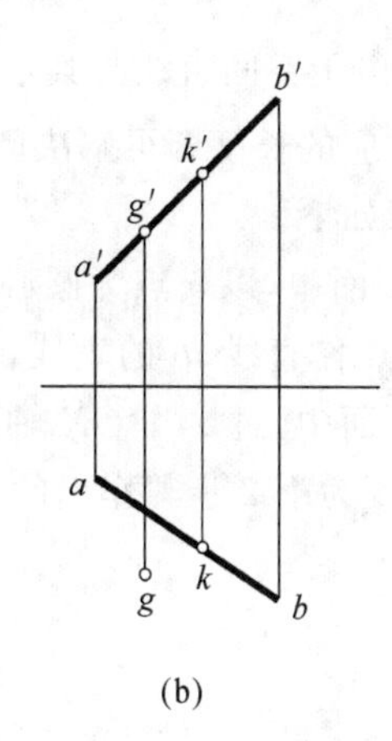

(b)

图 3-8 直线上点的投影

3.2.5 线段的实长和倾角

图 3-9 中一般位置线对各投影面倾斜，它的各投影既不反映线段的实长，也不反映直线对投影面倾角的大小。可以利用空间线段与其投影之间的几何关系，用图解的方法求得其实长和倾角。

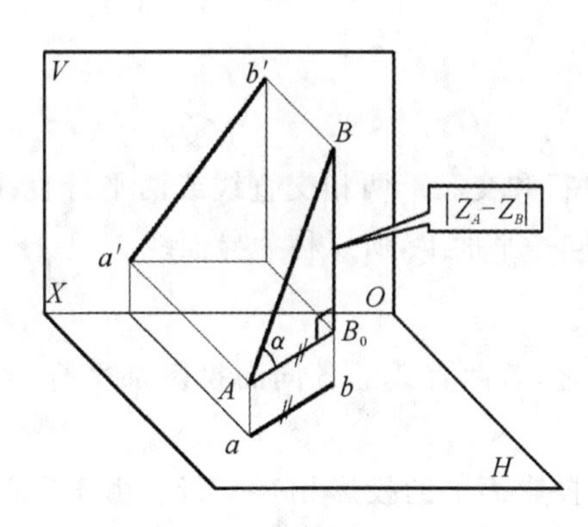

图 3-9 一般位置线投影

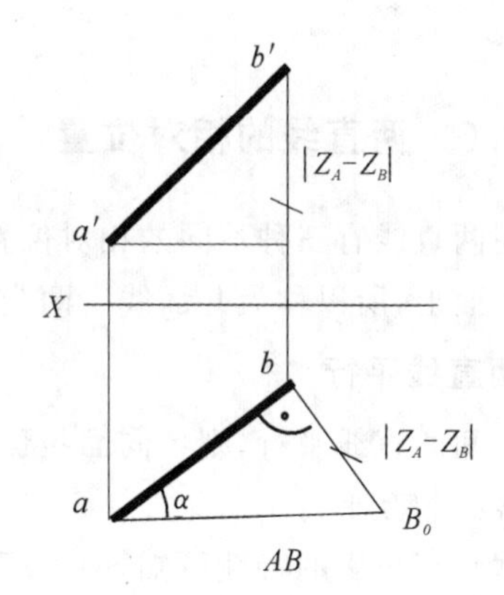

图 3-10 直角三角形求线段的实长及倾角

如图 3-9 所示，在一般位置线 AB 对 H 面的投射平面 $ABba$ 上，过点 A 作水平线平行于 ab，与 Bb 相交于 B_0，得直角三角形 ABB_0，其中 AB 是一般位置线段本身，$\angle B_0AB$ 是 AB 对 H 面的倾角 α，直角边 AB_0 等于 ab，BB_0 是 A、B 两点的高度差（即 $|Z_A-Z_B|$），在投影图中，这个高度差反映在 V 面投影上。求线段 AB 的实长可在投影面上以 ab 为一直角边，BB_0 为另一直角边，作出与 $\triangle AB_0B$ 全等的直角三角形 abB_0，aB_0 为所求线段的实长，$\angle B_0ab$ 为所求的倾角 α（见图 3-10）。这种求线段长和倾角的方法，称为直角三角形法。

直角三角形法的四个要素：实长、倾角、投影长、坐标差。四个要素中只要知道任意两个要素，均可求得另外两个要素，但必须清楚各个要素之间的关系。

例 3-2 如图 3-11 所示，已知直线 AB 的 H 面投影 ab 及 V 面投影 $a'b'$，$AB=40$ mm，完成 AB 的 V 面投影。

分析 由于空间直线与其水平投影长、Z 轴的坐标差构成的三角形为直角三角形，我们只需找出对应的长度即可解决问题。

作图步骤如下。

(1) 在 H 面中，以 a 点为圆心、40 mm 为半径画弧线。

(2) 过 b 点作直线 ab 的垂线，交步骤(1)所画圆弧于一点，此线段长度即为 Z 轴坐标差。

(3) 在 V 面中，过 a' 作 OX 轴的平行线，根据长对正，过 b 点作 OX 的垂线，在垂线上截取长度，其长度为第 2 步骤作出的 Z 轴坐标差，并找到 b'，连接直线 $a'b'$，如图 3-12 所示。

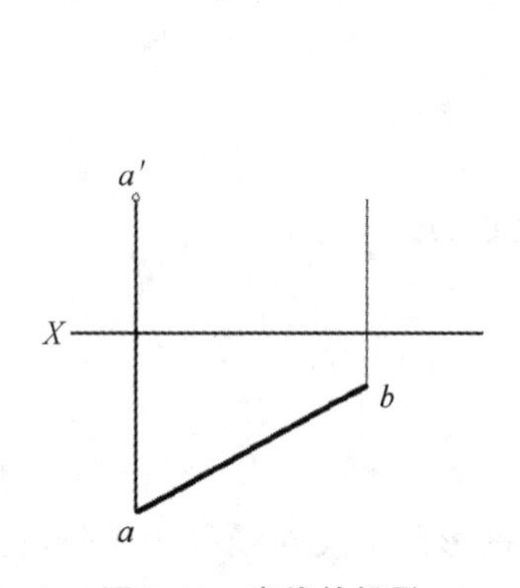

图 3-11 直线的投影

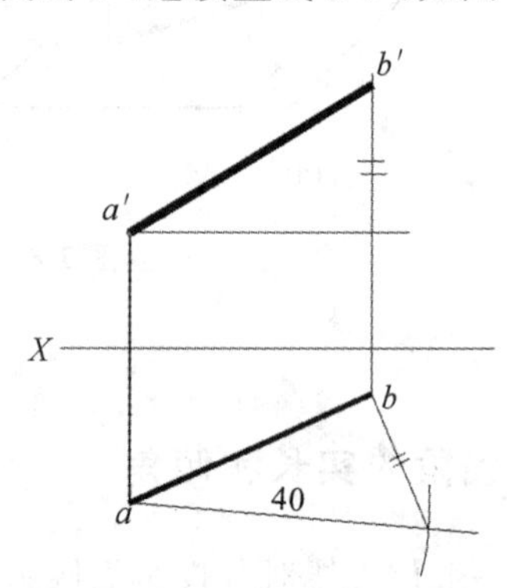

图 3-12 直角三角形法求投影长

3.2.6 两直线的相对位置

空间两直线有三种不同的相对位置，即相交、平行和交叉。两相交直线或两平行直线都在同一平面上，所以称为共面线。两交叉直线不在同一平面上，所以称为异面线。

1. 两直线平行

若空间两直线平行，则各同面投影都平行。反之，若两直线的各同面投影都平行，则空间两直线必相互平行。

根据平行投影的特性可知，两平行直线在同一投影面上的投影相互平行。由于空间直线 $AB /\!/ CD$(见图 3-13(a))，则 $ab /\!/ cd$，$a'b' /\!/ c'd'$，$a''b'' /\!/ c''d''$(见图 3-13(b))，值得注意的是，如果两直线都是侧平线，虽然它们的 V 面投影和 H 面投影都相互平行，但还要看它们的侧面投影，才能判断两直线是否平行，如图 3-13(c)中，所以虽然 $ab /\!/ cd$，$a'b' /\!/ c'd'$，但 $a''b''$ 不平行 $c''d''$，因此空间直线 AB 不平行于 CD。

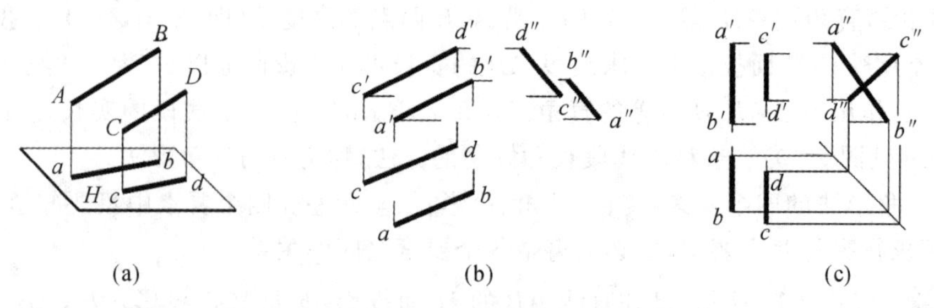

图 3-13 两平行直线的投影

利用投影图判断两直线是否平行，对于一般位置的两直线，如果两直线任意两面投影分别平行，即可判定两直线平行。

2. 两直线相交

若两直线相交，则各同面投影必相交，且交点符合点的投影规律。反之，若两直线的各同面投影都相交，且交点符合点的投影规律，则空间两直线必为两相交直线。

两直线相交时，如图 3-14(a)的 AB 和 CD，它们的交点 E 既是 AB 线上的一点，又是 CD 线上的一点。由于线上一点的投影必然落在该线的同面投影上，因此 e 应在 ab 上，又在 cd 上，即 e 是 ab 和 cd 的交点。同理，e'必然是 $a'b'$和 $c'd'$的交点，e''是 $a''b''$和 $c''d''$的交点，如图 3-14(b)所示。由于 e'、e 是空间点 E 的两面投影，所以必在同一竖直投影连线上，同理 e'、e'' 也必在同一水平投影连线上。值得注意的是，如果其中有一直线是侧平线，可作出两直线的侧面投影来判断它们是否相交。如图 3-14(c)所示，作出来的 W 面投影交点 2 与 V 面投影的交点 1 不在同一水平连线上，说明虽然 AB 和 CD 的 V、H 投影都相交，但实际上它们不是两相交直线，而是两交叉直线。

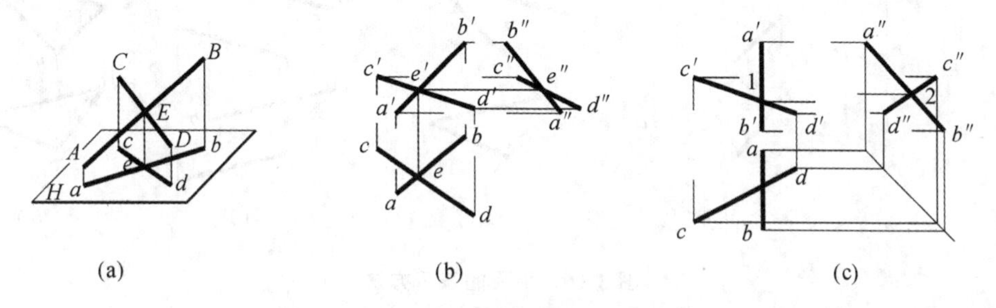

图 3-14 两相交直线的投影

利用投影图判断两直线是否相交，对于一般位置的两直线，如果两直线任意两面投影分别相交，且交点符合点的投影规律，即可判定两直线相交。而对于投影面平行线，若用两个投影判定两直线是否相交，至少有一个投影是平行投影面上的投影，且两直线在该投影面上的投影相交，交点符合点的投影规律，才能确定空间两直线是两相交直线。

3. 两直线交叉

既不平行也不相交的两条直线称为两交叉直线。两交叉直线的投影有两种情况：一是两交叉直线的同面投影可能都相交，但“交点”不符合点的投影规律，同面投影的交点不是空间两直线真正的交点，而是重影点，如图 3-15 所示；二是交叉两直线的同面投影可能平行，但不会各面投影都平行。

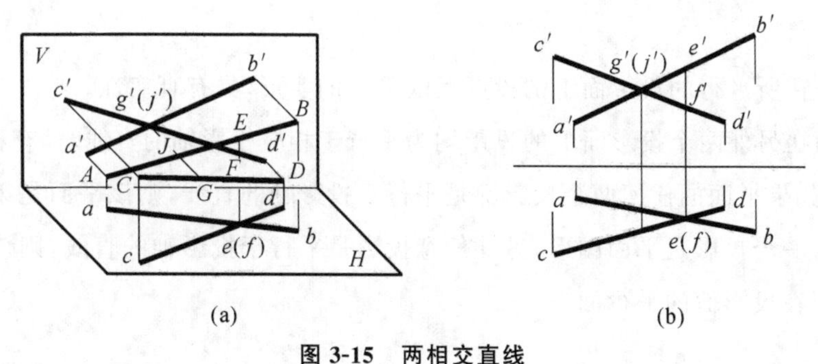

图 3-15 两相交直线

3.3 平面的投影

直线的运动轨迹构成平面，用几何元素表示平面，平面可用图 3-16 中所示的任何一种形式的几何元素表示。

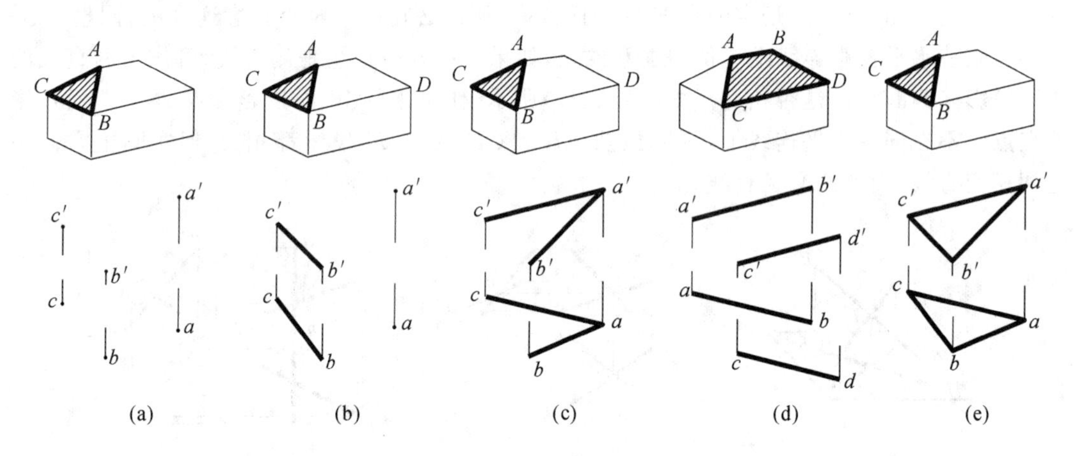

图 3-16 平面的表示方法

3.3.1 投影面的平行面

投影面的平行面是平行于一个投影面、垂直于另两个投影面的平面。投影面的平行面根据所平行的投影面的不同可分为以下三种。

(1) 水平面：平行于 H 面，垂直于 V、W 面。

(2) 正平面：平行于 V 面，垂直于 H、W 面。

(3) 侧平面：平行于 W 面，垂直于 V、H 面。

投影面的平行面的图例及投影特性如表 3-3 所示。可以归纳出投影面的平行面的投影特性如下。

(1) 平面在所平行的投影面上的投影反映平面的实形，具有真实性。

(2) 平面在另外两个投影面上的投影均为平行于相应投影轴的直线，具有积聚性。

读图时，如果平面的任何两个投影都是平行于投影轴的直线，则该平面是第三个投影面的平行面。若一个投影是平面图形，另外任意投影是平行于投影轴的直线，则该平面是投影为平面图形所在投影面的平行面。

表 3-3 投影面的平行面的图例及投影特性

名称	水平面(平行于 H 面，垂直于 V、W 面)	正平面(平行于 V 面，垂直于 H、W 面)	侧平面(平行于 W 面，垂直于 V、H 面)
直观图	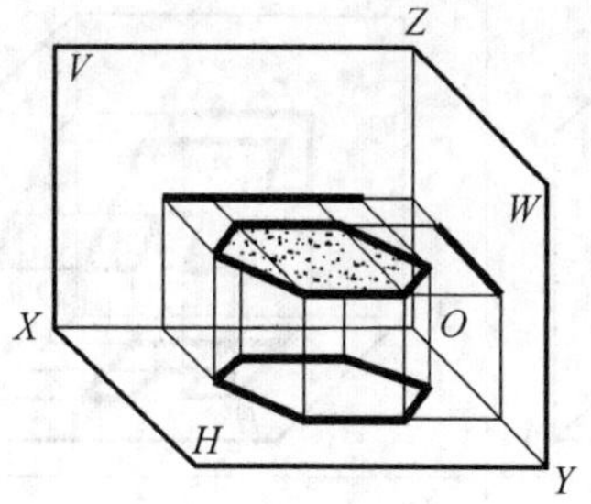	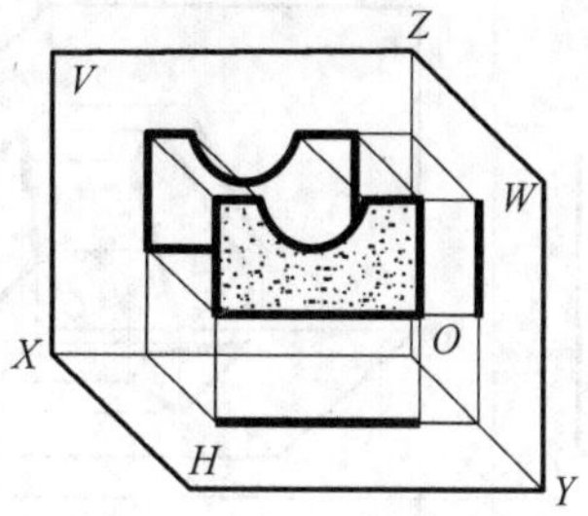	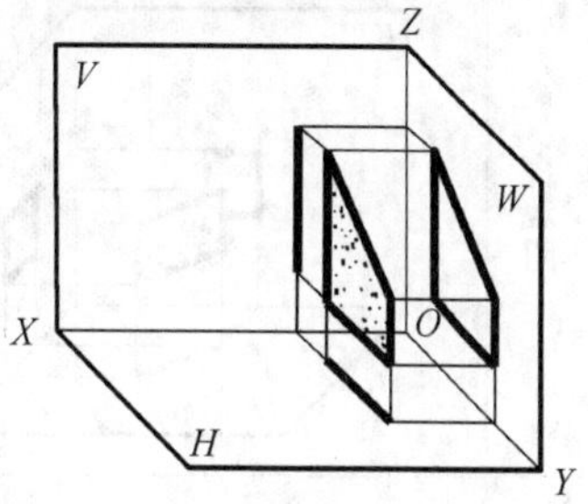
投影图	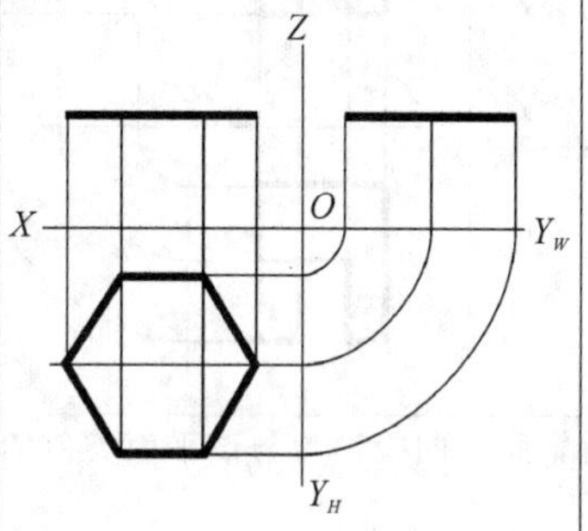	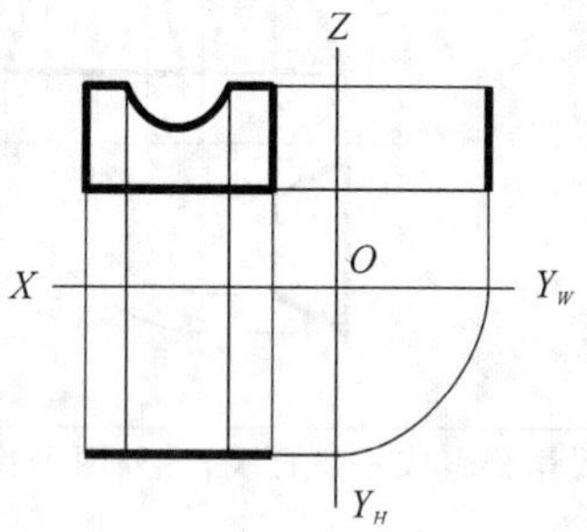	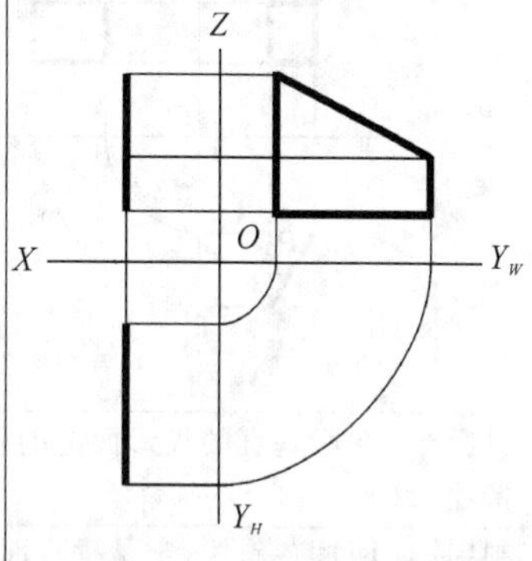
投影特性	在所平行的投影面上的投影反映实形；另外两个投影面上的投影积聚成直线，且分别平行于相应的投影轴		
判别	一框两直线，定是平行面；框在哪个面，平行哪个面(投影面)		

3.3.2 投影面的垂直面

投影面的垂直面是垂直于一个投影面、倾斜于另两个投影面的平面。投影面的垂直面根据所垂直的投影面的不同可分为以下三种。

(1) 铅垂面：垂直于 H 面，倾斜于 V、W 面。

(2) 正垂面：垂直于 V 面，倾斜于 H、W 面。

(3) 侧垂面：垂直于 W 面，倾斜于 V、H 面。

投影面的垂直面的图例及投影特性如表 3-4 所示。可以归纳出投影面的垂直面的投影特性如下。

(1) 平面在所垂直的投影面上，投影为倾斜于投影轴的直线，有积聚性；直线与投影轴的夹角反映该平面与另外两个投影面倾角的真实大小。

(2) 平面在另外两个投影面上的投影不反映实形，均为缩小的类似形状，具有类似性。

对于投影面的垂直面，画图时，一般先画出积聚性投影斜线，再画其他投影。读图时，如果三个投影中有一个投影是倾斜于投影轴的斜线，则该平面为斜线所在投影面的垂直面。

表 3-4 投影面的垂直面的图例及投影特性

名称	铅垂面（垂直于 H 面，倾斜于 V、W 面）	正垂面（垂直于 V 面，倾斜于 H、W 面）	侧垂面（垂直于 W 面，倾斜于 V、H 面）
直观图			
投影图			
投影特性	在所垂直的投影面上的投影积聚成一斜直线，另外两个投影面上的投影为与该平面类似的封闭线框		
判别	两框一斜线，定是垂直面；斜线在哪面，垂直哪个面（投影面）		

3.3.3 一般位置平面

倾斜于三个投影面的平面称为一般位置平面，与三个投影面既不垂直也不平行。如图3-17所示，平面 ABC 与三个投影而既不平行也不垂直，因此它的各面投影既不反映实形，也不会积聚成直线，均为原平面缩小的类似形，具有类似性。一般位置平面的投影特性：三个投影都是缩小的类似形，具有类似性。这一特性可概括为：三框三小。

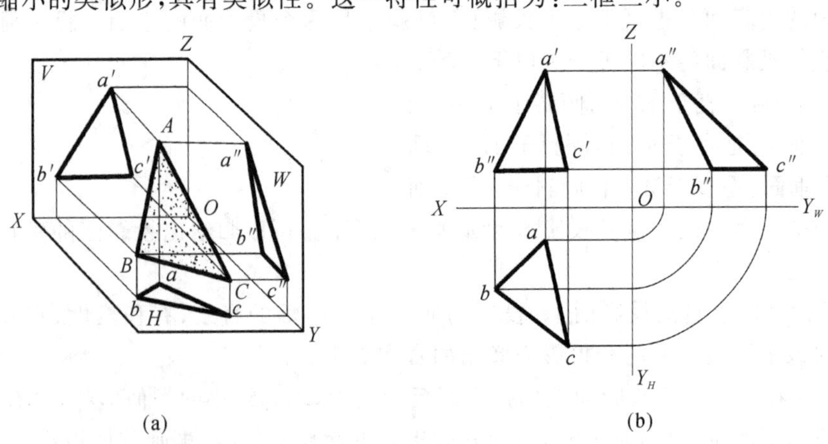

图 3-17 一般位置平面

3.3.4 平面上的直线

直线在平面上的几何条件如下。

(1) 若直线通过平面上的两个点,则此直线必定在该平面上。

(2) 若直线通过平面上的点并平行于平面上的另一直线,则此直线必定在该平面上。

例 3-3 如图 3-18 所示,已知△*ABC* 和直线 *KL* 的两面投影,判断直线 *KL* 是否在平面 *ABC* 内。

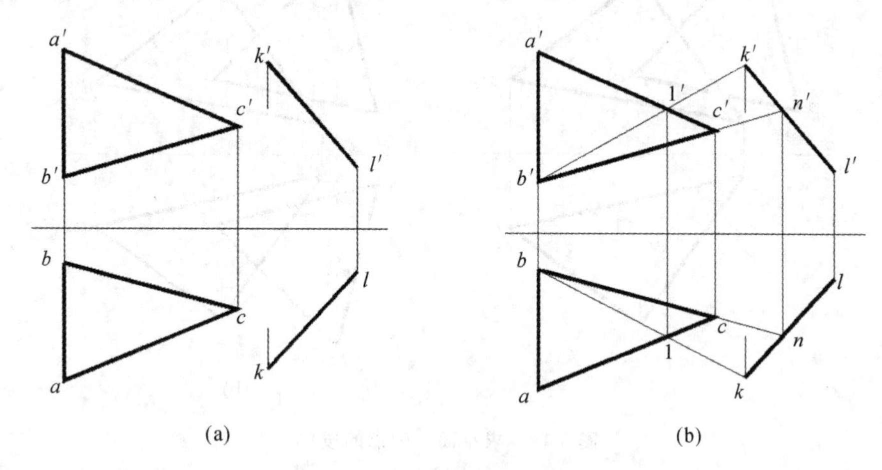

图 3-18 判别直线是否在平面内

作图步骤如下。

(1) 连接 *bk* 交 *ac* 于 1 点,连接 *b′k′*交于 1′点,1 点与 1′点符合投影规律,判定点 *K* 在平面 *ABC* 内。

(2) 作 *bc* 线段的延长线交 *kl* 于 *n* 点,作 *b′c′*延长线交于 *n′*点,*n* 点与 *n′*点符合投影规律,判定点 *N* 在平面 *ABC* 内;

(3) *KL* 直线上 *K*、*N* 两点在平面 *ABC* 内,即 *KL* 在平面 *ABC* 内。

3.3.5 平面上的点

点在平面上的几何条件是:点在平面内的一直线上,则该点必在平面上。因此在平面上取点,必须先在平面上取一直线,然后再在该直线上取点。这是在平面投影图上确定点所在位置的依据。

例 3-4 如图 3-19 所示,已知△*ABC* 在平面 *P* 内,要求绘制△*ABC* 的 *H* 面投影。

分析 根据平面的组成元素可以知道三角形△*ABC* 可以由点 *A*、*B*、*C* 构成,又已知 *A*、*B*、*C* 三点在 *V* 面的投影,并且 *A*、*B*、*C* 在平面 *P* 内,只要确定点 *A*、*B*、*C* 的位置就可以绘制出其 *H* 面的投影。

作图步骤如下。

(1) 作 *b′c′*交平面 *P′*于 1′,延长线交平面 *P′*交点 2′。

(2) 过 $1'$ 作 OX 轴的垂线交平面 P 于点 1，过 $2'$ 作 OX 轴的垂线交平面 P 于点 2。

(3) $b'c'$ 交平面 P' 于 $3'$，过 $3'$ 作 OX 轴的垂线交平面 P 于点 3。

(4) 连接 1、2 两点，过 c' 作 OX 的垂线交 12 连线于点 c。

(5) 过 b' 作 OX 的垂线交 $c2$ 连线于点 b。

(6) 过 a' 作 OX 的垂线交 $c3$ 连线于点 a。

(7) 依次连接 a、b、c，如图 3-19(b)所示。

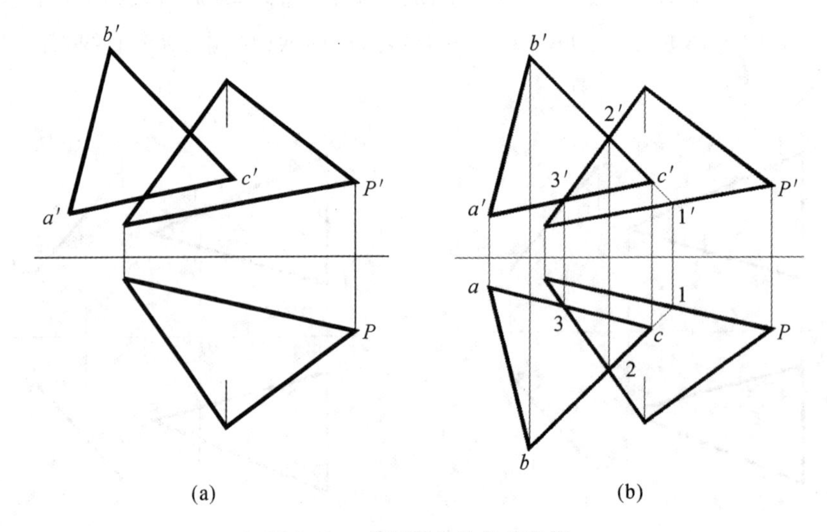

图 3-19 求平面上的点的投影

任务4 基本形体的投影

任务目标

(1) 掌握平面体、曲面体的投影规律及其作图方法。

(2) 掌握平面体、曲面体表面上点的作图方法。

4.1 平面体

常见平面体如图4-1所示,建筑形体上最常用的平面体是棱柱、棱锥。房屋模型由棱柱、棱锥组成,平面体表面都是平面,各平面图形均由棱线围成,棱线又由其端点确定。因此,平面体的投影是由围成它的各平面图形的投影表示的,其实质是作各棱线与端点的投影。常见的平面体有棱柱、棱锥和棱台。

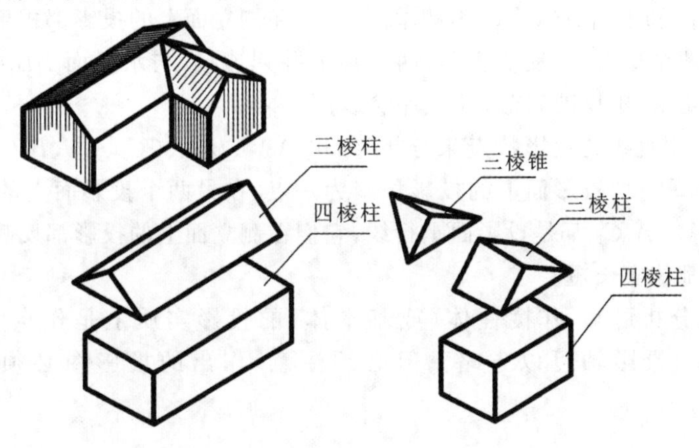

图4-1 常见平面体

任何复杂的建筑形体都可以看成由若干个基本几何体(简称基本体)组合而成。

4.1.1 棱柱的三面投影

两个三角形平面互相平行,其余各平面都是四边形,并且每相邻两个四边形的公共边都互相平行,由这些平面所围成的基本体称为棱柱。两个互相平行的平面称为底面,其余各面称为侧面,两侧面的公共边称为侧棱,两底面间的距离称为棱柱的高。当底面为三角形、四边形、五边形等形状时,所组成的棱柱分别为三棱柱、四棱柱、五棱柱等。正三棱柱的投影如图 4-2 所示。

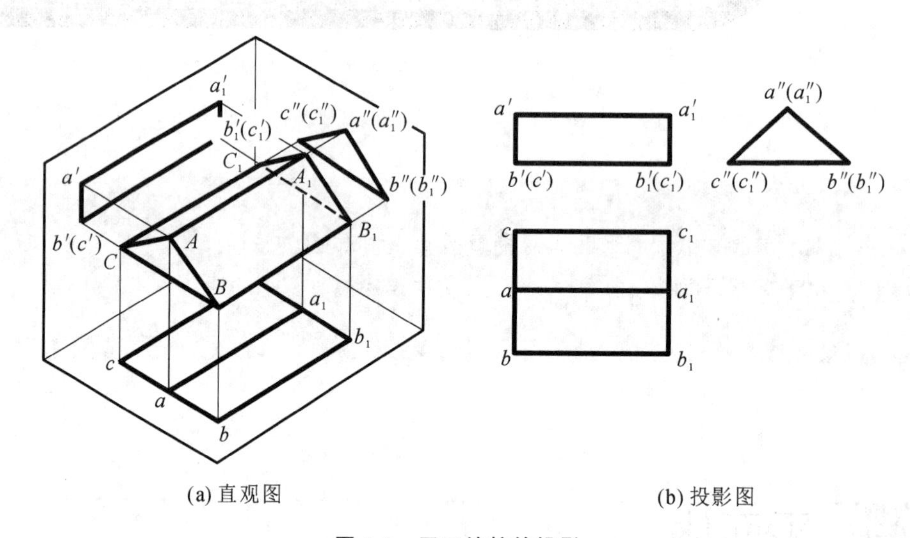

(a) 直观图　　(b) 投影图

图 4-2　正三棱柱的投影

图 4-2 中的正三棱柱由下列几个平面围成。

平面 BB_1C_1C 为水平面,它在水平面上的投影反映实形,在正立面和侧立面上的投影都分别积聚成一条平行于 OX 轴和 OY 轴的直线。

平面 ABC 和 $A_1B_1C_1$ 为侧平面,它们在侧立面上的投影反映实形,并且重影;在正立面和水平面上的投影分别积聚成平行于 OY 轴和 OZ 轴的直线。

平面 ABB_1A_1 和平面 ACC_1A_1 为侧垂面,它们在侧立面上的投影都积聚为一直线;在水平面上的投影是两个矩形,不反映实形,两个矩形并列连接,与水平面 BB_1C_1C 重影。在正立面上的投影是矩形,不反映实形,且二者重影。

同样,也可以用直线的投影特点来分析,图中 AA_1、BB_1、CC_1、BC、B_1C_1 都是投影面垂直线,它们在与其垂直的投影面上的投影积聚为一点,在另两个投影面上的投影反映实长;图中 AB、A_1B_1、AC、A_1C_1 都是投影面平行线,它们在侧立面上的投影都反映实长,在另两个投影面上的投影都比实长短。

从以上投影分析可知,作棱柱体(或基本体)的投影实质上是作点、线、面的投影。为了使图面清晰,投影轴可以省略。但必须注意,作出的投影图必须符合三面投影规律。

4.1.2 棱锥的三面投影

由一个多边形平面与多个有公共顶点的三角形平面所围成的几何体称为棱锥。这个多边形称为棱锥的底面,其余各平面称为棱锥的侧面,相邻侧面的公共边称为棱锥的侧棱,各侧棱的公共点称为棱锥的顶点,顶点到底面的距离称为棱锥的高。根据底面的形状不同,棱锥有三棱锥、四棱锥和五棱锥等。正三棱锥如图 4-3 所示。

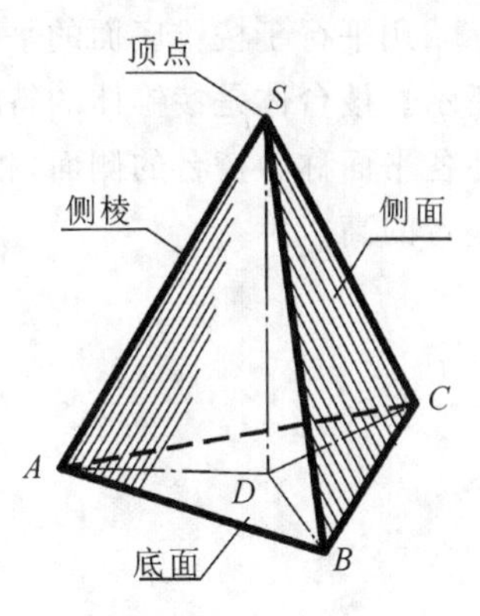

图 4-3 正三棱锥

现以正五棱锥为例来进行分析,正五棱锥的投影如图 4-4 所示。正五棱锥的特点是:底面为正五边形,侧面为五个相同的等腰三角形。通过顶点向底面作垂线(即高),垂足在底面正五边形的中心。正五棱锥底面(即正五边形 $ABCDE$)平行于水平面,在水平面上的投影反映实形。为了作图方便,使底面五边形的 DE 边平行于正立投影面,正五边形的正面投影和侧面投影都积聚为一直线。正五棱锥的五个侧面除 SDE 面是侧垂面外,其余都为一般位置平面。SDE 面的侧面投影积聚为一直线,正面投影和水平面投影均为三角形,但不反映实形。其余各侧面在三个投影面上的投影都为三角形,也不反映实形。

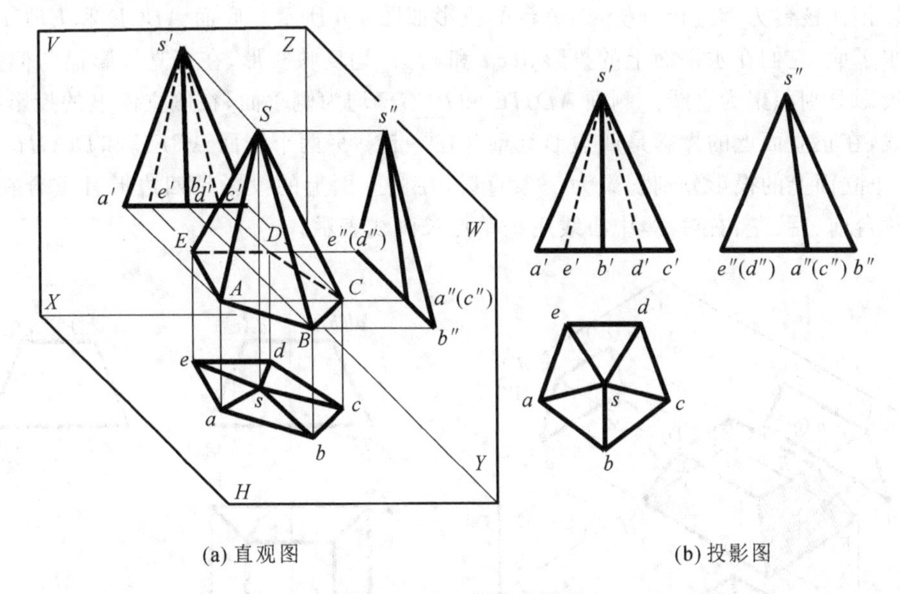

(a) 直观图 (b) 投影图

图 4-4 正五棱锥的投影

为方便作图,我们可以根据五棱锥的特点,在作出底面投影的基础上,先作出顶点 S 的水平投影 s,s 在 $abcde$ 的中心,再根据五棱锥的高度作出顶点 S 的正面投影 s',即可求出侧面投影 s''。将顶点 S 的三面投影分别与底面五边形 $ABCDE$ 三面投影的各角点连线,即为五棱锥的三面投影。由于 SAE 面和面 SCD 面的正面投影不可见,因此,$s'e'$ 和 $s'd'$ 为虚线。侧面投影 $s''d''$、$s''c''$ 分别与 $s''e''$、$s''a''$ 重合。

4.1.3 棱台的三面投影

用平行于棱锥底面的平面切割棱锥，底面和截面之间的部分称为棱台。四棱台如图 4-5 所示。棱台体是棱锥体的特例。原棱锥的底面和截面分别称为棱台的下底面和上底面，其他各平面称为棱台的侧面，相邻侧面的公共边称为棱台的侧棱，上、下底面之间的距离称为棱台的高。

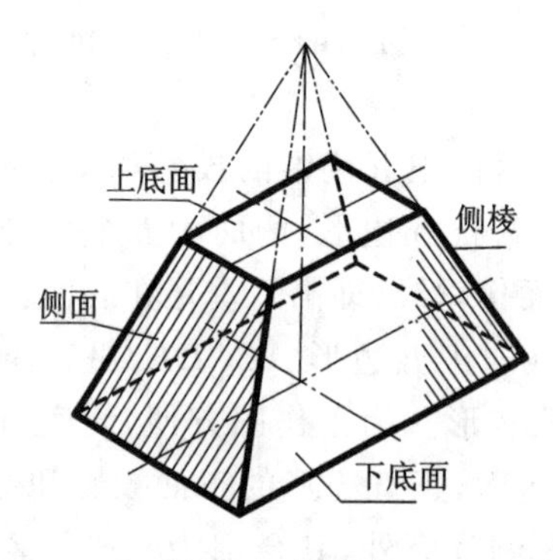

图 4-5 四棱台

由三棱锥、四棱锥、五棱锥等切得的棱台，分别称为三棱台、四棱台、五棱台等。

现以正四棱台为例进行分析，四棱台的投影如图 4-6 所示。底面 $ABCD$ 和 $EFGH$ 分别为两个水平面，它们在水平面上的投影 $abcd$ 和 $efgh$ 均反映实形，在正立投影面与侧立投影面上的投影分别积聚为直线。侧面 $ADHE$ 和 $BCGF$ 均为侧垂面，在侧立面上的投影积聚为一条直线，在正立面上的投影是四边形且重合在一起。另两个侧面 $ABFE$ 和 $DCGH$ 均为正垂面，在正立面上的投影分别积聚为一条直线，在侧立面上的投影是四边形且重合在一起。由于四棱台前、后、左、右对称，中心线用细单点长画线表示。

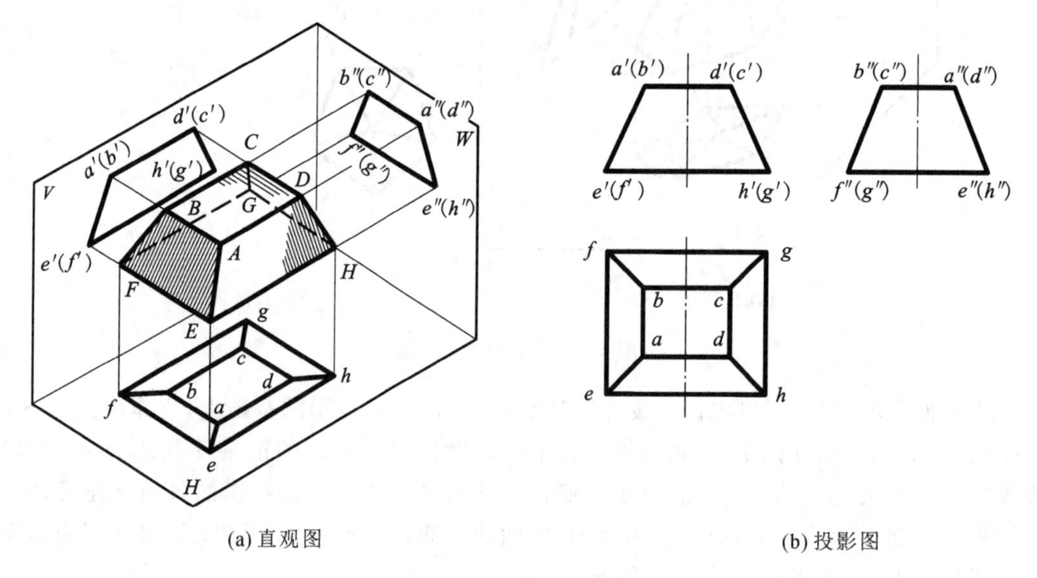

(a) 直观图　　(b) 投影图

图 4-6 四棱台的投影

平面体的投影实质上就是其各个侧面的投影，而各个侧面的投影实际上是用其各个侧棱投影表示，侧棱的投影又是其各顶点投影的连线。平面体的投影特点如下。

(1) 平面体的投影实质上就是点、直线和平面投影的集合。

(2) 投影图中的线条可能是直线的投影，也可能是平面的积聚投影。

(3) 投影图中线段的交点可能是点的投影，也可能是直线的积聚投影。

(4) 投影图中任何一封闭的线框都表示立体上某平面的投影。

(5) 当向某投影面作投影时，凡看得见的直线用实线表示，看不见的直线用虚线表示。当两条直线的投影重合，一条看得见而另一条看不见时，仍用实线表示。

(6) 在一般情况下，当平面的所有边线都看得见时，该平面才看得见。平面的边线只要有一条是看不见的，该平面就是看不见的。

4.1.4　平面体表面上的点和直线

如图4-7所示，在五棱柱上有 M 和 N 两点，其中点 M 在前平面 $ABCD$ 上，点 N 在平面 $EFGH$ 上。平面 $ABCD$ 是正平面，它在正立面上的投影反映实形，为一矩形线框，在水平面和侧立面上的投影是积聚在水平面投影和侧面投影的最前端的直线。因此，点 M 的水平面投影和侧面投影都在这两条积聚线上，而正面投影在平面 $ABCD$ 正面投影的矩形线框内。

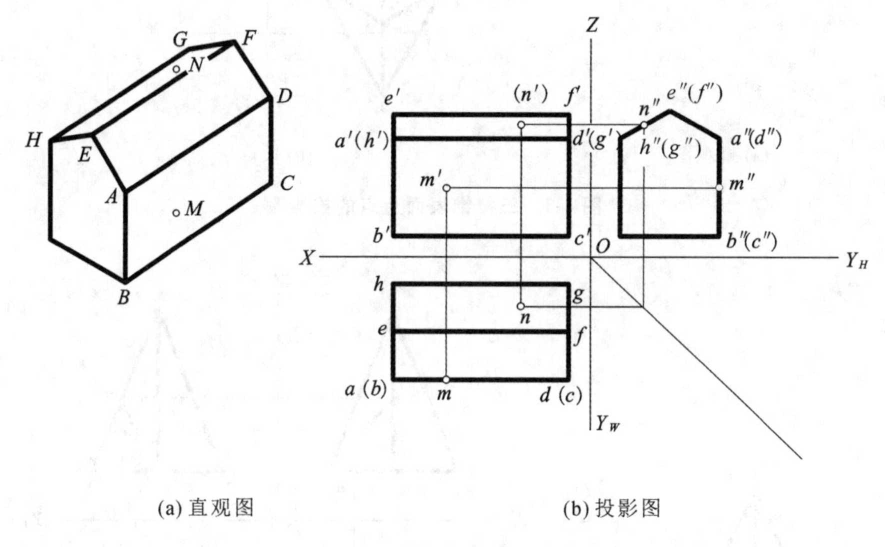

(a) 直观图　　(b) 投影图

图4-7　棱柱体表面上的点

平面 $EFGH$ 为侧垂面，其侧面投影积聚成直线，水平面投影和正面投影分别为一矩形线框，所以点 N 的侧面投影应在平面 $EFGH$ 侧面投影的积聚线上，水平投影和正面投影分别在矩形线框内。由于平面 $EFGH$ 的正面投影不可见，所以点 N 的正面投影也不可见，加括号。

以上两点所在的平面都具有积聚性，所以在已知点的一面投影，求其余两投影时，可利用平面的积聚性求得。

如图4-8(a)所示，在三棱锥体侧面 SAC 上有一点 K。侧面 SAC 为一般位置的平面，其三面投影为三个三角形。由于点 K 在侧面 SAC 上，因此点 K 的三面投影必定在侧面 SAC

的三个投影上。作图时,为了方便,过点 K 作一直线 SE,则点 K 为直线 SE 上的点。点 K 的三面投影应该在直线 SE 的三面投影上,如图 4-8(b)所示。这种作图方法称为辅助线法。

当已知点 K 的一个投影,求另两个投影时,可先作出辅助线的三个投影,再作点 K 的另两个投影。

如图 4-9 所示,在四棱锥体侧面 SAB 上有一直线 MN。四棱锥侧面 SAB 为一般位置的平面,其三面投影为三个三角形。直线 MN 的投影在平面 SAB 的同面投影内。由于点 M 在侧棱 SA 上,点 M 可按直线上求点的方法求得。点 N 的投影按一般位置平面上求点的投影方法求得(辅助线法)。然后将点 M、N 的同面投影连起来即可。由于 SAB 的侧面投影不可见,直线 MN 的侧面投影 $m''n''$ 也不可见,用虚线表示。

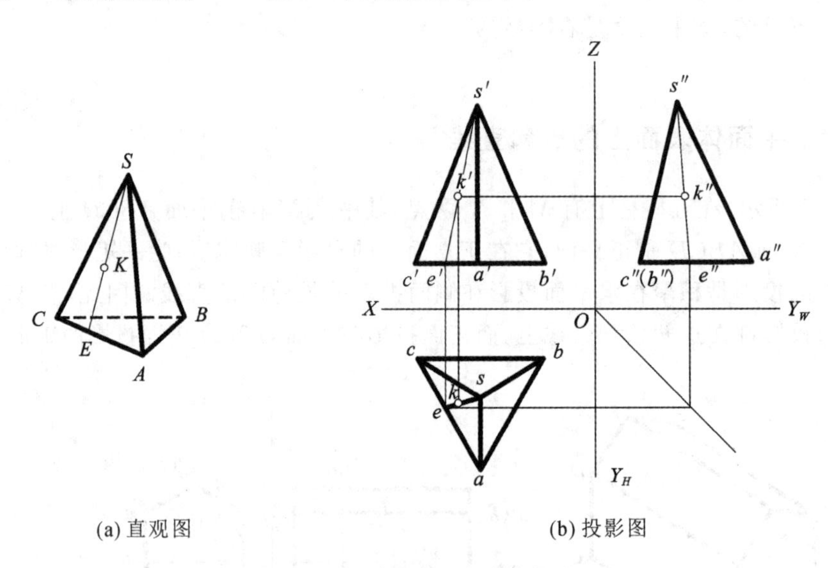

(a) 直观图　　(b) 投影图

图 4-8　三棱锥表面上点的投影

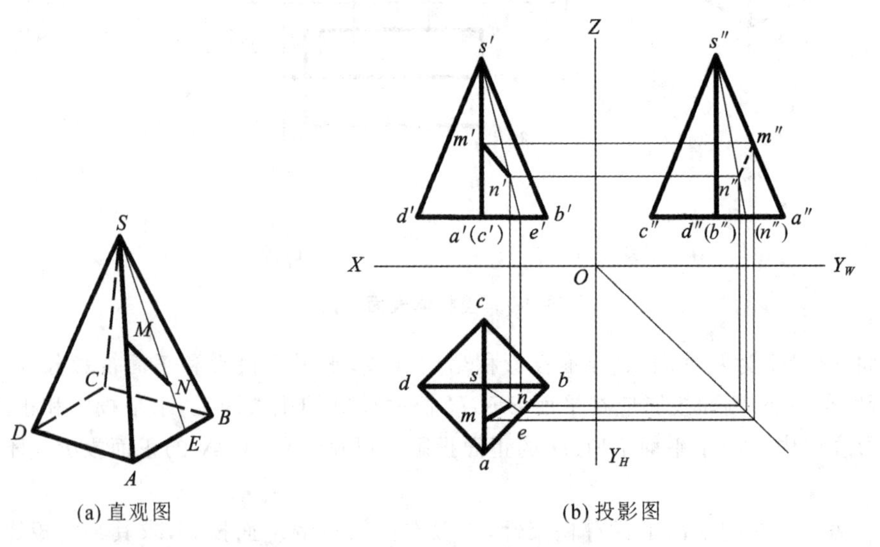

(a) 直观图　　(b) 投影图

图 4-9　四棱锥体表面上直线的投影

4.2 曲面体

由曲面或曲面与平面所围成的几何体称为曲面体。工程上常用的曲面体是回转体，如圆柱、圆锥、圆台、球等。常见曲面体如图 4-10 所示。

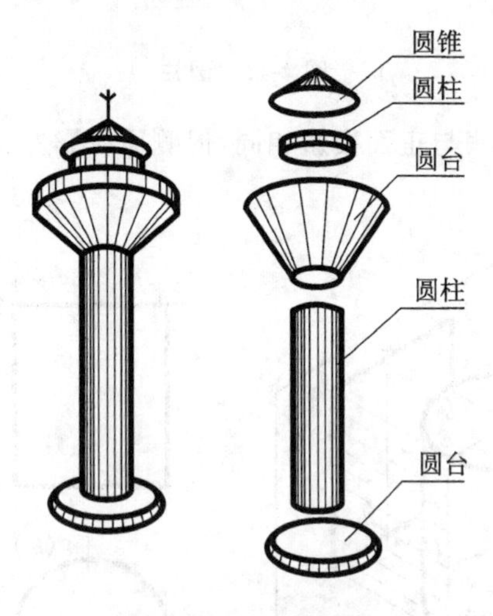

图 4-10 常见曲面体

4.2.1 圆柱的三面投影

如图 4-11 所示，直线 AA_1 绕着与它平行的直线 OO_1 旋转，所得轨迹是一圆柱面。直线 OO_1 称为导线，AA_1 称为母线，母线 AA_1 在旋转过程中任一位置留下的轨迹称为素线，因此圆柱面也可以看作是由无数条与轴平行且等距的素线的集合。如果把 AA_1 和轴 OO_1 连成一矩形平面，该矩形平面绕 OO_1 轴旋转的轨迹就是圆柱。矩形上、下两边 AO 和 A_1O_1 绕 OO_1 旋转时所成的轨迹是圆平面。因此，圆柱是由两个互相平行且相等的平面圆（即顶面和底面）和一圆柱面所围成。顶面和底面之间的距离为圆柱的高。

图 4-12 所示为一圆柱，该圆柱的轴线垂直于水平投影面，顶面与底面平行于水平投影面。作其投影如下：由于顶面和底面平行于水平投影面，因此它们在水平面上的投影为圆，反映顶面和底面的实形，且两底面的投影重合在一起。顶面和底面在正立面和侧立面上的投影都积聚为平行于 OX 轴和 OY 轴的直线，其长度为圆柱的直径。在同一投影面上两个积聚投影之间的距离为该圆柱的高。

圆柱面是光滑的曲面，其上所有素线都为铅垂线，因此圆柱面也垂直于水平面，其水平面投影为与顶面和底面水平面投影全等且同心的圆。作正立面投影时，圆柱面上最左和最右两条素线的投影构成圆柱在正立面上投影的左、右两条轮廓线，与顶面和底面在正立面上的投影构成矩形。

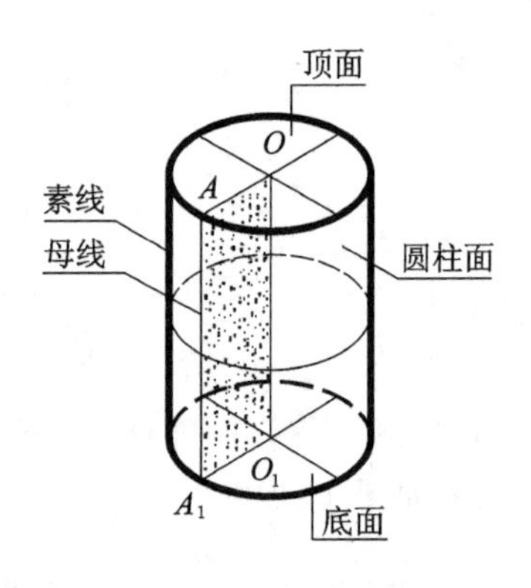

图 4-11 圆柱

圆柱的侧面投影作图方法与正面投影相同，但侧面投影左、右两条轮廓线为圆柱面的最后、最前两条素线的投影。

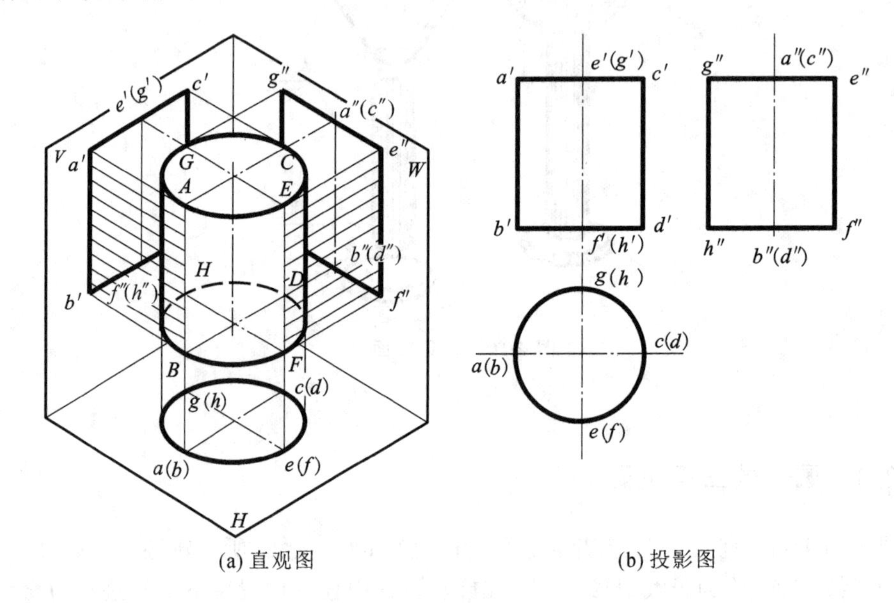

图 4-12 圆柱的投影

4.2.2 圆锥的三面投影

如图 4-13 所示，直母线 SA 绕与它相交的轴线 SO 回转时形成圆锥面。圆锥由圆锥面和底面(底圆)组成。底圆垂直于轴线的圆锥称为正圆锥。圆锥而上的素线都通过锥顶 S，母线上任一点在圆锥面形成过程中的轨迹称为纬圆。

如图 4-14 所示，正圆锥的轴与水平投影面垂直，即底面平行于水平投影面，作其投影如下：因为该圆锥的底面平行于水平投影面，它在水平面上的投影反映实形，在正立投影面和侧立投影面上都积聚为平行于 OX 轴和 OY 轴的直线，其长度等于底圆的直径。

圆锥面是光滑的曲面，作正面投影时，锥面上最左、最右两条素线即 SA 和 SC 都是正平线，其投影分别为 $s'a'$ 和 $s'c'$，即为圆锥面在正立投影面上最左、最右的两条轮廓线。与底面圆在正立投影面上的投影构成圆锥的正面投影，为等腰三角形。

圆锥在侧立投影面上的投影与其在正立投影面上的投影相同，为等腰三角形，但该等腰三角形左、右两条轮廓线为圆锥最后、最前两条素线的投影。

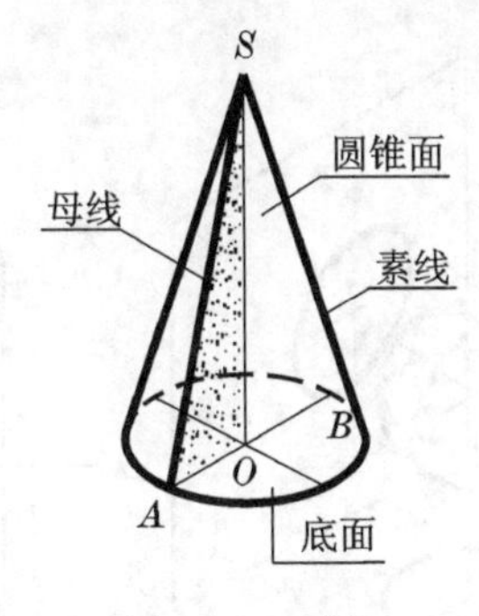

图 4-13　圆锥

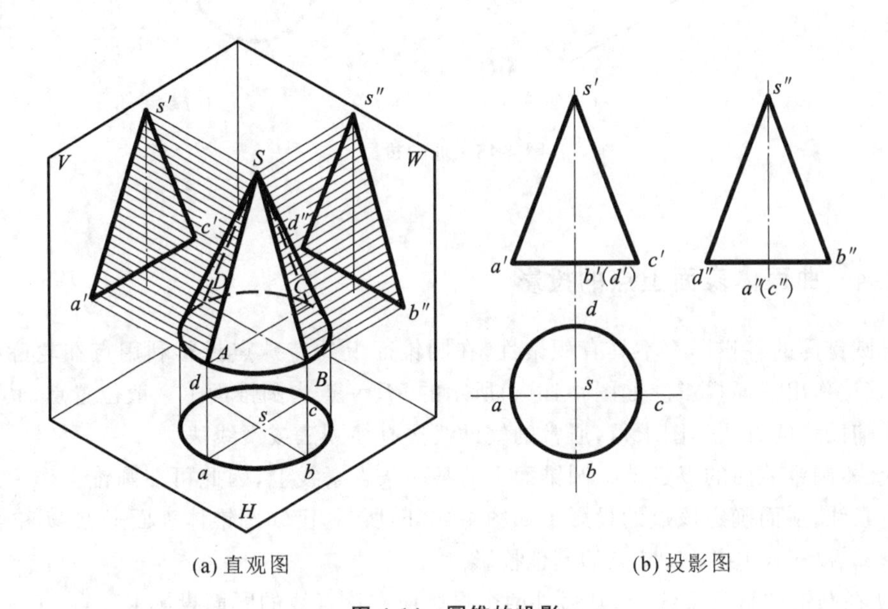

(a) 直观图　　(b) 投影图

图 4-14　圆锥的投影

4.2.3　球的三面投影

如图 4-15(a)所示，圆周曲线绕着它的直径旋转，所得轨迹为球面，该直径为导线，该圆周为母线，母线在球面上任一位置时的轨迹称为球面的素线，球面所围成的立体称为球。

球的投影为三个直径相等的圆。

水平投影是看得见的上半个球面和看不见的下半个球面投影的重合。该水平面投影也是球面上平行于水平面的最大圆周的投影，该圆周的正面投影和侧面投影分别为平行于 OX 轴和 OY 轴的线，长度为球的直径，构成正面投影和侧面投影的中心线，用单点长画线表示。

正面投影是看得见的前半个球面和看不见的后半个球面投影的重合。正面投影的圆周是球面上平行于正立面最大圆周的投影，与其对应的水平面投影和侧面投影分别与圆的水平中心线和铅垂中心线重合，仍然用单点长画线表示。

如图 4-15(c)所示，侧面投影是看得见的左半个球面和看不见的右半个球面投影的重合。侧面投影的圆周是球面上平行于侧立面最大圆周的投影，与其对应的水平面投影和正面投影分别与圆的铅垂中心线重合，仍然用单点长画线表示。

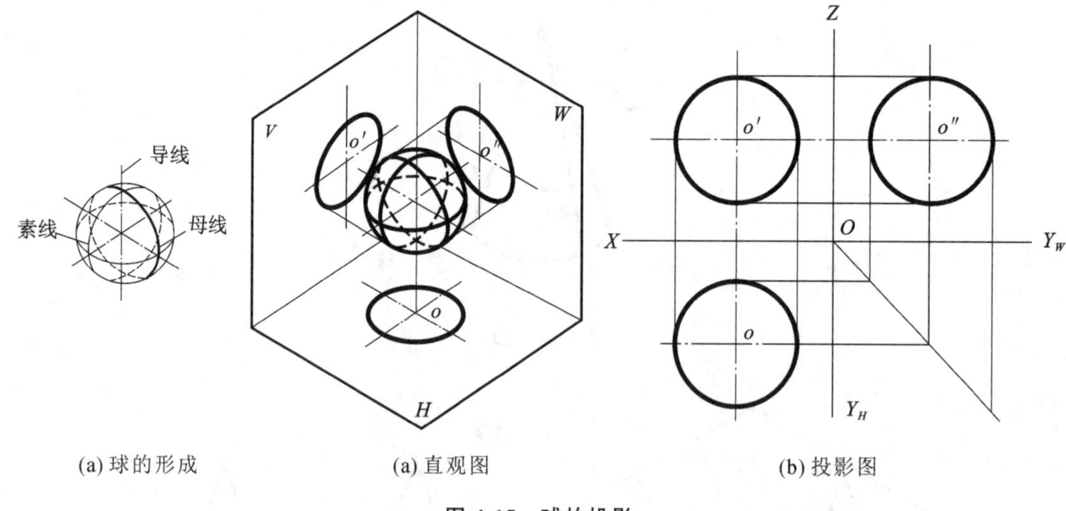

(a) 球的形成　　(a) 直观图　　(b) 投影图

图 4-15　球的投影

4.2.4　曲面体表面上点的投影

由于圆锥面的各投影都不具有积聚性，在圆锥面上的特殊点投影利用点在轮廓线的从属性，可直接作出三面投影。如图 4-16(a)所示的 M、N 点为圆锥面上一般位置点，其投影必须采用作辅助线的方法作图求得，通常的辅助线法有纬圆法或素线法。

素线法：圆锥表面的点必落在圆锥面上的某一条直素线上，因此可在圆锥上作一条包含该点的直素线，从而确定该点的投影。如图 4-16(b)所示，已知圆锥体表面上点 M 和点 N 的正面投影 m'和 n'，作出 M、N 点的其他投影。

点 N 在圆锥的最右素线上，其另外两个投影应在该素线的同面投影上。点 M 在一般位置上，另两个投影用素线法求得。

过点 M 作素线 SB 的正面投影 $s'b'$，并作出 SB 的另两个投影 sb 和 $s''b''$。过 m'分别作 OX 轴和 OZ 轴的垂线交 sb 和 $s''b''$于 m 和 m''，m、m'和 m''即为点 M 的三面投影，这种方法称为素线法。其投影如图 4-16(c)所示。

纬圆法：圆锥面上的点落在圆锥面上的某纬圆上，因此，可在圆锥上作一包含该点的纬圆，从而确定该点的投影。其投影如图 4-16(d)所示。

求在球面上点的投影一般用纬圆法。球面上点的投影必定落在该球面上的某一纬圆上，如图 4-17 所示。

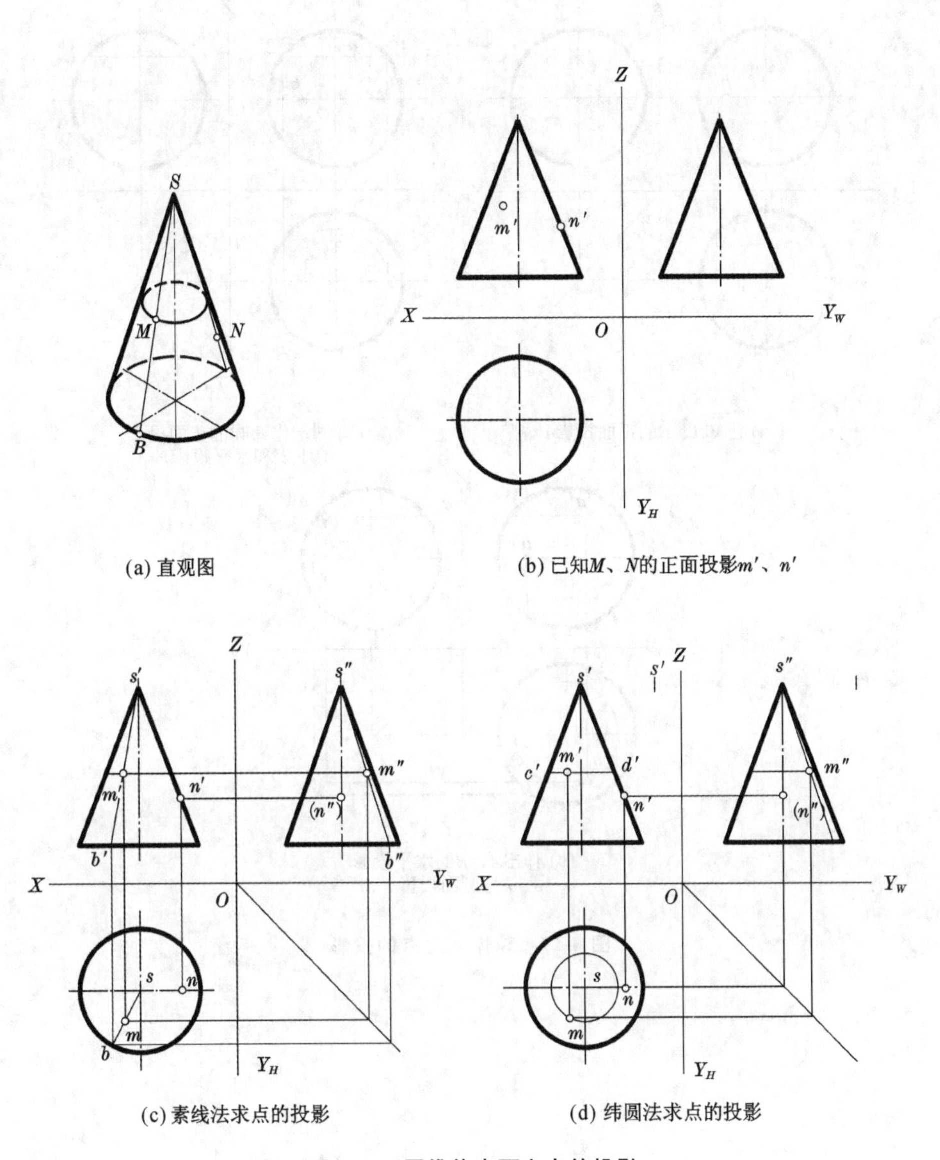

(a) 直观图

(b) 已知M、N的正面投影m'、n'

(c) 素线法求点的投影

(d) 纬圆法求点的投影

图 4-16　圆锥体表面上点的投影

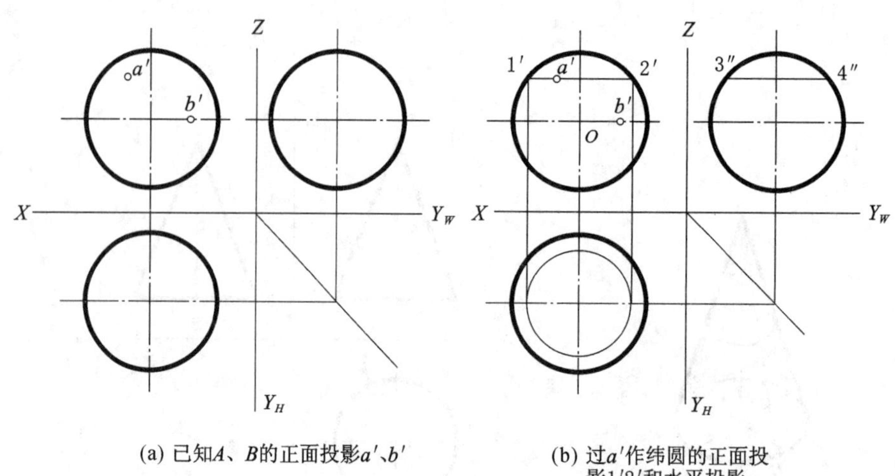

(a) 已知A、B的正面投影a'、b'

(b) 过a'作纬圆的正面投影$1'2'$和水平投影

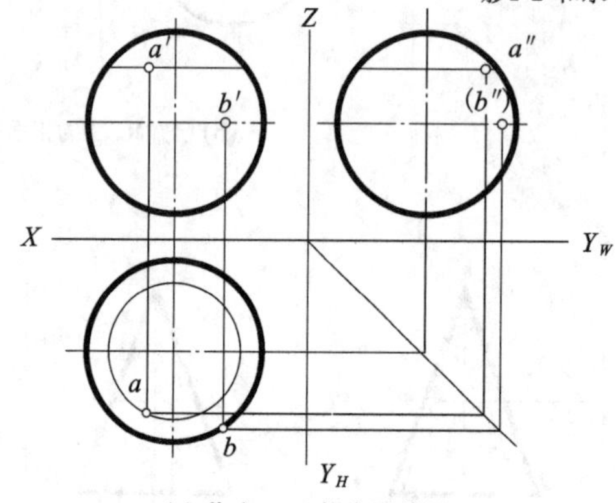

(c) 作出A、B的水平投影a、b与侧面投影a''、b''

图 4-17 球体面上点的投影

任务5 组合体的投影

任务目标

(1) 理解组合体的形成方式。
(2) 掌握组合体三面投影图的绘制方法和尺寸标注。
(3) 熟练掌握组合体投影图的读图方法和技巧。

5.1 组合体的形成分析与绘制步骤

组合体从空间形态上看，要比前面所学的基本形体复杂。但是，经过观察也能发现它们的组成规律，组合体是由基本体组合而成的立体。

5.1.1 组合体的形成分析

为了便于分析，将组合体按组合特点分为叠加式、切割式、混合式三种。

1. 叠加式

把组合体看成由若干个基本形体叠加而成，如图 5-1(a)所示。

2. 切割式

组合体是由一个大的基本形体经过若干次切割而成，如图 5-1(b)所示。

3. 混合式

把组合体看成既有形体叠加又有形体切割，如图 5-1(c)所示。

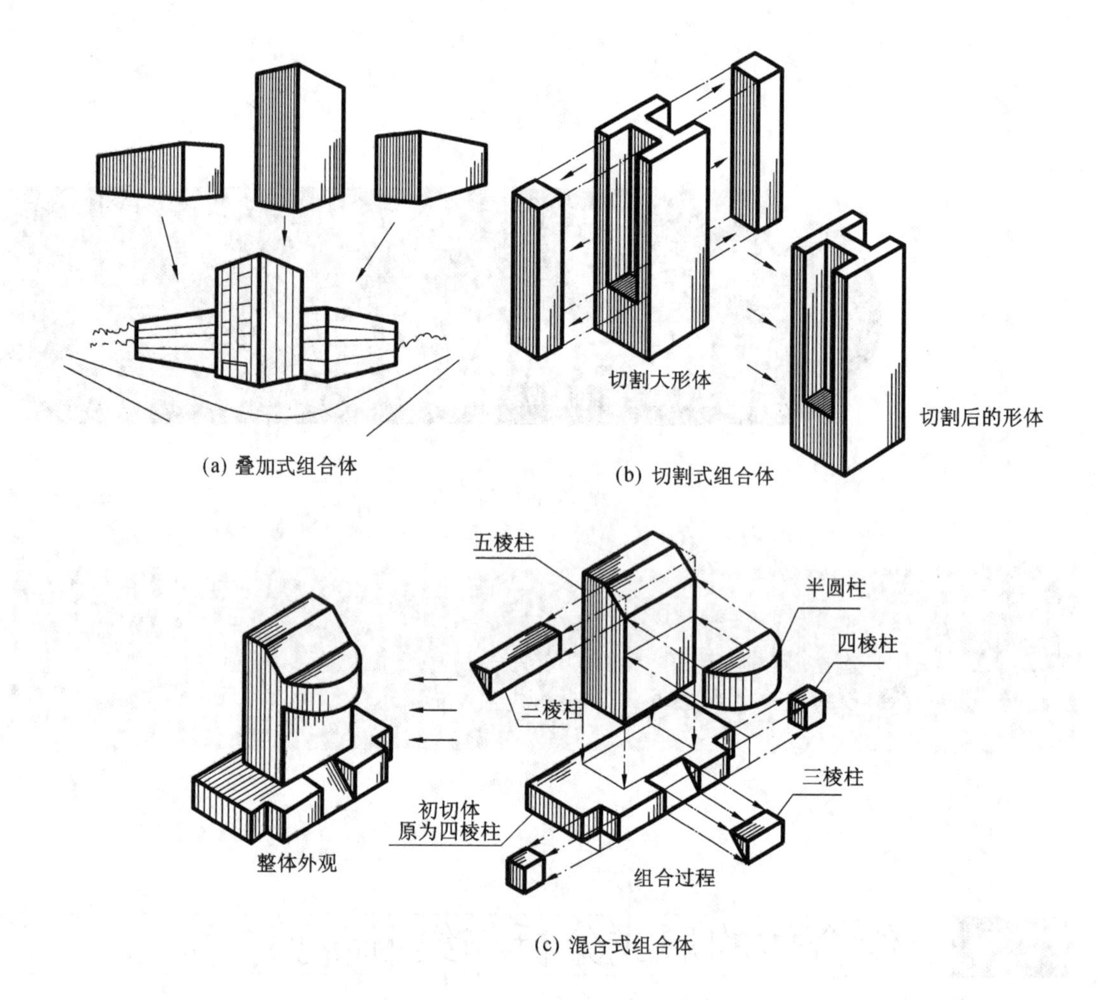

(a) 叠加式组合体

(b) 切割式组合体

(c) 混合式组合体

图 5-1 组合方式

5.1.2 组合体的表面连接关系

形成组合体的各基本形体之间的表面连接关系可分为三种:共面、相切、相交。

(1) 共面。若基本体与基本体相邻两表面共面,即两面平齐,则衔接处表面不应画线,如图 5-2(a)所示。若两形体表面不共面即不平齐,必须画出分界线,如图 5-2(d)所示。

(2) 相切。相切是指两基本形体的表面光滑过渡,形成相切组合面,相切处不应画线,如图 5-2(b)所示。

(3) 相交。两立体表面彼此相交,在相交处有交线,投影图中必须画出交线的投影,如图 5-2(c)所示。

组合体的平面不平齐如图 5-2(d)所示。

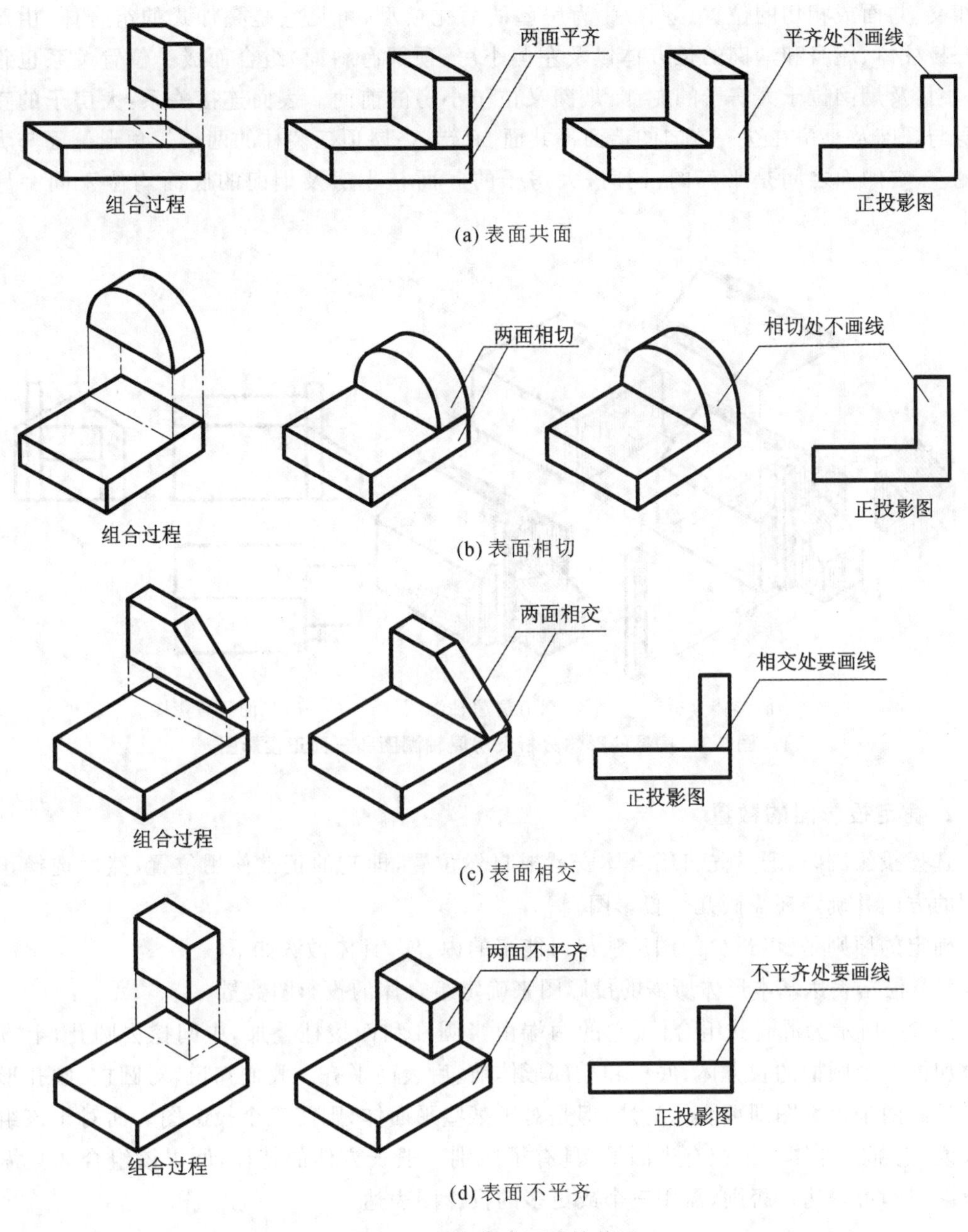

图 5-2 组合体表面连接关系

5.1.3 组合体的绘制步骤

绘制组合体的投影图，首先应对组合体进行形体分析，然后选择投影图，校核两底稿，最后加深和复核，完成全图。

1. 形体分析

所谓形体分析就是将组合体看成由若干个基本形体组成。在分析时将其分解成单个基本形体，并分析各基本形体之间的组合形式和相邻表面间的位置关系，判断相邻表面是否处于相交、共面或相切的位置。图 5-3 为房屋的简化模型，可见它是叠加式的组合体，由屋顶的三棱柱体、屋身和烟囱的长方体以及左侧小房（顶部有斜面）组合而成。位置关系也很明确：小房及烟囱位于大房子的左侧，烟囱又位于小房的前面。表面连接关系：大房子的正面墙身与烟囱及小房在这一方向的墙面不共面、有错落；屋顶三棱柱的两个三角形侧面与大房子的左、右侧面之间是平齐的；同时，大房子的底面与小房及烟囱的底面均位于同一地平面上。

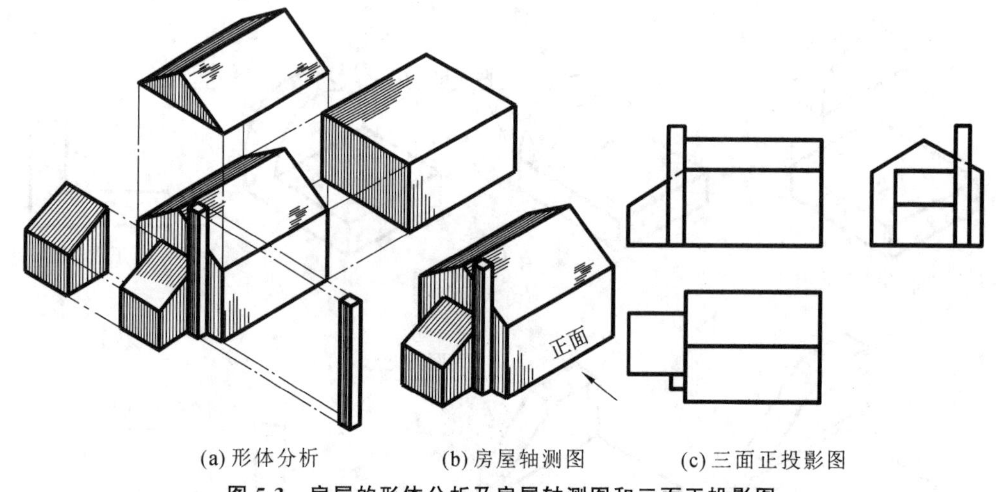

(a) 形体分析　(b) 房屋轴测图　(c) 三面正投影图

图 5-3　房屋的形体分析及房屋轴测图和三面正投影图

2. 确定投影图的数量

选择投影图时，通常先将组合体安置成自然位置，即它的正常使用位置，然后选择正立面图的方向并确定还需画几个投影图。

确定的原则是：以最少的图反映尽可能多的内容。具体做法如下。

(1) 根据表达基本形体所需的投影图来确定组合体的投影图数量。

图 5-4 所示为混合式组合体，它的两端由半圆柱和四棱柱叠加，中间挖去圆孔，上方中部叠加挖有半圆槽的长方体，底板和上部形体前、后表面平齐。我们知道，对圆柱、圆孔形体一般只需两个投影图即可表达清楚，但是对于某些平面体，则需三个投影图。而对于该组合体来说，上部长方体上已挖有半圆槽，具有了区别一般长方体的特征，所以该组合体只需两个投影图即可表达。否则，需用三个或更多的投影图表达。

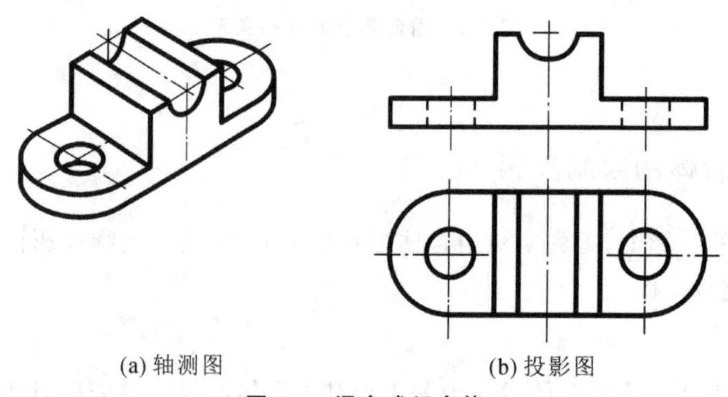

(a) 轴测图　(b) 投影图

图 5-4　混合式组合体

(2) 抓住组合体的总体轮廓特征或其中某基本体的明显特征来选择投影图数量。图 5-5 所示为一连接件，当较长的一面(上面有圆孔)选为正立面图之后，考虑选用水平面图还是左侧立面图。如果选用平面图，则 Z 形板和两个三角形肋板的特征轮廓在正立面图和水平面图上都没有反映出来，因此它们的形状还是不能肯定。如果选用了左侧立面图，则 Z 形板、圆孔、两个三角形肋板等组成部分均能表达清楚，特征清晰可辨，用两个投影图就可以了。

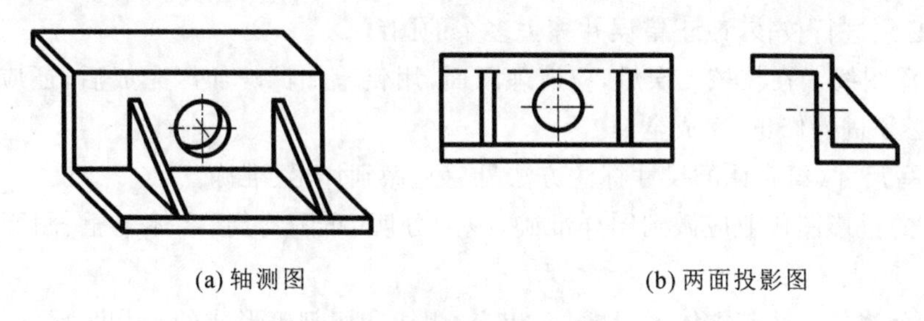

(a) 轴测图 (b) 两面投影图

图 5-5 连接件的投影图

(3) 合理选择投影面并减少投影图虚线结合。投影图上虚线内容较实线内容的识读要困难，画图也较繁杂。因为虚线均表示看不见的棱线(或转向轮廓线)、积聚位置的平面等，所以投影图的选择要在反映形体的前提下，尽量避免选用虚线多的投影图；若投影图不能减少，则选虚线少的一组。如图 5-6(a)所示为一个阳榫两种不同摆放位置的正等测图，图 5-6(b)(c)为两种不同摆放位置的三面投影图，图 5-6(c)左侧面图中虚线较多，显然选图 5-6(b)比较合理。

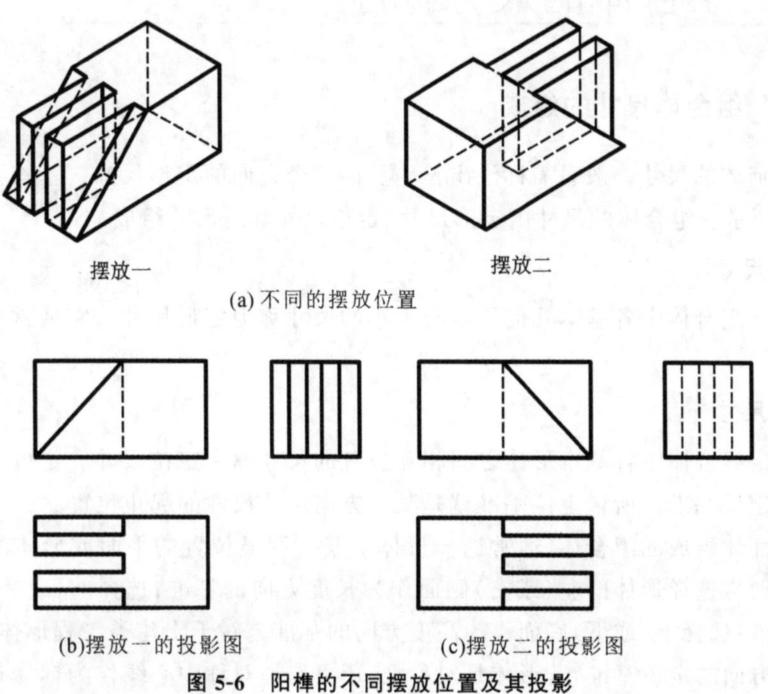

(a) 不同的摆放位置

(b)摆放一的投影图 (c)摆放二的投影图

图 5-6 阳榫的不同摆放位置及其投影

3. 绘制组合体投影图

投影图确定后，即可使用绘图仪器和工具开始画投影图。

(1) 选比例,定图幅。根据组合体尺寸的大小确定绘图比例,再根据投影图的大小确定图纸幅面,然后绘出图框和标题栏。

(2) 画底稿、校核。画底稿前,应根据图形大小以及预留标注尺寸的位置合理布置图面。绘制底稿的顺序是:先画作图基准线,如投影图的对称中心线和底面或端面的积聚投影线等,以确定各投影图的位置;然后用形体分析法按主次关系依次画出各组成部分的三面投影图。注意各组成部分的三面投影图应都画出,并应先画出反映其形状特征的投影。当底稿画完后,必须进行校核,改正错误并擦去多余的图线。

(3) 加深图线。在校核无误后,应清理图面,用铅笔加深。加深完成后,还应再作复核,如有错误,必须进行修正,完成全图。

(4) 注写尺寸(组合体的尺寸标注方法见后),做到详尽、准确。

一幅好的投影图作业应做到图样准确、线型分明、布图均衡、字体工整、图面整洁,符合制图标准。

由于组合体是一些基本体通过叠加、相交、相切和切割等形成的,因此,标注组合体尺寸必须先标注各几何体的尺寸和各几何体之间的相对位置尺寸,再考虑标注组合体的总尺寸。按这样的方法和步骤标注尺寸,就能完整地标注出组合体的全部尺寸。由此可见,只有在形体分析的基础上,才能完整地标注组合体的尺寸。

5.2 组合体的尺寸标注

5.2.1 组合体尺寸的组成

基本几何体的尺寸一般只需标注出长、宽、高三个方向的定形尺寸。基本几何体尺寸标注如表 5-1 所示。组合体的尺寸由定形尺寸、定位尺寸和总尺寸组成。

1. 定形尺寸

用于确定组合体中各基本几何体自身大小的尺寸称为定形尺寸。它通常由长、宽、高三项尺寸反映。

2. 定位尺寸

用于确定组合体中各基本形体之间相互位置的尺寸称为定位尺寸。定位尺寸在标注之前需要确定定位基准。所谓定位基准就是某一方向定位尺寸的起止位置。

对由平面体组成的组合体,通常选择形体上某一明显位置的平面或形体的中心线作为基准位置。通常选择形体的左(或右)侧面作为长度方向的基准;选择前(或后)侧面作为宽度方向的基准;选择上(或下)底面作为高度方向的基准。对于土建类工程形体,一般选择底面作为高度方向的定位基准,若形体是对称型,还可选择对称中心线作为标注长度和宽度尺寸的基准。

对有回转轴的曲面体的定位尺寸,通常选择其回转轴线(即中心线)作为定位基准,不能以转向轮廓线作为定位的依据。

3. 总尺寸

总尺寸是确定组合体总长、总宽、总高的外包尺寸。

表 5-1 基本几何体尺寸标注

四棱柱 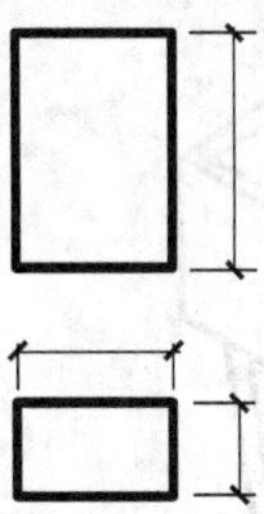	三棱柱 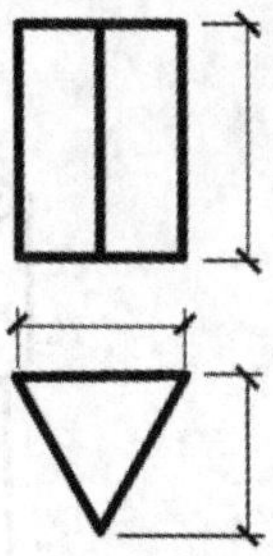	四棱柱 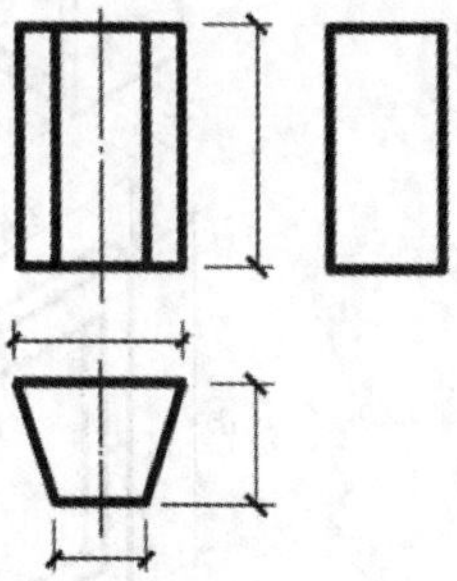
三棱锥 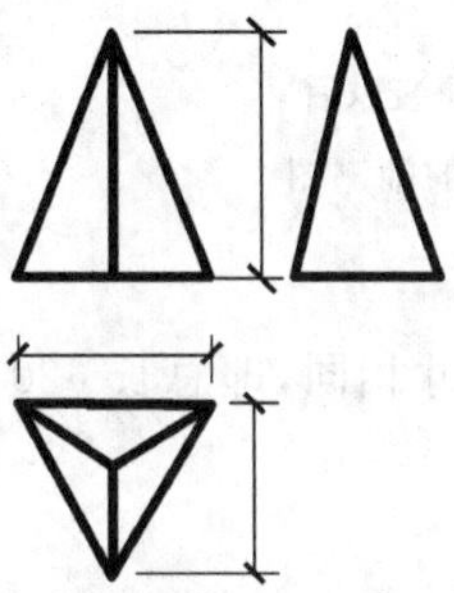	五棱锥 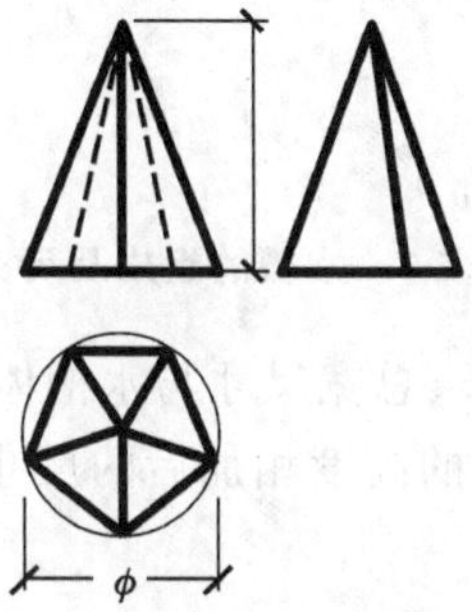	四棱台 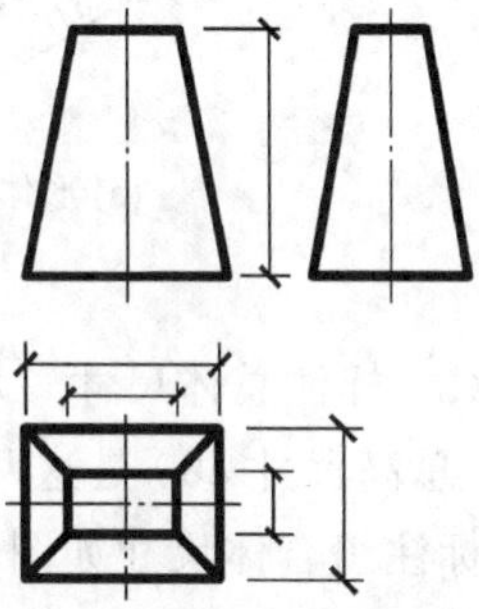
圆锥 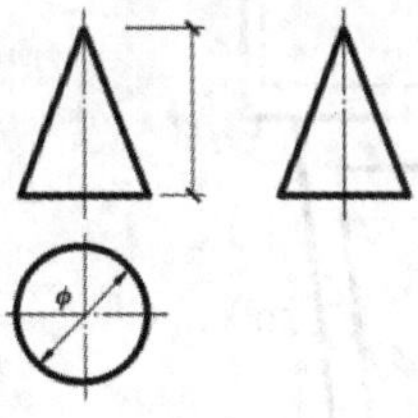	圆台 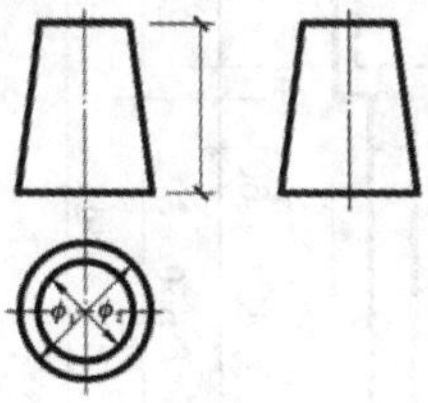	球 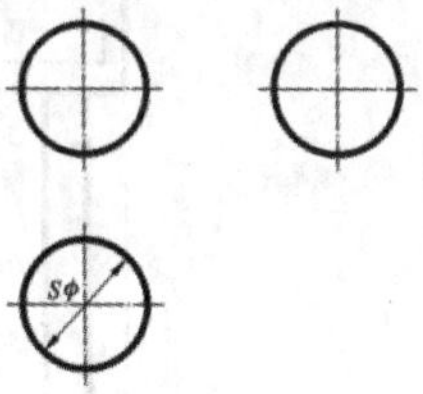

5.2.2 组合体尺寸的标注

水槽的组成及尺寸如图 5-7 所示，在水槽组合体的三视图上标注尺寸的方法和步骤如下。

（1）标注各基本体的定形尺寸。标注水槽体的外形尺寸 620、450、250；标注四壁的壁厚均为 25，底厚 40；槽底圆柱孔直径ϕ 70。标注支承板的外形尺寸 550、400、310 和板厚 50，制成空心板后边框四周沿水平和铅垂方向的边框尺寸为 50 和 60。

（2）标注定位尺寸。水槽底面上ϕ 70 圆柱孔沿长度方向的定位尺寸，因左、右对称，标注两个 310；宽度方向定位尺寸，因前、后对称，标注两个 225。标注两支承板之间沿长度方向的定位尺寸 430。

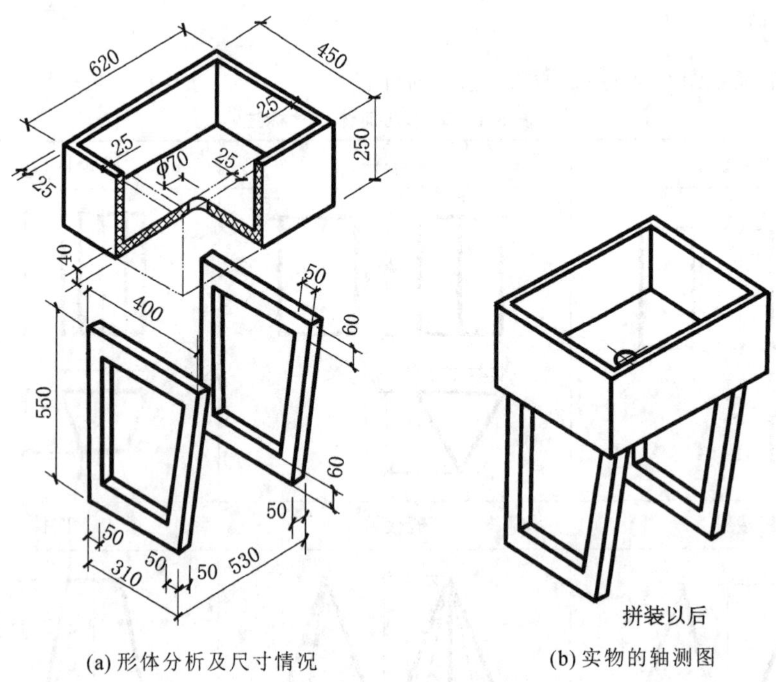

(a) 形体分析及尺寸情况　　(b) 实物的轴测图

图 5-7　水槽的组成及尺寸

(3) 标注总体尺寸。水槽的总长、总宽尺寸与水槽体的定形尺寸相同，即总长 620，总宽 450。总高尺寸 800 是这两个基本体的高度相加后的尺寸。

标注组合体尺寸如图 5-8 所示。

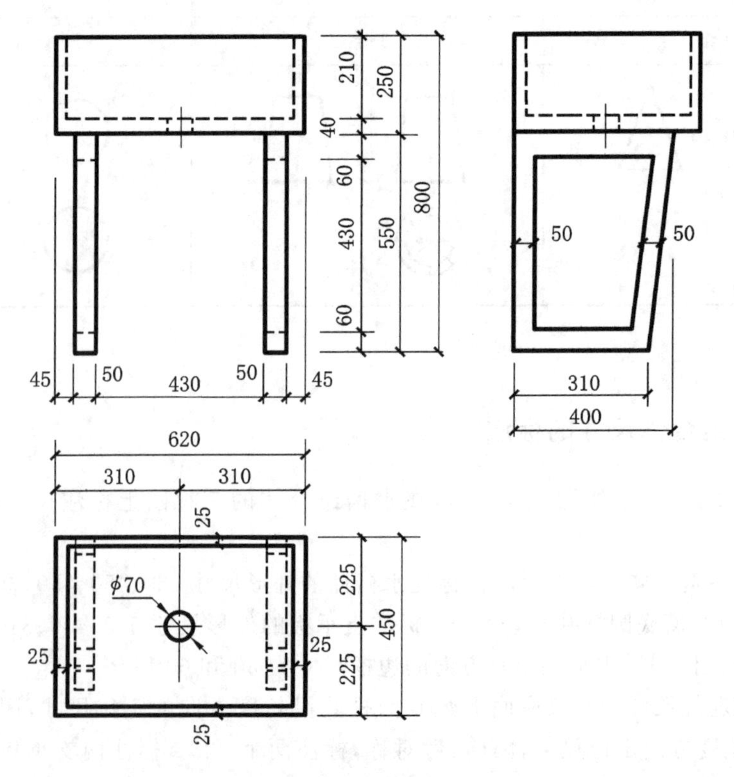

图 5-8　标注组合体尺寸

5.2.3 组合体投影图的识读

组合体投影是点、线、面、体投影的综合，所以对组合体投影图的识读，需用到前面学过的知识。而组合体又有自身固有的特点，如组合方式、表面连接和组成部分的相对位置关系等。所以在识读组合体投影图之前，一定要掌握三面投影的投影规律，熟悉形体的长、宽、高三个向度和上下、左右、前后六个方位在投影图上的投影，会应用点、直线、平面的投影特性及基本体投影特性分析投影图中的线和线框的意义，从而联想组合体的整体形状。

组合体形状千变万化，由投影图想象空间形状往往比较困难，所以掌握组合体投影图的识读规律，对培养空间想象力、提高识图能力，以及识读专业图，都有很重要的作用。

1. 识图方法

1）形体分析法

形体分析法就是在组合体投影图上分析其组合方式、组合体中各基本体的投影特性、表面连接以及相对位置关系，然后综合起来想象组合体空间形状的分析方法。一般来说，一组投影图中总有某一投影反映形体的特征相对多些，如正立面投影通常用于反映物体的主要特征。所以从正立面投影(或其他有特征的投影)开始，结合另两面投影进行形体分析，就能较快地想象出形体的空间形状。但有时特征投影并不集中在一个投影上，而是散落在几个投影中，这时就需要一个一个地抓特征，注意相互间的位置，运用形体分析法想象。

如图 5-9(a)所示的投影图，特征比较明显的是 V 面投影，结合观察 W、H 面投影可知，该形体是由下部两个长方体上叠加一个中间偏后位置的长方体(后表面与下部长方体的后表面平齐)，然后再在其上叠加一个宽度与中间长方体相等的半圆柱体组合而成，如图 5-9(b)所示。

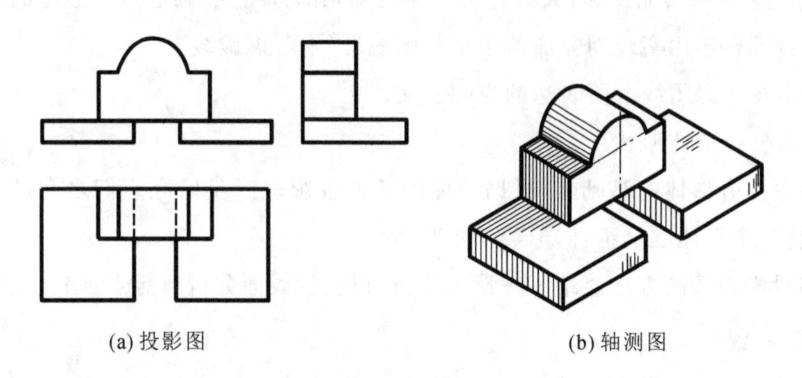

(a) 投影图　　(b) 轴测图

图 5-9 形体分析法

W 面投影主要反映了半圆柱、中间长方体与下部长方体之间的前后位置关系；H 面投影主要反映下部两个长方体之间的位置关系。综合起来就很容易想象出该组合体的空间形状。

2）线面分析法

线面分析法是由直线、平面的投影特性，分析投影图中某条线或某个线框的空间意义，从而想象其空间形状，最后联想出组合体整体形状的分析方法。这种方法在运用时，需用到所学直线、平面的投影特性。

观察图 5-10(a)所示投影图，并注意各图的轮廓特征，可知该形体为切割体。因为 V、H 面投影有凹角，且 V、W 面投影中有虚线，经“高平齐”“宽相等”，并对应 W 面投影，可得一斜直线，如图 5-10(b)所示。

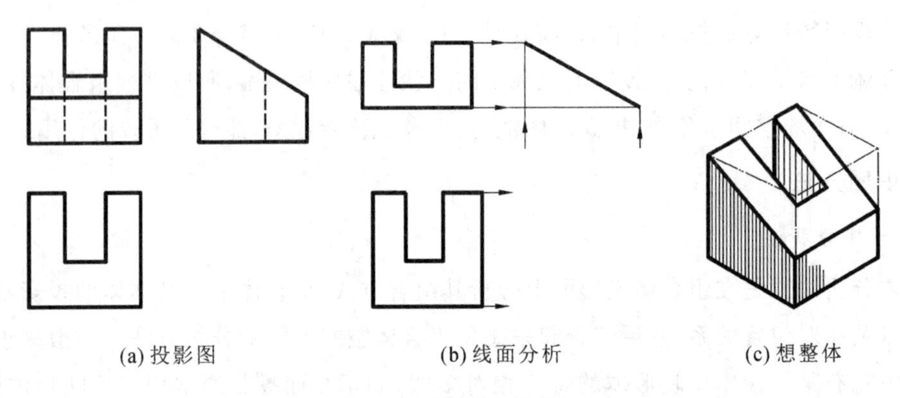

图 5-10 线面分析法

根据投影面垂直面的投影特性可知，该凹字形线框代表一个垂直于 W 面的凹字形平面（即侧垂面）。结合 V、W 面的虚线投影，可想象出该形体为一个有侧垂面的四棱柱切去一个小四棱柱后所得的组合体，如图 5-10(c)所示。

2. 识读步骤

首先，分清投影与投影之间的对应关系；其次，从正面投影（通常正面投影是表示形体特征的投影）为主，联系其他投影，大致分析形体由哪几部分组成，确定整个形体的轮廓形状。

(1) 将特征投影用实线划分成若干个封闭线框（不考虑虚线）。

(2) 确定每个封闭线框所表达的空间意义。

(3) 综合分析整体形状。

在读懂每部分形体的基础上，根据形体的三面投影进一步研究它们之间的相对位置和组合关系，将各个形体逐个组合，形成一个整体。

组合体投影图读图方法总结——形体分析对投影、线面分析解难点、综合起来想整体。

3. 补图、补线

识读组合体投影图是识读专业施工图的基础。由三投影图联想空间形体是训练识图（包括画轴测图）能力的一种有效方法。也可通过已给两面投影补画第三面投影；或给出不完整、有缺线的三面投影，补全图样中图线的方法来训练画图和识图能力。这两种方法中，前者简称补图（也称知二求三），后者简称补线。当然还有对照投影图通过三维建模软件创建模型的方法辅助识图，帮助提高空间想象和构形能力。

补图或补线过程中所用的基本方法仍是前述的形体分析、线面分析及通过轴测图帮助构思的方法。但它们与给出三投影图的识图过程比较，答案的多样性、解题的灵活性以及投影知识综合应用都有增加。

无论是补图还是补线，都是基于熟练掌握点、直线、平面及基本形体投影特性的基础上的，尤其是直线和平面。所以有必要从识读的角度来认识直线和平面在投影图上的表达规律，详见直线、平面投影。

例 5-1 已知组合体的主、左视图，补全其俯视图，如图 5-11(a)所示。

解 (1) 读图。从左视图的轮廓看，外形可以看成一个大长方体和一个小长方体叠加而成。在此基础上将形体前部分的小长方体中间再挖一个槽，如图 5-11(c)(d)所示，以这样从“外”到“内”、从“大”到“小”、先“整体”后“局部”的顺序来读图。

(2) 补线。根据“三等”关系，根据俯视图的外轮廓，补出槽和大长方体的缺线，如图 5-11(b)所示。经检查(用“三等”关系、形体分析、线面分析以及想象空间形体等检查)无误后，加深图线，完成所补图线，其空间形体如图 5-11(e)所示。

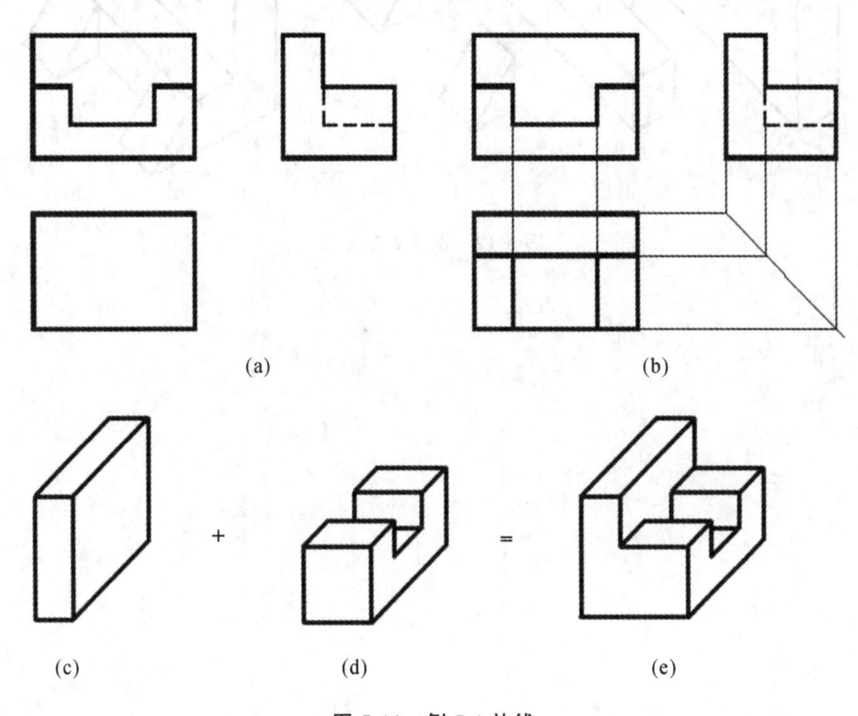

图 5-11 例 5-1 补线

例 5-2 由组合体的主、俯视图补画其左视图，如图 5-12(a)所示。

解 (1) 读图。从正、俯视图结合来看，整个图形可以分为三个部分，大长方体中间挖一个槽、一个小长方体和两个三棱柱叠加而成，如图 5-12(c)(d)(e)所示。

(2) 补线。根据“三等”关系，先补出大长方体在 H 面投影，为矩形线框；再绘制出小长方体在 H 面投影，也为矩形线框；然后再绘制两个三棱柱在 H 面投影，为两个小矩形线框；最后补画大长方体中间的凹槽线框。经检查无误后，加深图线，完成所补图线，其结果为图 5-12(b)所示，其空间形体如图 5-12(f)所示。

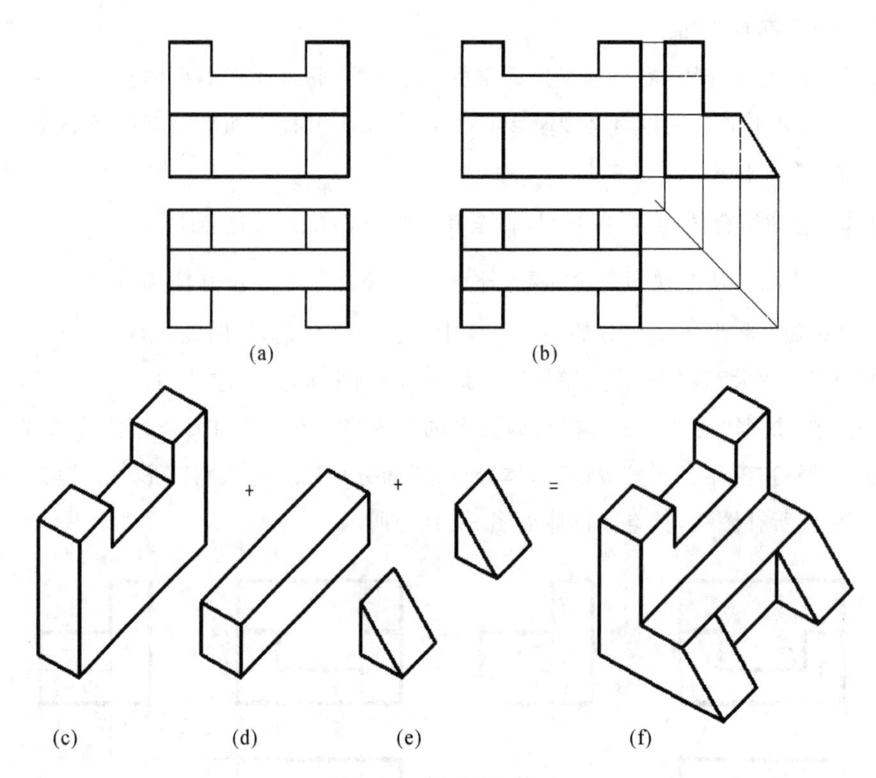

图 5-12 例 5-2 二补三

任务6 轴测投影图

任务目标

(1) 了解轴测投影图的形成、分类和轴向伸缩系数、轴间角。

(2) 掌握正等测图和斜等测图的基本概念，能熟练绘制基本立体正等测图、斜等测图。

(3) 掌握形体正等测图和斜二测图的基本知识。

(4) 掌握形体正等测图和斜二测图的作图方法。

轴测投影图是一种单面投影图，在一个投影面上能同时反映出物体长、宽、高及这三个方向的形状，并接近于人们的视觉习惯，形象、逼真、富有立体感。在设计中，用轴测图帮助构思、想象物体的形状，以弥补正投影图的不足。

如图 6-1 所示，在作形体投影图时，选取适当的投影方向，将物体连同确定物体长、宽、高三个尺度的直角坐标轴用平行投影的方法一起投影到一个投影面(轴测投影面)上所得到的投影称为轴测投影。应用轴测投影的方法绘制的投影图称为轴测投影图。

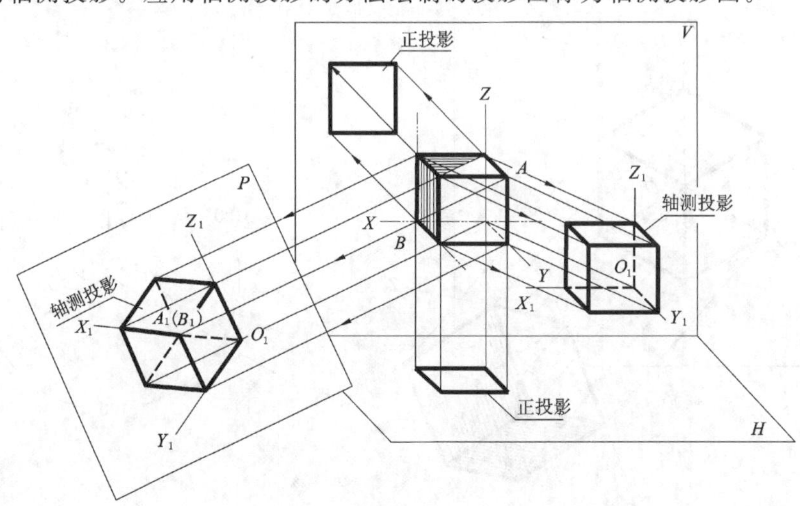

图 6-1　正方体的正投影和轴测投影

6.1 轴测投影的分类

将物体的三个直角坐标轴与轴测投影面倾斜，投影线垂直于投影面，所得的轴测投影图称为正轴测投影图，简称正轴测图。当物体两个坐标轴与轴测投影面平行，投影线倾斜于投影面时，所得的轴测投影图称为斜轴测投影图，简称斜轴测图。

由于轴测投影属于平行投影，因此其特点符合平行投影的特点。

(1) 空间平行直线的轴测投影仍然互相平行，所以与坐标轴平行的线段，其轴测投影也平行于相应的轴测轴。

(2) 空间两平行直线线段之比，等于相应的轴测投影之比。

确定物体长、宽、高三个尺度的直角坐标轴 OX、OY、OZ 在轴测投影面上的投影分别用 O_1X_1、O_1Y_1、O_1Z_1 表示，称为轴测轴。轴测轴之间的夹角 $\angle Y_1O_1X_1$、$\angle Y_1O_1Z_1$、$\angle Z_1O_1X_1$ 称为轴间角，且三个轴间角之和为 360°。

在轴测投影中，平行于空间坐标轴方向的线段，其投影长度与其空间长度之比称为轴向变形系数，分别用 p、q、r 表示。

$$p=\frac{O_1X_1}{OX}, \quad q=\frac{O_1Y_1}{OY}, \quad r=\frac{O_1Z_1}{OZ}$$

轴测投影的种类很多，下面介绍最常用的两种轴测投影。

6.1.1 正等测图

当三条坐标轴与轴测投影面夹角相等时，所作的正轴测投影图称为正等测轴测图，简称正等测图。正等测轴测投影如图 6-2 所示。

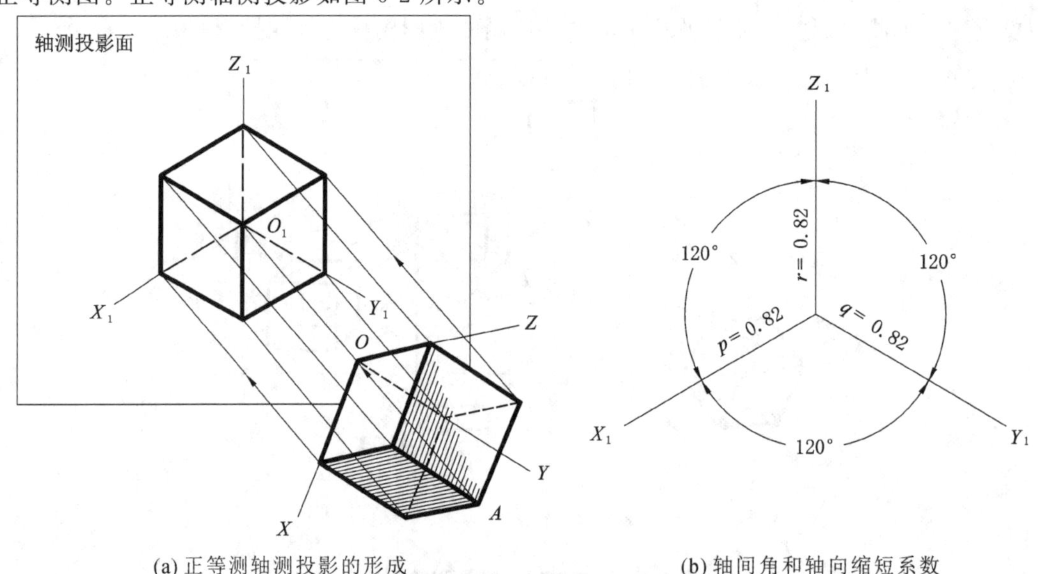

(a) 正等测轴测投影的形成　　(b) 轴间角和轴向缩短系数

图 6-2　正等测轴测投影

由于三个直角坐标轴与轴测投影面夹角相等，所以正等测图的三个轴间角相等，即为120°，其轴向变形系数约等于0.82。为了作图方便，常用 $p=q=r=1$，称为简化系数。用简化系数作出的轴测图比实际轴测图大，约为实际轴测图的1.22倍。

6.1.2　斜二测图

斜二测图也称为正面斜轴测图。当形体的 OX 轴和 OZ 轴所确定的平面平行于轴测投影面，投影线方向与轴测投影面倾斜成一定角度时，所得到的轴测投影称为斜二测图。斜二测轴测投影如图6-3所示。

斜二测图的轴间角 $\angle Y_1O_1X_1=\angle Y_1O_1Z_1=135°$、$\angle Z_1O_1X_1=90°$，$p=r=1$，$q=0.5$。

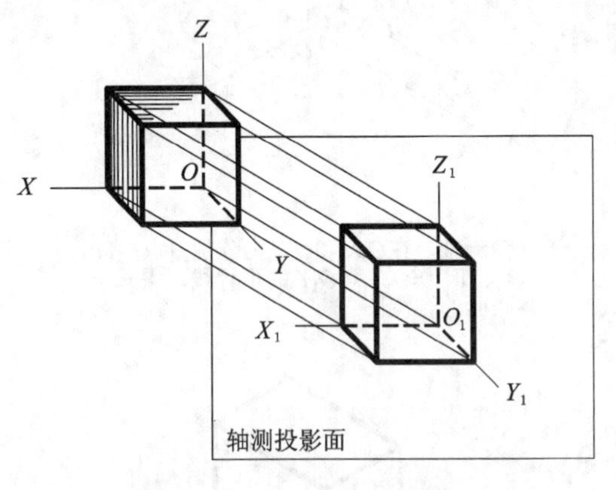

(a) 斜二测轴测投影的形成

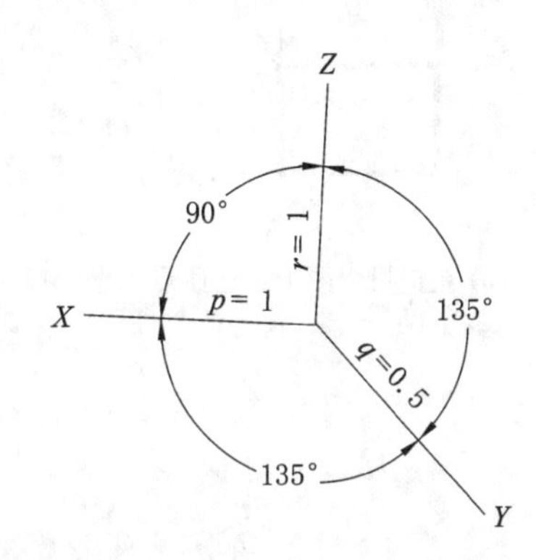

(b) 斜二测轴测投影的轴间角和轴向缩短系数

图6-3　斜二测轴测投影

6.2　平面体轴测投影

画平面体轴测图的基本方法是坐标法，即按坐标关系画出物体上各个点、线的轴测投影，然后连成物体的轴测图。但在实际作图中，还应根据物体形状特点的不同而灵活采用其他不同的作图方法，如切割法、端面法、叠加法等。

(1) 坐标法。根据物体的特点，建立适当的坐标轴，然后按坐标法画出物体上各顶点的轴测投影，再由点连成物体的轴测图，它是其他画法的基础。用坐标法画非轴向线段时，对于非轴向线段，其在轴测图上的长度无法直接量取，只能通过坐标法画出。用坐标法绘制正等轴测图先量取线段端点在正投影轴上的坐标值，分别在对应轴测轴上量取相等坐标值，从而定出端点在轴测图的位置，再确定非轴向线段的轴测投影，如图6-4所示。

(2) 端面法。端面法多用于柱类形体，根据柱类形体的构造特点，一般先画出某一端面的轴测图，再过端面上各个可见的顶点，依据各点在0Z 轴上的投影高度向上作可见轮廓线，可得另一端面的各顶点，连接各顶点即可得到其轴测图。

（3）切割法。对可以从基本立方体切割而形成的形体，首先将形体看成一定形状的立方体，并根据以上所述方法画出其轴测图，然后再按照形体的形成过程逐一切割，相继画出被切割后的形状。

（4）叠加法。对常见的组合体，往往可以将其看成几个基本形体叠加而成的，在形体分析的基础上，将组合体适当地分解为几个基本形体，然后依据上述的几种作图方法，逐个将基本形体的轴测图画出，最后完成整个组合体的轴测图。但要注意各部分的相对位置关系，选择适当的顺序，一般是先大后小。

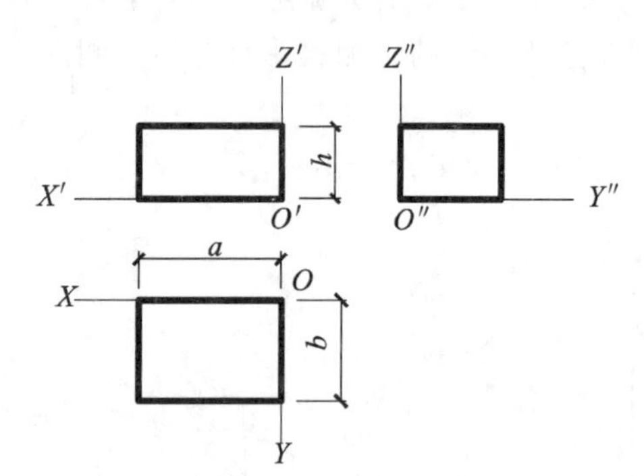

(a) 在正投影图上定出原点和坐标轴的位置

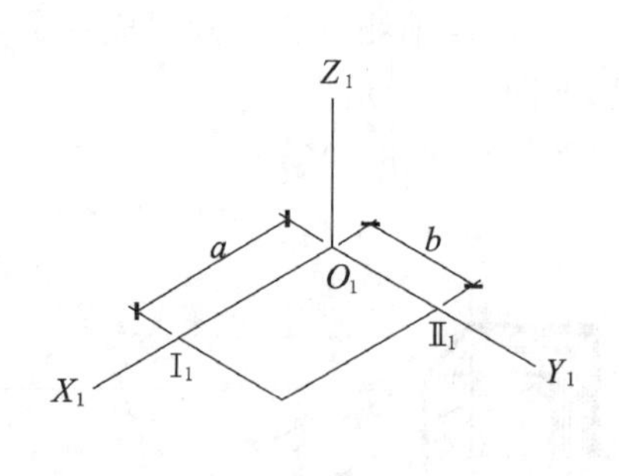

(b) 画轴测轴，在O_1X_1和O_1Y_1上分别量取a和b，过I_1、II_1作O_1X_1和O_1Y_1的平行线，得长方体底面的轴测图

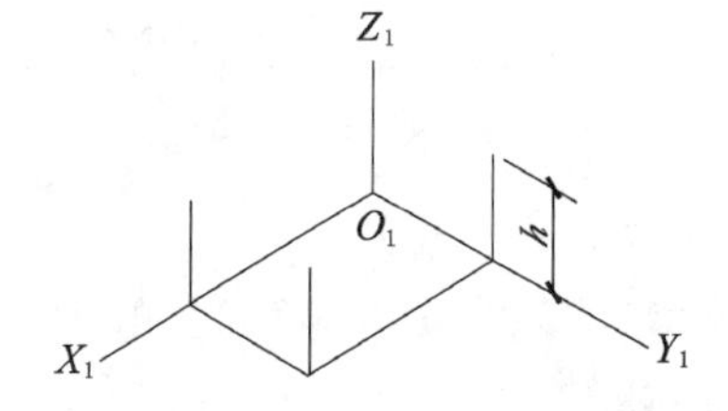

(c) 过底面各角点作O_1Z_1轴的平行线，量取高度h，得长方体顶面各角点

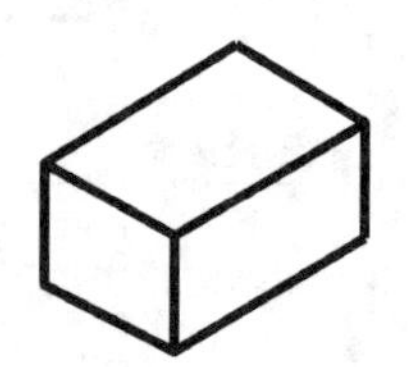

(d) 连接各角点，擦去多余的线，并描深，即得长方体的正等测图，图中虚线可不画出

图 6-4 用坐标法绘制正等轴测图

6.3 曲面体轴测投影

曲面体表面除了直线轮廓线外，还有曲线轮廓线，工程中用得最多的曲线轮廓线就是圆或圆弧。要画曲面体的轴测图必须先掌握圆和圆弧的轴测图画法。

在正投影中，当圆所在的平面平行于投影面时，其投影仍是圆；而当圆所在的平面倾斜于投影面时，它的投影是椭圆。一般情况下，轴测投影中除斜二测投影中的一个面不发生变形外，其他的面都发生变形，圆的轴测投影是椭圆。

1. 正等测图

当曲面体上的圆平行于坐标面时，作正等测图，通常采用近似的作图方法是“四心法”。用“四心法”画圆的正等轴测图如图 6-5 所示。

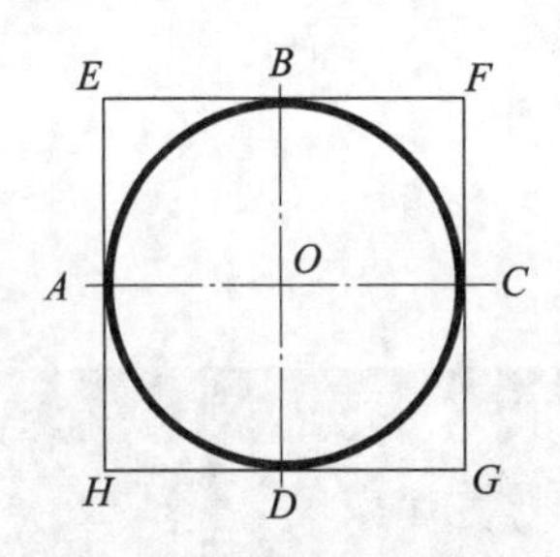

(a) 在正投影图上定出原点和坐标轴的位置，并作圆的外切正方形

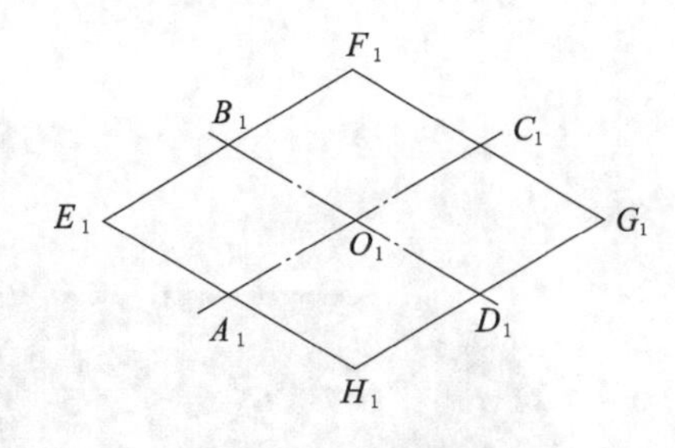

(b) 画轴测轴及圆的外切正方形的正等测图

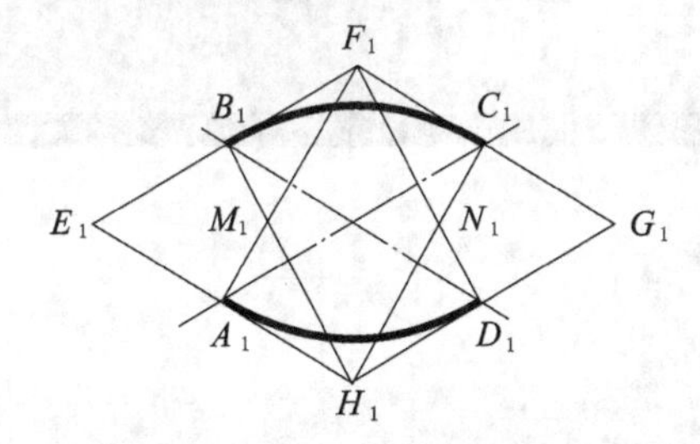

(c) 连接F_1A_1、F_1D_1、H_1B_1、H_1C_1，分别交于M_1、N_1，以F_1和H_1为圆心，F_1A_1或H_1C_1为半径作大圆弧$\overset{\frown}{B_1C_1}$和$\overset{\frown}{A_1D_1}$

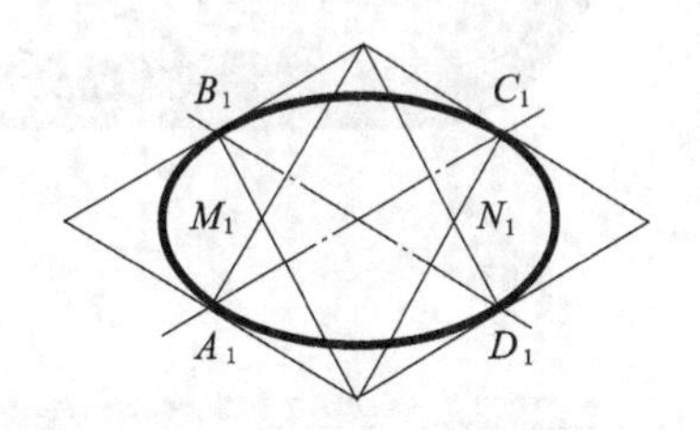

(d) 以M_1和N_1为圆心，M_1A_1或N_1C_1为半径作小圆弧$\overset{\frown}{A_1B_1}$和$\overset{\frown}{C_1D_1}$，即得平行于水平面的圆的正等测图

图 6-5　用“四心法”画圆的正等轴测图

2. 斜二测图

当圆平面平行于由 OX 轴和 OZ 轴决定的坐标面时，其斜二测图仍是圆。当圆平行于其他两个坐标面时，由于圆外切四边形的斜二测图是平行四边形，圆的轴测图可采用近似的方法“八心法”。用“八心法”画圆的斜二等测图如图 6-6 所示。

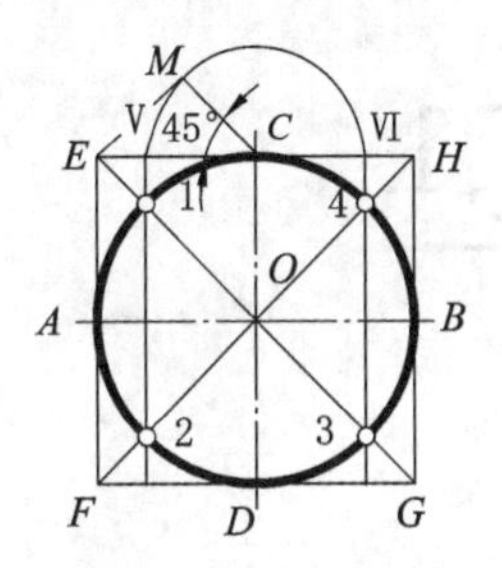

(a) 作圆的外切正方形$EFGH$，并连接对角线EG、FH，交圆周于1、2、3、4点

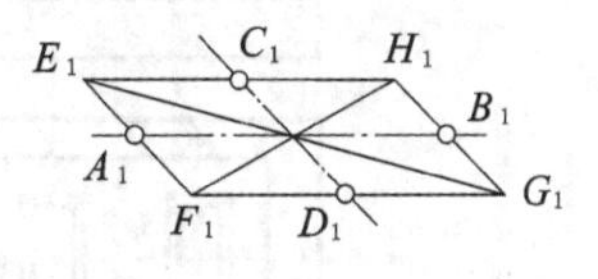

(b) 作圆外切正方形的斜二测图，切点A_1、B_1、C_1、D_1即为椭圆上的四个点

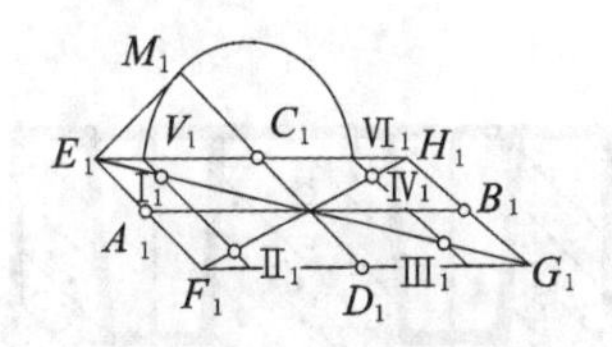

(c) 以E_1C_1为斜边作等腰直角三角形，以C_1为圆心，腰长C_1M_1为半径作弧，交E_1H_1于V_1、VI_1，过V_1、VI_1作C_1D_1的平行线，与对角线交I_1、II_1、III_1、IV_1四点

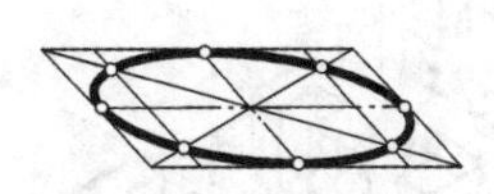

(d) 依次用曲线板连接 A_1、I_1、C_1、IV_1、B_1、III_1、D_1、II_1、A_1 各点，即得平行于水平面的圆的斜二测图

图 6-6　用“八心法”画圆的斜二等测图

任务7 剖面图和断面图

任务目标

能够根据形体的正投影图画出形体的剖面图和断面图，并掌握剖面图、断面图的种类、剖切位置，熟记常用建筑材料的剖面符号图例。

在绘制建筑形体的投影图时，由于建筑物或构筑物及其构配件内部构造较为复杂，绘制时在投影图中往往有较多虚线，必然形成图面虚实线交错、混淆不清，既不利于标注尺寸，也不容易进行读图，如图7-1所示。为了解决这个问题，可以假想将形体剖开，让它的内部构造显露出来，使形体的不可见部分变为可见部分，从而可用实线表示其形状。双柱杯形基础的剖面图如图7-2所示。

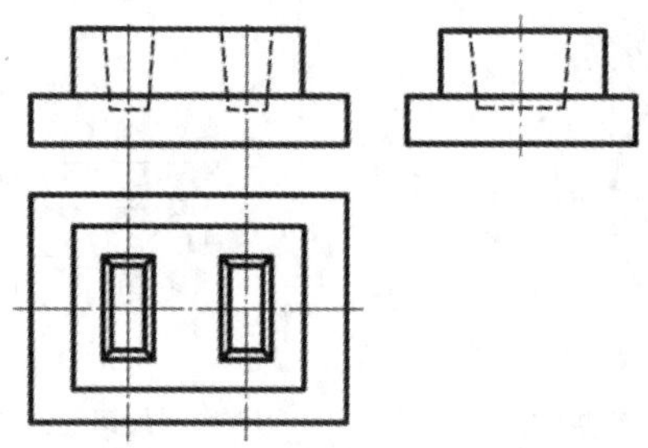

图7-1 双柱杯形基础的投影图

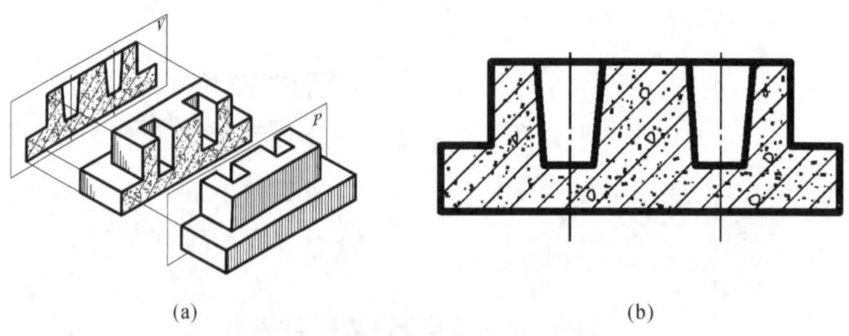

(a) (b)

图7-2 双柱杯形基础的剖面图

7.1 剖面图的画法及分类

为了清楚表达物体的内部构造，用一个假想的剖切平面将形体剖切开，移去观察者和剖切平面之间的部分，作出剩余部分的正投影，称为剖面图。

如图 7-2(a)所示。假想用平面 P 将杯型基础从中间剖切开，移去观察者与剖切平面之间的部分，再将剩余部分形体投影在 V 面，原来在投影图中表示内部结构的虚线则在剖面图中变成了看得见的粗实线，如图 7-2(b)所示。

7.1.1 剖面图的画法

1. 确定剖面图的位置和数量

画剖面图时，应选择合适的剖切平面位置，使剖切后画出的图形能确切、全面地反映形体内部的真实构造。选择的剖切平面应平行于投影面，由此可反映实形，剖切平面应通过形体的对称面，或孔、洞、槽的轴线。

一个形体、一个剖面图可能不能完全反映其内部构造，此时需画几个剖面图，剖面图的数量应根据形体的复杂程度而定。一般较简单的形体可不画或少画剖面图，而较复杂的形体应多画几个剖面图以反映其内部的复杂形状。双柱杯型基础剖面图如图 7-3 所示。

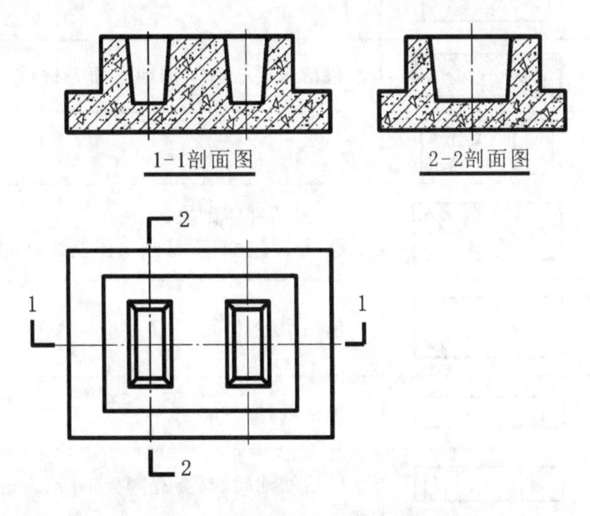

图 7-3 双柱杯型基础剖面图

2. 剖面图的标注

剖面图本身不能反映剖切平面的位置，故应在其他投影图上标注出剖切符号。剖切面的标注由剖切符号及编号组成。剖切符号由剖切位置线及剖视方向线组成。这两种线均用粗实线绘制。剖切位置线的长度一般为 6～10 mm。剖视方向线应垂直于剖切位置线，长度为4～6 mm。剖切符号应尽量不穿越图面上的图线。为了区分同一形体上的几个剖面图，应将剖切符号用阿拉伯数字加以编号，应将数字写在剖视方向线的一边。

3. 绘制剖面图

在绘制剖面图时被剖切面切到部分的轮廓线用粗实线绘制，沿投射方向可以看到的部分用细实线绘制，看不见的虚线原则上不再画出。

在画剖面图时应注意剖面图是被剖开物体留下部分所作的投影图，但剖切是假想的，所以画其他图样时，仍应画出完整的形体，不受剖切的影响。

4. 画材料图例

为使物体被剖到部分与未剖到部分区分开，使图形清晰可辨，应在断面轮廓范围内画上表示其材料种类的图例。材料图例按国家标准《房屋建筑制图统一标准》(GB/T 50001—2017)规定。在房屋建筑工程图中应采用规定的建筑材料图例(见表7-1)。

表7-1 常用建筑材料图例

序号	名称	图例	说明
1	自然土壤		包括各种自然土壤
2	夯实土壤		
3	砂、灰土		靠近轮廓线画较密的点
4	砂、砾石、碎砖、三合土		
5	天然石材		包括岩层、砌体、铺地贴面等材料
6	毛石		
7	普通砖		① 包括砌体砌块； ② 断面较窄，不易画出图例线，可涂红
8	耐火砖		包括耐酸砖等
9	空心砖		包括各种多孔砖
10	饰面砖		包括铺地砖、马赛克陶瓷锦砖、人造大理石等
11	混凝土		① 本图例仅适用于能承重的混凝土及钢筋混凝土； ② 包括各种标号、骨料、添加剂的混凝土； ③ 在剖面图上画出钢筋时不画图例线； ④ 如果断面较窄，不易画出图例线，则可涂黑
12	钢筋混凝土		

续表

序号	名称	图例	说明
13	焦渣、矿渣	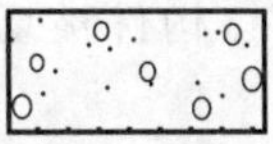	包括与水泥、石灰等混合而成的材料
14	多孔材料	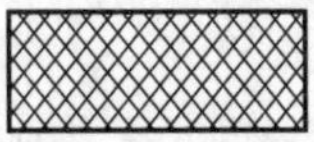	包括水泥珍珠岩、沥青珍珠岩、泡沫混凝土、非承重加气混凝土、泡沫塑料、软木等
15	纤维材料	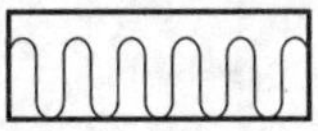	包括麻丝、玻璃棉、矿渣棉、木丝板、纤维板等
16	松散材料		包括木屑、石灰木屑、稻壳等
17	木材		① 上图为横断面，依次为垫木、木砖、木龙骨； ② 下图为纵断面
18	胶合板	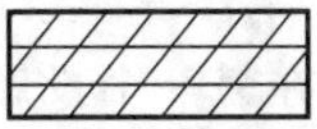	应注明胶合板的层数
19	石膏板	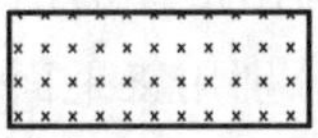	
20	金属		① 包括各种金属； ② 图形小时可涂黑
21	网状材料	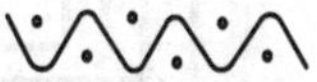	① 包括金属、塑料等网状材料； ② 注明材料
22	液体	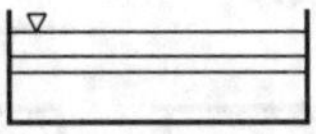	注明名称
23	玻璃	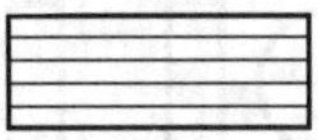	包括平板玻璃、磨砂玻璃、夹丝玻璃、钢化玻璃等
24	橡胶	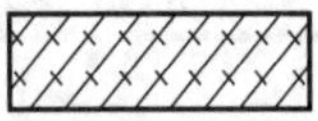	
25	塑料	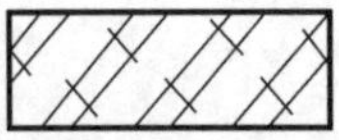	包括各种软、硬塑料，有机玻璃等
26	防水卷材		在构造层次多和比例较大时采用上面图例
27	粉刷		本图例画较稀的点

如果未注明该形体的材料，则应在相应位置画出同向、同间距并与水平线成45°角的细实线，也称剖面线。画剖面线时，同一形体在各个剖面图中剖面线的倾斜方向和间距要一致。在钢筋混凝土中，当剖面图主要用于表达钢筋分布时，构件被切开部分不画材料符号，改画钢筋。

5. 标注剖面图名称

在剖面图的下方应标注剖面图名称，如 *X-X* 剖面图，在图名下画一水平粗实线，长度以图名所占长度为准，如图7-3所示。

7.1.2 剖面图的分类

由于不同的形体形状各异，对形体作剖面图时所剖切的位置和作图方法不同，通常所采用的剖面图有全剖面图、半剖面图、阶梯剖面图、展开剖面图和分层剖切剖面图五种。

1. 全剖面图

不对称的建筑形体在虽然对称但外形比较简单，或在另一个投影中已将它的外形表达清楚时，可假想用一个剖切平面将形体全部剖开，然后画出形体的剖面图，该剖面图称为全剖面图。如图7-4所示，该形体虽然对称，但比较简单，分别用正平面、侧平面和水平面剖切形体，得到1-1剖面图、2-2剖面图和3-3剖面图。

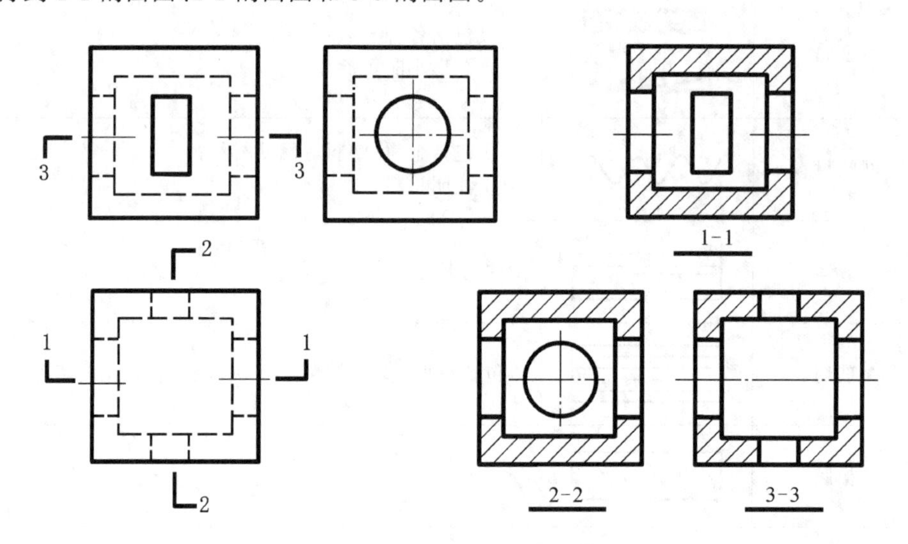

图7-4 全剖面图

例7-1 作出水池的1-1、2-2剖面图，水池投影图如图7-5所示。

解 该水池上部是池体，在池体底板中部有一泄水口，下部是两个支撑板。

1-1剖切平面是正平面，并通过池底板泄水孔的轴线，将水池壁、底板和支撑板全部剖切开，其剖面图如图7-5中1-1剖面图所示。

2-2剖切平面是侧平面，也通过池底板泄水孔的轴线，但支撑板未剖切到，其剖面图如图

7-5 中 2-2 剖面图所示。

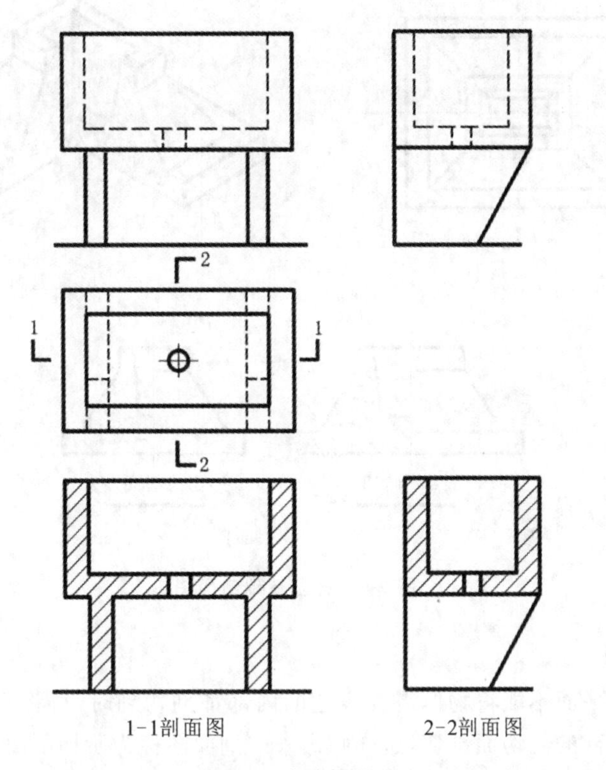

图 7-5 水池投影图

2. 半剖面图

如果被剖切的形体是对称的,用两个相互垂直的剖切面将物体沿对称轴线剖开,移去物体的 1/4,绘制剩余物体的投影图,画图时常把投影图的一半画成剖面图,另一半画形体的外形图,这个组合而成的投影图称半剖面图。这种画法可以节省投影图的数量,从一个投影图可以同时观察到立体的外形和内部构造。

在画半剖面图时,应注意以下几点。

(1) 半剖面图与半外形投影图应以对称轴线作为分界线,即画成细单点长画线。

(2) 半剖面图一般应画在水平对称轴线的下侧或垂直对称轴线的右侧。

(3) 半剖面图一般不画剖切符号。

(4) 半剖面图因内部情况已由剖面图表达清楚,故表达外形的那半边一律不画虚线,只在某部分形状尚不能确定时才画出必要的虚线。

例 7-2 画出杯型基础的垂直半剖面图,杯型基础投影图如图 7-6(a)所示。

解 该杯型基础由于前、后和左、右均对称,所以其正面投影和侧面投影均可作半剖面图,剖切位置从直观图中可知,由半剖面图可以表示基础的内部构造和外部形状,如图 7-6 中1-1、2-2 剖面图所示。

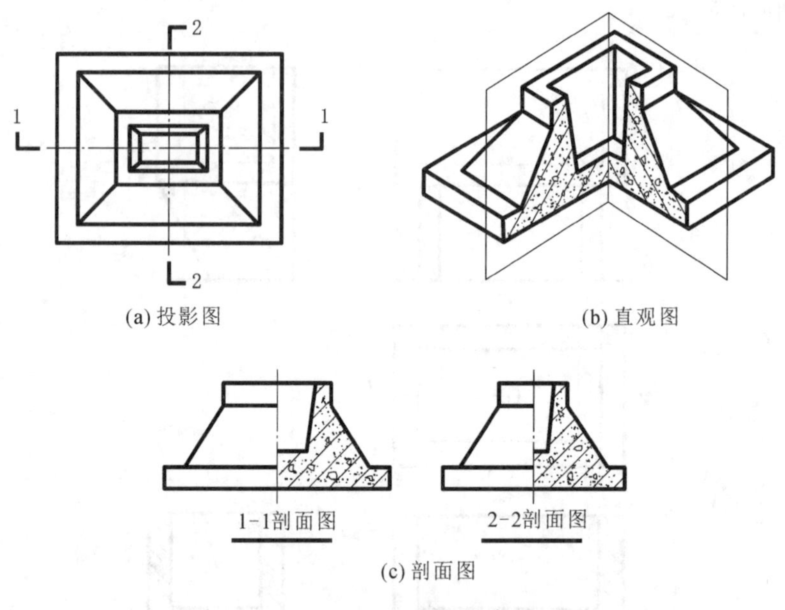

(a) 投影图 (b) 直观图

(c) 剖面图

图 7-6 杯型基础剖面图

3. 阶梯剖面图

当用一个剖切平面不能将物体需要表达的内部都剖切到时，可将剖切平面垂直转折成两个或两个以上平行的剖切面剖切，这样画出来的剖面图称为阶梯剖面图。

在画阶梯剖面图时，应注意以下几点。

(1) 在画阶梯剖面图时，在剖切平面的起始和转折处均用短粗实线画出剖切位置和投影方向，同时注明剖切名称。

(2) 由于剖切面是假想的，所以剖切面的转角处是没有分界线的。

例 7-3 画出形体的阶梯剖面图，形体投影图如图 7-7(a)所示。

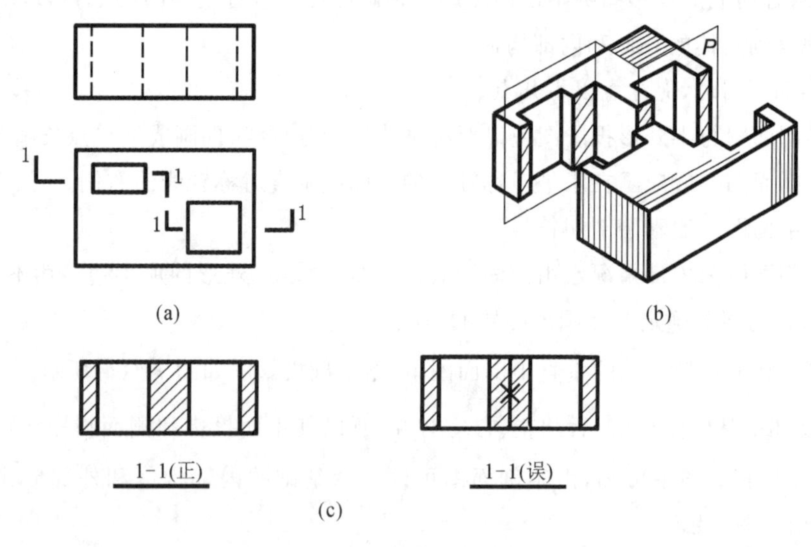

(a) (b)

(c)

图 7-7 形体剖面图

解 该形体具有两个孔洞，但这两个孔洞不在同一轴线上，作一个全剖面图不能同时剖切到两个孔洞。因此，为了表达形体的内部构造，可以考虑用两个相互平行的平面通过两个孔洞剖切，如图 7-7 (c)中 1-1(正)所示，可得到其阶梯剖面图，阶梯剖面图切记不要画转折剖切位置线，如图 7-7(c)中 1-1(误)所示。

4. 展开剖面图

对有些形体，由于其发生不规则的转折或圆柱体上的孔洞不在同一轴线上，采用以上三种剖切方法都不能解决，可以用两个或两个以上相交剖切平面将形体剖切开后，将倾斜于投影面的剖面绕其交线旋转展开到与投影面平行的位置，由此得到的剖面图就称为展开剖面图。

在画展开剖面图时，应注意以下几点。

(1) 展开剖面图的图名后应加注"展开"字样。

(2) 在画展开剖面图时，应在剖切平面的起始及相交处用短粗线表示剖切位置，用垂直于剖切线的短粗线表示投影方向。

例 7-4 画出过滤池的展开剖面图，投影图如图 7-8(a)所示。

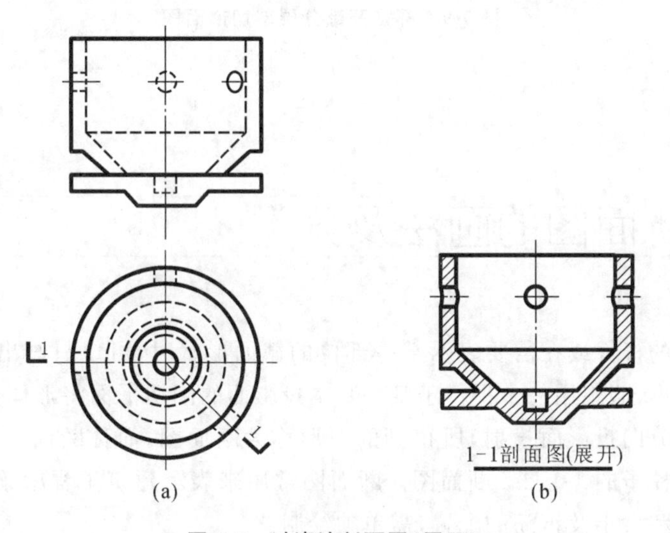

图 7-8 过滤池剖面图(展开)

解 由于过滤池壁上的孔洞不在一条线上，如果用一个或两个平行的剖切平面都无法将洞口表示清楚，则用两个相交的剖切平面进行剖切，沿 1-1 位置将池壁上不同位置的孔洞剖开，然后使其中右半个剖切面绕两剖切平面的交线旋转到左半个剖面图形所在的平面(一般为投影面平行面)上，然后向正立投影面上投影，如图 7-8 中 1-1 剖面图(展开)所示。

5. 分层剖切剖面图

有些建筑的构件构造层次较多或局部构造比较复杂，可用采用局部分层剖切方法表示其内部的构造，并保留部分外形，用这种剖切方法所得的剖面图称为分层剖切剖面图。在画分层剖切剖面图时，其外形与剖面图之间应用波浪线分界，剖切范围根据需要而定。

例 7-5 画出杯型基础分层剖切剖面图，投影图如图 7-9(a)所示。

解 为了显示杯型基础内部钢筋配置情况，并保留部分外形，考虑采用局部分层剖切方法。剖面图如图 7-9(b)所示。

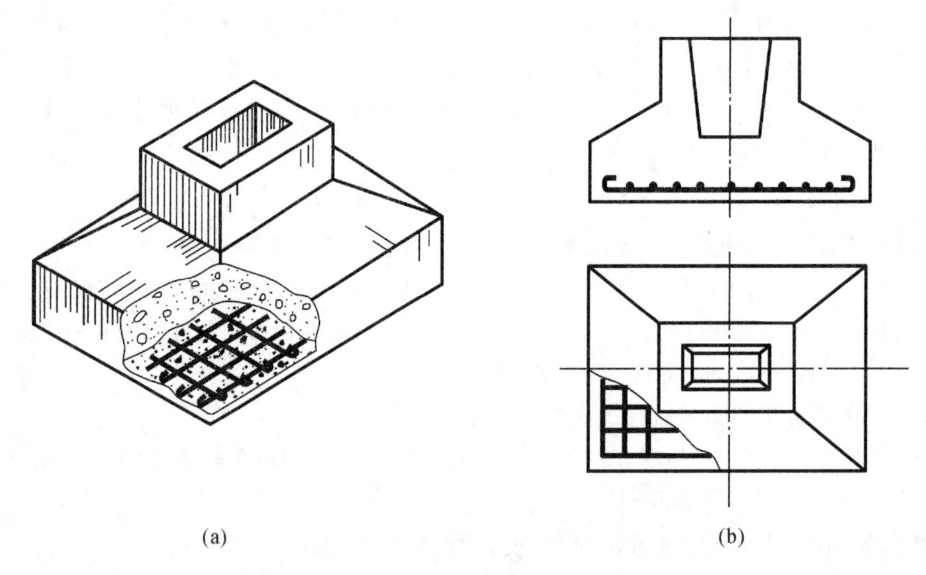

图 7-9 杯型基础分层剖切剖面图

7.2 断面图的画法及分类

对某些单一的杆件或在需要表示某一部位的截面形状时，可以只画出形体与剖切平面相交的那部分图形，假想用一个平行于某一基本投影面的剖切平面将形体剖开，仅将剖切面切到的截断面部分向投影面投射，所得到的图形称为断面图，简称断面。如图 7-10 所示为带牛腿的工字形柱子的 1-1、2-2 断面图。断面图常用来表示建筑工程中梁、板、柱造型等某部位的断面形状和大小及钢筋的配置，需单独绘制。

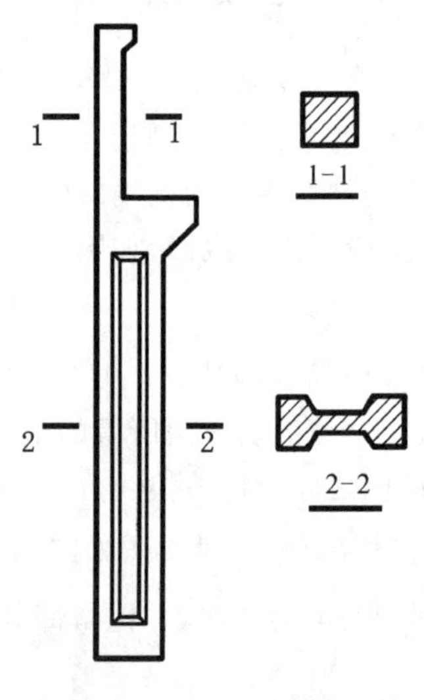

图 7-10 断面图

7.2.1 断面图的画法

1. 确定剖切位置

在所要表达形体截面的位置处，画出断面图的剖切位置线。

2. 断面图的标注

断面图的剖切符号绘制在投影图的外侧，仅用剖切位置线表示，没有剖视方向线。剖切位置线用一条长度为6～10 mm的粗实线绘制。为了区分同一形体上的几个断面图，在剖切符号上应用阿拉伯数字加以编号。投影方向按编号与剖切位置线的相互位置表示，断面图剖切符号的编号写在剖切位置线的哪一侧，就表示向哪一个方向进行投影。

3. 断面图的绘制

将剖切平面剖开物体后所得的截断面进行投影，切到的物体轮廓线用粗实线绘制，不再绘制投影所看到的轮廓线。

4. 画材料图例

在断面图内绘制物体的材料图例或剖面线，其画法与剖面图的完全相同，一般用粗实线绘制，图例按照建筑制图标准的规定执行。

5. 断面图的名称

在断面图下方中间位置处标注断面图的名称，如 *X-X*，与剖面图命名一样，也是在名称下画一短粗线，长度与图名长度一致，如图7-10所示。

7.2.2 断面图的分类

根据断面图与视图位置关系的不同，断面图分为移出断面图、中断断面图和重合断面图。

1. 移出断面图

将形体某一部分剖切后所形成的断面图画在投影图之外的称为移出断面图，移出断面图的画法如图7-11所示。断面图移出的位置应与形体的投影图靠近，以便识读。断面图也可用适当的比例放大画出，以利于标注尺寸和清晰地显示其内部构造。

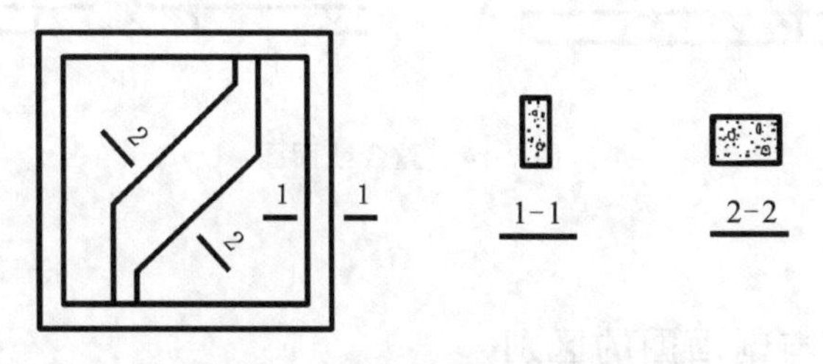

图7-11 移出断面图的画法

2. 中断断面图

对长向的等截面杆件,也可在杆件投影图的某一处用折断线断开,然后将其断面图画在杆件视图轮廓线的中断处,这种绘图称为中断断面图。圆截面木材的中断断面图如图 7-12 所示。同样,钢屋架的大样图也可采用中断断面图的画法,如图 7-13 所示。中断断面图不需要标注剖切位置符号和编号。

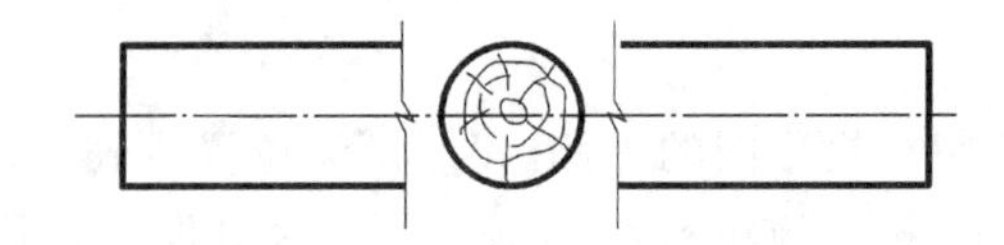

图 7-12　圆截面木材的中断断面图

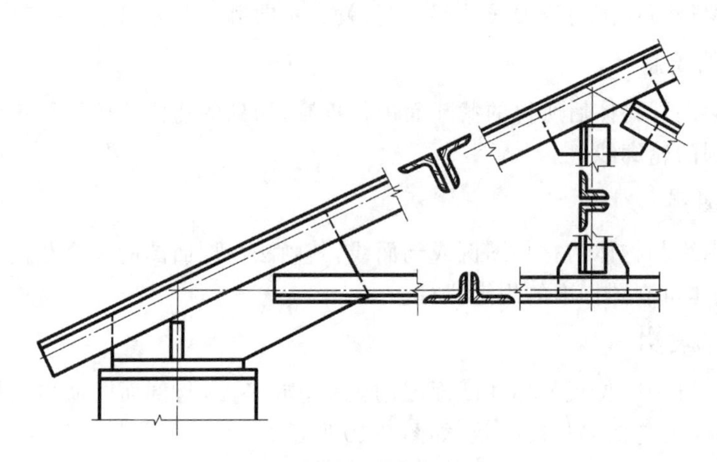

图 7-13　钢屋架的中断断面图

3. 重合断面图

将断面图直接画于投影图中,二者重合在一起的图称为重合断面图,如图 7-14 所示。重合断面图的比例应与原投影图一致。断面轮廓线可能是闭合的,也可能是不闭合的,此时应在断面轮廓线的内侧加画图例符号。为了区别断面轮廓线与投影轮廓线,断面轮廓线应以粗实线绘制,投影轮廓线应以中粗线绘制。

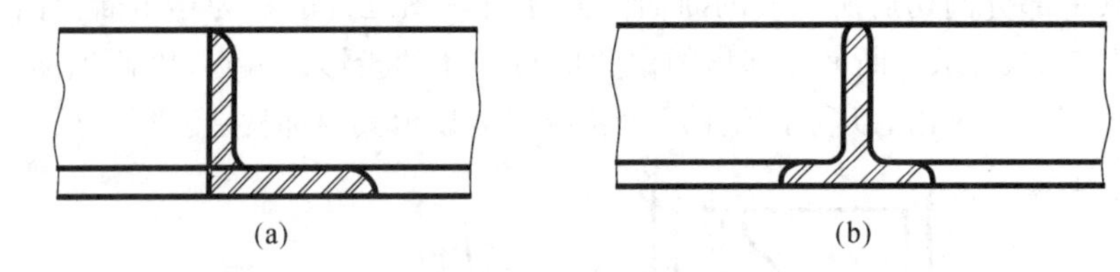

图 7-14　重合断面图

7.2.3　断面图与剖面图的区别

(1) 断面图只画出物体被剖切后剖切平面与形体接触的那部分,即只画出截断面的图形,而剖面图除了画出截断面的图形外,还要画出物体切开后剩余可见部分的投影,即断面图是“面”的投影，剖面图是“体”的投影，剖面图中包含断面图，这是剖面图与断面图的本质区别。断面图与剖面图的区别如图 7-15 所示。

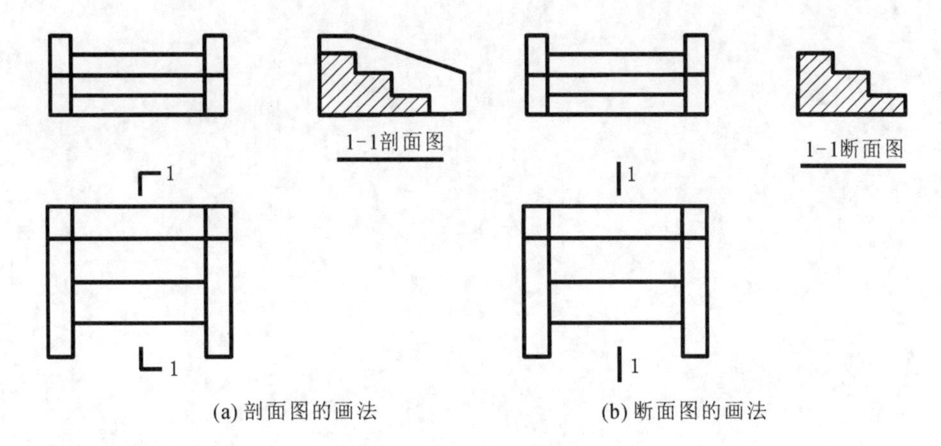

图 7-15 断面图与剖面图的区别

(2) 断面图和剖面图的符号也有不同，断面图的剖切符号只画剖切位置线，不画剖视方向线，编号写在投影方向的一侧。剖面图的剖切符号由剖切位置线和剖视方向线组成。

(3) 断面图与剖面图中剖切平面的数量不同。断面图一般只能使用单一剖切平面，不允许转折；剖面图可采用多个剖切平面，可以发生转折。

(4) 断面图与剖面图的作用不同。断面图是为了表达构件的某局部的断面形状，主要用于结构施工图；剖面图是为了表达形体的内部形状和构造，一般用于绘制建筑施工图。

(5) 断面图与剖面图的命名不同。根据视图中相应的标注编号，断面图的图名为“*X*-*X*″，不需要注写断面图字样；而剖面图的图名为“*X*-*X* 剖面图”。

项目2

建筑施工图识读

JIANZHU SHIGONGTU SHIDU

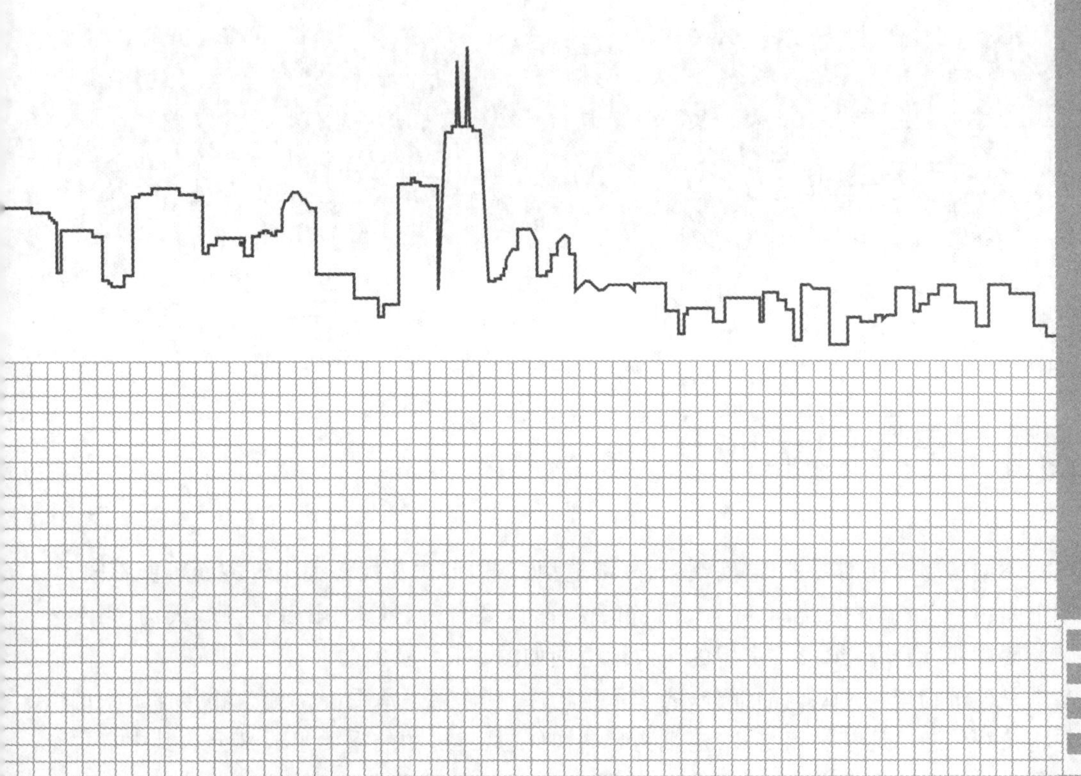

任务8 建筑施工图的基本知识

技能目标

(1) 知晓房屋建筑的组成部分、建筑施工图的设计过程和设计内容。
(2) 熟悉施工图的分类和编制顺序。
(3) 掌握绘制与识读施工图的方法和步骤。
(4) 掌握绘制施工图的有关规定及施工图中的常用符号。

任务分析

房屋建筑类型多样，造型各异，按照建筑的使用功能可将其分为民用建筑、工业建筑、农业建筑三大类。民用建筑包括居住建筑和公用建筑。居住建筑一般包括住宅、宿舍等。公用建筑一般包括学校、医院、体育馆、图书馆、商场等。工业建筑包括工业厂房、仓库等。农业建筑包括畜禽饲养场、水产养殖场等。

8.1 房屋的组成

虽然不同房屋在使用要求、空间组合、外部造型、结构形式及规模大小等方面可能不同，但基本上是由基础、墙、柱、楼面、屋面、门、窗、楼梯，以及台阶、散水、阳台、走廊、天沟、雨水管、勒脚、踢脚线、墙裙等组成。房屋的组成示意图如图 8-1 所示。

基础是建筑物埋在地基内的部分，属于承重构件，其作用是承受上部建筑物传递下来的荷载并将荷载传递给地基。墙与柱(建筑物竖向构件)是建筑物的重要组成部分。其中墙主要包括承重墙和非承重墙，主要起承受荷载、围护、水平分隔空间的作用；柱包括结构柱和建筑柱，主要起承受荷载和立面装饰的作用。楼(地)面是划分房屋内部竖向空间的水平承重构件，具有承重、竖向分隔和水平支撑的作用，并将楼板层上的荷载传递给墙(梁)或柱。屋面一般是指屋顶部分，是建筑物顶部水平承重构件，同时又是房屋上部围护结构，主要作用是保温隔热和防水排水，它承受着房屋顶部包括自重在内的全部荷载，并将这些荷载传递给墙(梁)或柱。楼梯是各楼层之间垂直交通设施，为上下楼层用。门和窗均为非承重的建筑配件。门的主要功能是交通和分隔房间，窗的主要功能是通风和采光，同时还具有分隔和围护的作用。散水、勒脚、踢脚线等起保护墙身的作用。

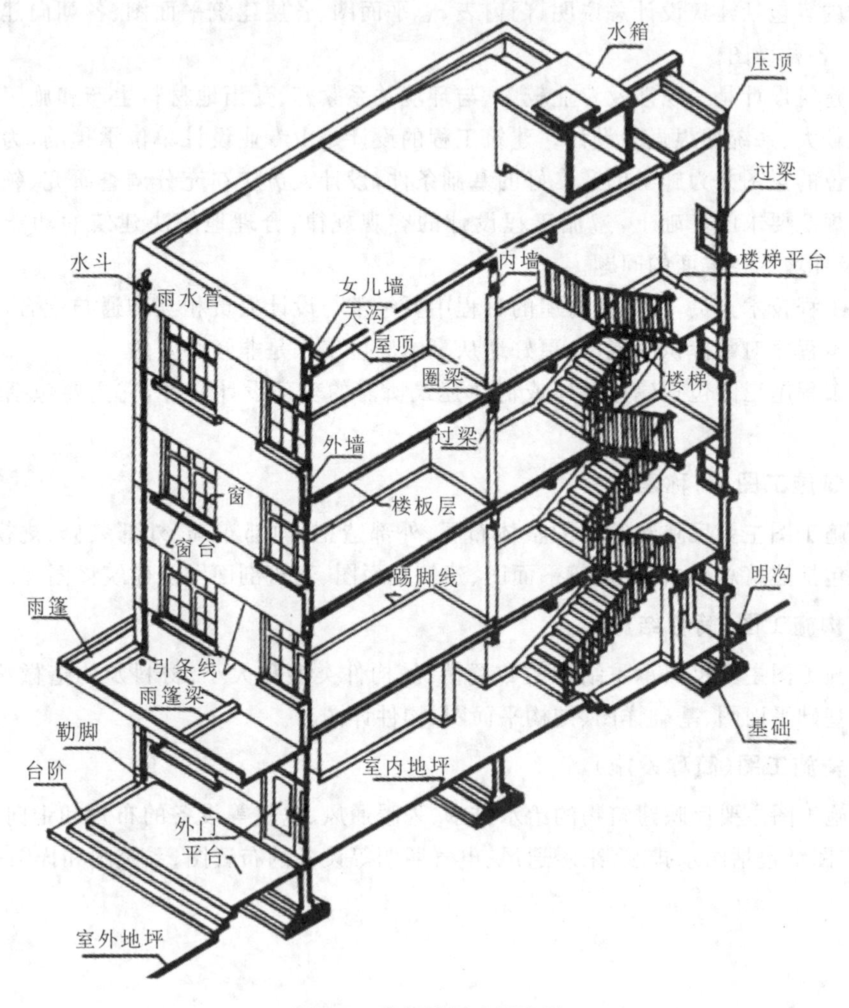

图 8-1 房屋的组成示意图

8.2 建筑施工图的组成

一套完整的建筑工程施工图通常有：建筑施工图，简称建施；结构施工图，简称结施；给水排水施工图，简称水施；采暖通风施工图，简称暖施；电气施工图，简称电施。也把水施、暖施、电施统称为设施，即设备施工图。

一栋房屋的全套施工图的编排顺序是：图纸目录、建筑设计总说明、总平面图、建施、结施、水施、暖施、电施。各专业施工图的编排顺序是全局性的在前，局部性的在后；先施工的在前，后施工的在后；重要的在前，次要的在后。

房屋建筑施工图是表示建筑物的总体布局、外部造型、内部布置、细部构造做法、内外装饰，满足其他专业对建筑的要求和施工要求的图样，是建筑施工和概预算的依据。房屋建筑施工图的内容包括建筑设计总说明、门窗表、总平面图、各层建筑平面图、各朝向建筑立面图和剖面图、各种详图。

房屋建筑设计是一项涉及专业较多、与环境关系紧密、受当地材料生产和施工技术水平制约程度较大、系统性很强的设计。建筑工程的设计是由专业设计单位承担的，为了准确体现建设单位的意图并为施工创造良好的基础条件，设计人员应在充分调查研究、领会有关政策精神和规范要求的基础上，遵循工程设计的客观规律，合理地解决建筑的功能、技术、美观、经济及环境等各方面的问题。

作为工程技术人员，在建造房屋的过程中要经常与设计人员相互沟通与配合，因此了解设计的基本程序对掌握识图能力、更好地从事本岗位工作是非常必要的。

建筑工程施工图包括建造单体或群体建筑所需的全部设计文件，它主要包括以下几个部分。

1. 建筑施工图（简称建施）

建筑施工图主要反映建筑物的整体布置、外部造型、内部布局、外部装修、规模大小等，基本图纸包括建筑总平面图、建筑平面图、建筑立面图、建筑剖面图及建筑详图等。

2. 结构施工图（简称结施）

结构施工图主要反映承重结构的布置情况、构件类型和大小、材料及构造做法等，基本图纸包括基础平面图、基础详图、结构平面图、构件详图等。

3. 设备施工图（简称设施）

设备施工图主要反映建筑物的给水排水、采暖通风、电气等设备的布置和走向及安装要求等，基本图纸包括给水排水、采暖通风、电气照明等设备的布置图、系统图和详图等。

8.3 建筑施工图图示方法

建筑施工图的绘制应遵守《房屋建筑制图统一标准》(GB/T 50001－2017)、《总图制图标准》(GB/T 50103－2010)及《建筑制图标准》(GB/T 50104－2010)等的有关规定。在绘图和读图时应注意以下几点。

1. 线型

房屋建筑图为了使所表达的图形重点突出、主次分明，常使用不同宽度和不同形式的图线，其具体规定可见《房屋建筑制图统一标准》(GB/T 50001－2017)。

2. 标高

房屋建筑图中的标高分为绝对标高和相对标高两种。绝对标高是指任何一地点相对于黄海的平均海平面的高差。相对标高是以建筑物室内首层主要地面高度为零作为标高的起点所计算的标高。

标高符号的画法及标高尺寸的书写方法应按照《房屋建筑制图统一标准》GB/T 50001—2017)的规定执行。

(1) 标高符号应以直角等腰三角形表示，按图 8-2(a)所示形式用细实线绘制；当标注位置不够时，也可按图 8-2(b)所示形式绘制。标高符号的具体画法应符合图 8-2(c)(d)的规定。

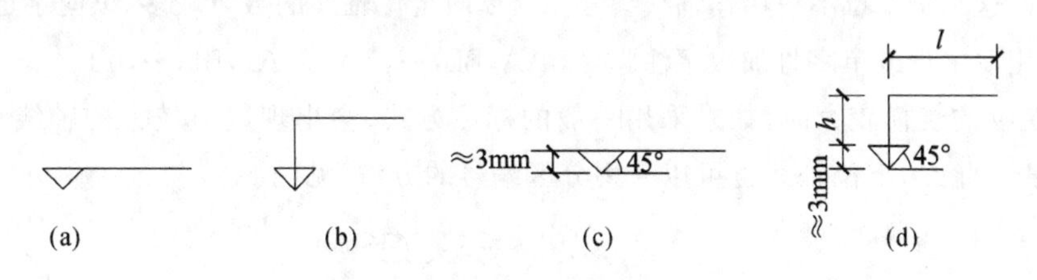

图 8-2 标高符号

注：l—取适当长度注写标高数字；h—根据需要取适当高度。

(2) 总平面图室外地坪标高符号宜用涂黑的三角形表示，具体画法应符合图 8-3 所示的规定。

(3) 标高符号的尖端应指至被注高度的位置，尖端宜向下，也可向上，标高数字应注写在标高符号的上侧或下侧，如图 8-4 所示。

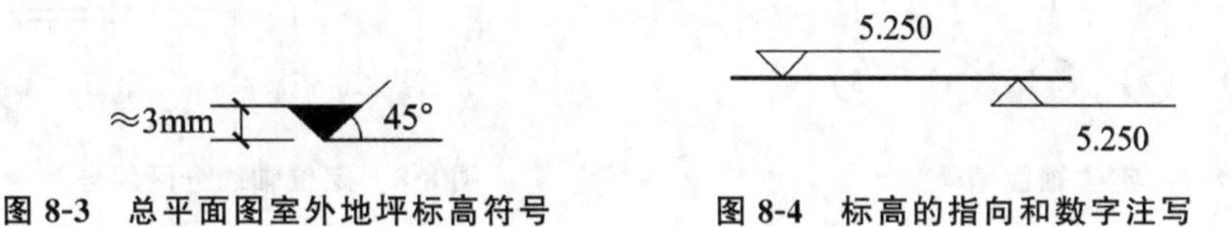

图 8-3 总平面图室外地坪标高符号　　**图 8-4 标高的指向和数字注写**

(4) 标高单位以米(m)计，注写到小数点后三位。总平面图上注写到小数点后第二位。除标高和总平面图上的尺寸以“米”为单位外，在房屋建筑图上的其余尺寸均以“毫米”为单位，故可不在图中注写单位。

(5) 建筑物各部分的高度尺寸可用标高表示。零点标高应注写成±0.000，正数标高不写“+”，负数标高应注写“−”，例如 1.000，−0.005。

(6) 在图样的同一位置需表示几个不同标高时，标高数字可按图 8-5 所示的形式注写。

另外，标高还可分为建筑标高和结构标高两类。建筑标高是指将构件粉饰层的厚度包括在内装修完成后的标高；结构标高不包含粉饰层的厚度，它又称为构件的毛面标高，如图 8-6 所示。

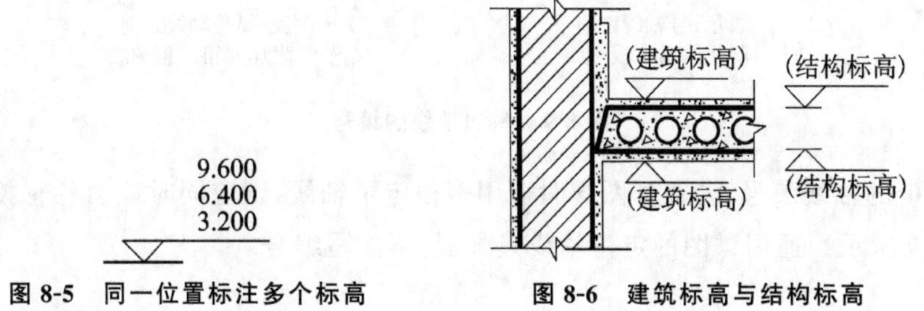

图 8-5 同一位置标注多个标高　　**图 8-6 建筑标高与结构标高**

3. 定位轴线

定位轴线是一条基准线，是房屋施工放样时的主要依据。在绘制施工图时，凡是房屋的墙、柱、大梁、屋架等主要承重构件上均应画出定位轴线。

定位轴线应用细单点长画线绘制。为了区别各轴线，定位轴线应标注编号。其编号应写在直径为 8～10 mm 的细实线圆圈内，位于细单点长画线的端部。平面图中定位轴线的编号宜标注在图的下方和左侧，也可四周标注，横向的定位轴线应用阿拉伯数字从左向右注写；纵向的定位轴线编号应用大写拉丁字母由下向上注写（见图 8-7），为避免拉丁字母“I、O、Z”与“1、0、2”混淆，通常这三个字母不得用作轴线编号。当纵向定位轴线的数量较多，纵向字母数量不够使用时，可用双字母或单字母加数字注脚，如 AA，BB，…，YY 或 A1，B1，…，Y1。

当建筑物的规模较大时，如果采用一般的标注方式，会出现数值较大的轴线编号，增加记忆的难度。此时，定位轴线也可以采用分区编号的方法（见图 8-8）。

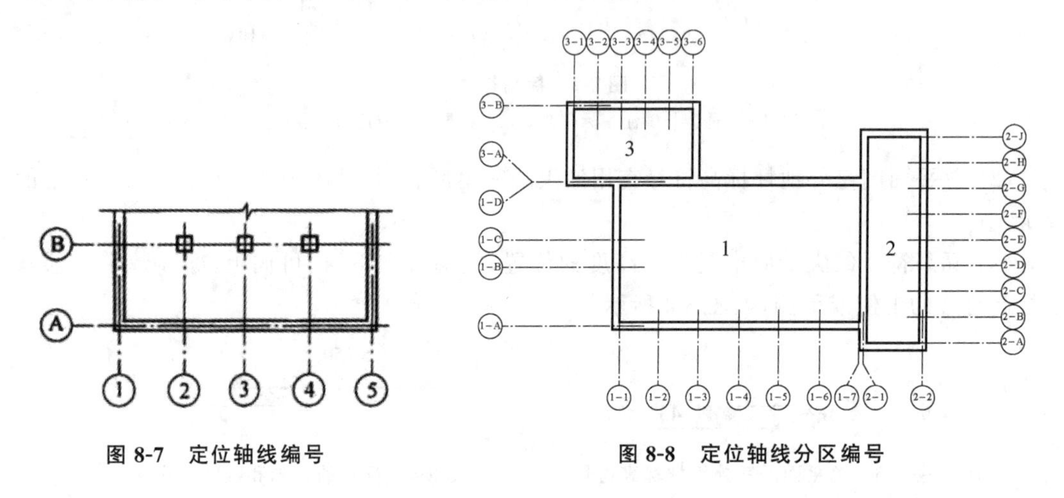

图 8-7　定位轴线编号　　　　图 8-8　定位轴线分区编号

对一些次要的承重构件（如非承重墙），有时也标注定位轴线，但此时的轴线称为附加轴线。附加轴线用分数编号，分母表示主轴线的编号，分子用阿拉伯数字表示附加轴线的编号，如图 8-9 所示。

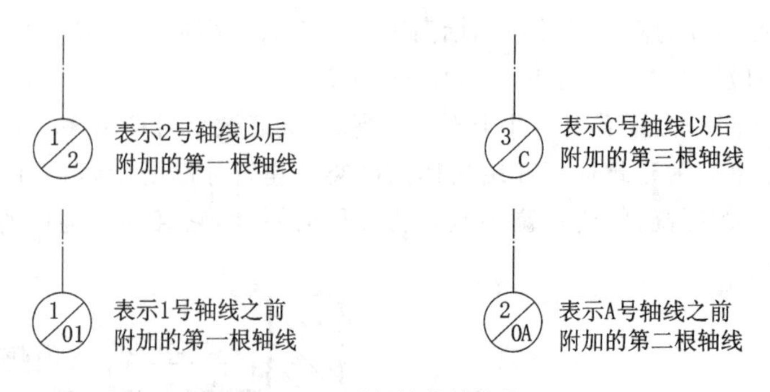

图 8-9　附加轴线的编号

对详图上的轴线编号，若该详图同时适用多根定位轴线，则应同时注明各有关轴线的编号，如图 8-10 所示。通用详图的定位轴线只画圆，不注写编号。

图 8-10 详图轴线编号

4. 索引符号和详图符号

1）索引符号

对图中需要另画详图表示的建筑物的局部或构件，为了读图方便，应在图中的相应位置以索引符号标出。索引符号由两部分组成：一部分是用细实线绘制的直径为 8～10 mm 的圆圈，内部以水平直径线分隔；另一部分为用细实线绘制的引出线。当索引出的详图与被索引的图在同一张图纸内时，在上半圆中用阿拉伯数字标出该详图的编号，在下半圆中间画一段水平细实线；当索引出的详图与被索引的图不在同一张图纸内时，在下半圆中用阿拉伯数字标出该详图所在图纸的编号；当索引出的详图采用标准图时，在圆的水平直径的延长线上加注标准图集编号；当索引出的详图是局部剖面详图时，应在被剖切的部位绘制剖切位置线，再用引出线引出索引符号，引出线所在的一侧表示剖切后的投影方向（见表 8-1）。

2）详图符号

详图符号用来表示详图的位置及编号，也可以说是详图的图名。详图符号是用粗实线绘制的直径为 14 mm 的圆。详图与被索引的图样在同一张图纸内时，应在详图符号内用阿拉伯数字注明详图的编号；详图与被索引的图样不在同一张图纸内时，应用细实线在详图符号内画一水平直径，在上半圆中注明详图编号，在下半圆中注明被索引的图纸编号（见表 8-1）。

表 8-1 索引符号与详图符号

索引符号	5 —详图的编号 — —详图在本张图纸上 5 —局部剖面详图的编号 — —剖面详图在本张图纸上	细实线单圆圈直径应为 10 mm； 详图在本张图纸上； 剖开后从上往下投影
	5 —详图的编号 4 —详图所在的图纸编号 5 —局部剖面详图的编号 4 —剖面详图所在的图纸编号	详图不在本张图纸上； 剖开后从下往上投影
	—标准图集编号 J103 5 —标准详图编号 4 —详图所在的图纸编号	标准详图
详图符号	5 —详图的编号	粗实线单圆圈直径应为 14 mm； 被索引的图样在本张图纸上
	5 —详图的编号 2 —被索引的图纸编号	被索引的图样不在本张图纸上

5. 引出线

在图样中某些部位由于图形比例较小，其具体内容或要求无法标注时，常用引出线注出文字说明或详图索引符号。

(1) 引出线用细实线绘制，并宜用与水平方向成 30°、45°、60°、90°的直线或经过上述角度再折为水平的折线绘制，文字说明宜注写在水平线的上方或端部，如图 8-11 所示。索引详图的引出线应对准索引符号的圆心。

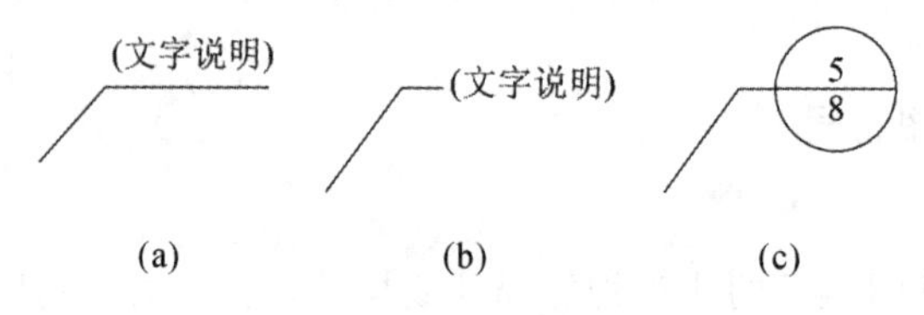

图 8-11 引出线

(2) 同时引出几个相同部分的引出线，宜相互平行，如图 8-12(a)(c)所示，也可画成集中于一点的放射线，如图 8-12(b)所示。

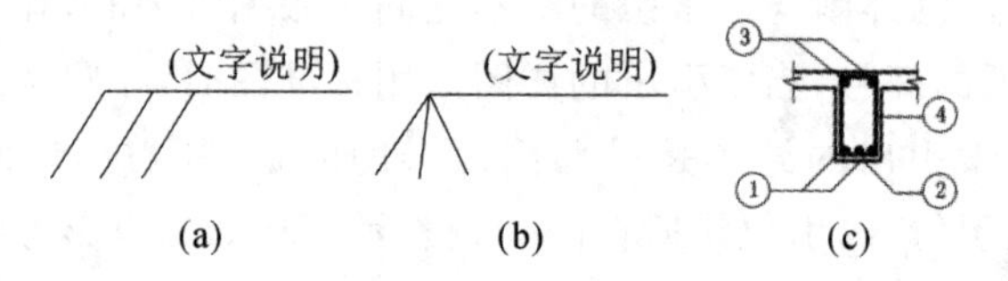

图 8-12 共用引出线

(3) 房屋建筑中，有些部位是由多层材料或多层做法构成的，如屋面、地面、楼面以及墙体等。为了对多层构造部位加以说明，可以用引出线表示。引出线必须通过需引的各层，其文字说明编排次序应与构造层次保持一致(即垂直引出时，由上而下注写；水平引出时，从左到右注写)，并注写在引出横线的上方或一侧，如图 8-13 所示。

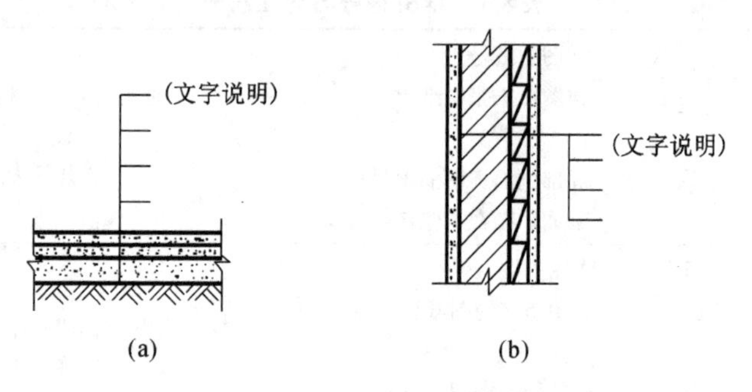

图 8-13 多层构造引出线

6. 指北针

在总平面图及首层建筑平面图上，一般都画有指北针，以指明建筑物的朝向。指北针形状如图 8-14 所示。圆的直径宜为 24 mm，用细实线绘制。指针尾端的宽度为 3 mm；需用较大直径绘制指北针时，指针尾端的宽度宜为圆直径的 1/8。指针涂成黑色，针尖指向北方，并注“北”或“N”字。

7. 变更云线

对图纸中局部变更部分宜采用变更云线，并宜注明修改版次。修改版次符号宜采用边长 0.8 cm 的正等边三角形，修改版次应采用数字表示，变更云线宜用中粗线绘制，如图 8-15 所示。

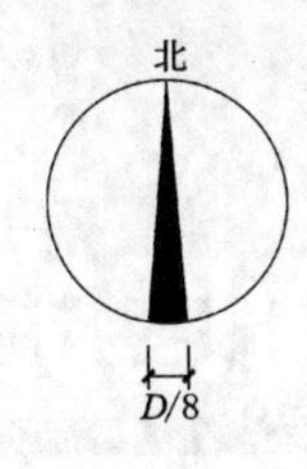

图 8-14 指北针形状

图 8-15 变更云线

注：1 为修改次数。

8. 风向频率玫瑰（简称风玫瑰）图

指北针与风玫瑰结合时宜采用互相垂直的线段，线段两端应超出风玫瑰轮廓线 2～3 mm，垂点宜为风玫瑰中心，北向应注“北”或“N”字，组成风玫瑰所有线宽均宜为中粗线（见图 8-16）。

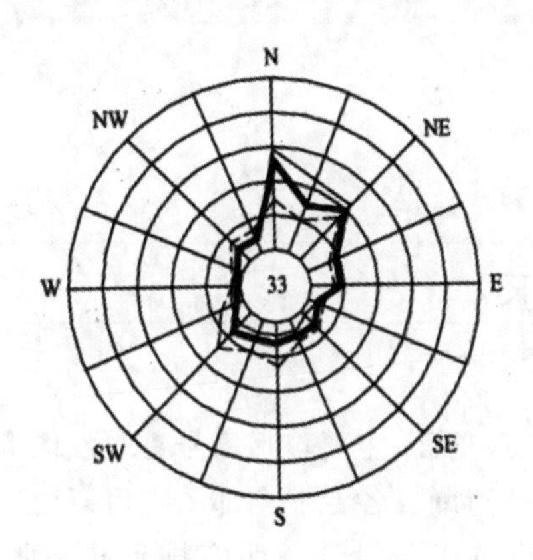

图 8-16 风向频率玫瑰图

任务9 设计文本及总平面图的识读

任务目标

(1) 了解建筑施工图首页图的组成。
(2) 熟悉建筑总平面图的形成、图示内容。
(3) 掌握建筑总平面图的识读方法。

9.1 图纸目录

图纸目录应放在一套图纸最前面，主要包括序号、图号、图名、图幅等。在读图之前应仔细核对图纸的数量，检查是否有遗漏。各专业全部图纸可以统一编制到一个目录内，也可以分专业编制；可以单独成页，也可以与设计说明安排到同一张图上，表 9-1 是图纸目录的举例。

表 9-1 图纸目录

序号	图别	图号	图名	图幅	备注
1	图纸目录	JS-13＃-00	13＃楼图纸目录	A1	
2	总说明	JS-JZ-01	建筑施工图设计总说明(一)	A1	
3	总说明	JS-JZ-02	建筑施工图设计总说明(二)	A1	
4	总说明	JS-JZ-03	建筑施工图设计总说明(三)	A1	
5	总说明	JS-JZ-04	建筑施工图设计总说明(四)	A1	
6	总说明	JS-JZ-05	建筑施工图设计总说明(五)	A1	

续表

序号	图别	图号	图名	图幅	备注
7	总说明	JS-JZ-06	建筑施工图设计总说明(六)	A1	
8	总说明	JS-JZ-07	建筑构造做法表(一)	A1	
9	总说明	JS-JZ-08	建筑构造做法表(二)	A1	
10	总图	JS-JZ-09	总平面布置图	A1	
11	总图	JS-JZ-10	消防总平面布置图	A1	
12	建施	JS-13＃-01	13＃楼一层平面图	A1	
13	建施	JS-13＃-02	13＃楼二层平面图	A1	
14	建施	JS-13＃-03	13＃楼三层平面图	A1	
15	建施	JS-13＃-04	13＃楼四至六层平面图	A1	
16	建施	JS-13＃-05	13＃楼七至九层平面图	A1	
17	建施	JS-13＃-06	13＃楼屋顶层平面图	A1	
18	建施	JS-13＃-07	13＃楼屋顶构架层平面图	A1	
19	建施	JS-13＃-08	13＃楼立剖面图(一)	A1	
20	建施	JS-13＃-09	13＃楼立剖面图(二)	A1	
21	建施	JS-13＃-10	节点大样一	A1	
22	建施	JS-13＃-11	节点大样二	A1	
23	建施	JS-13＃-12	13＃楼 LT1 楼梯大样图	A1	
24	建施	JS-13＃-13	13＃楼 LT11-1 剖面图	A1	
25	建施	JS-13＃-14	门窗大样	A1	
26	建施	JS-13＃-15	13＃楼居住建筑节能设计说明专篇	A1	
27	建施	JS-13＃-16	13＃楼节能范围示意图	A1	

当拿到一套图纸后，首先要查看图纸目录。图纸目录是施工图编排的目录单，图纸目录可以帮助我们了解图纸的总张数、图纸专业类别及每张图纸所表达的内容，使我们可以迅速地找到所需要的图纸。

建筑专业图纸目录排列顺序为：建筑施工图设计总说明、总平面布置图、建筑平面图、建筑立面图、建筑剖面图、建筑详图（一般包括墙身节点详图、楼梯平面图、楼梯剖面图、栏杆详图、卫生间平面图、厨房平面图、门窗立面详图等）、标准图集。

9.2 识读建筑设计总说明

建筑设计总说明以文字为主，表达图样中无法表达清楚且带有全局性的建筑设计内容，主要包括设计依据、工程概况、设计标高与尺寸标注、墙体工程、门窗工程、楼地面工程、屋面工程、装修工程、防水工程、节能设计、消防设计、无障碍设计、油漆涂料工程及其他施工要求等。

建筑设计总说明是工程建造、验收、管理的重要依据，同时也为施工人员了解建筑设计意图提供依据。中小型房屋的施工总说明也常与总平面图一起放在建筑施工图中。有时施工总说明与建筑、结构总说明合并，成为整套施工图的首页，放在所有施工图的最前面。

建筑设计总说明一般包括以下内容。

(1) 设计依据。设计依据包括政府的有关批文，这些批文主要有两个方面的内容：一是立项，二是规划许可证等。

(2) 建筑规模。建筑规模主要包括占地面积和建筑面积，这是设计出来的图纸是否满足规划部门要求的依据。占地面积是指建筑物底层外墙皮以内所有面积之和；建筑面积是指建筑物外墙皮以内各层面积之和。

(3) 装修做法。装修做法用于表达各部分的装修装饰做法，包括地面、楼面、墙面等。

(4) 施工要求。施工要求包含两个方面的内容：一是要严格执行施工验收规范中的规定；二是对图纸中不详之处补充说明。

建筑设计总说明的内容按照内容主次关系、识读顺序如表 9-2 所示。

表 9-2 建筑设计总说明的内容

序号	类别	主要内容
1	设计依据	① 工程设计相关文件； ② 建筑设计采用的主要规范、标准、法规、图集等
2	工程概况	① 工程名称、建设地点、建设单位； ② 工程占地面积、建筑面积、建筑层数、建筑高度及层高； ③ 设计使用年限、结构类型、抗震设防烈度、建筑类别、建筑防火分类和耐火等级、屋面防水等级、地下室防水等级、人防工程类别和防护等级
3	设计标高与尺寸标注	① 本工程标高的有关信息、相对标高、绝对标高； ② 总平面图图示尺寸； ③ 标高单位、其余尺寸单位； ④ 门窗尺寸
4	防火设计	① 耐火性质及耐火等级； ② 防火分区； ③ 建筑消防车道； ④ 安全疏散； ⑤ 防火构造措施； ⑥ 建筑构件燃烧性能及耐火极限

续表

序号	类别	主要内容
5	墙体工程	① 外墙构造； ② 内墙构造； ③ 墙体细部构造要求
6	屋面工程	① 屋面防水等级、防水层使用年限、构造做法等； ② 屋面保温层构造； ③ 屋面排水构造； ④ 屋面细部构造
7	门窗工程	① 门窗采用材料、层数等； ② 外门窗抗风压性能、气密性能、保温性能、隔声性能、强度、刚度等； ③ 门窗尺寸； ④ 门窗细部构造要求； ⑤ 其他要求
8	内、外装修	① 外装修构造要求； ② 内装修构造要求
9	节能设计	① 外墙节能构造； ② 屋面节能构造； ③ 门窗节能构造； ④ 局部冷桥构造； ⑤ 节能其他构造要求
10	无障碍设计	① 入口无障碍坡道构造； ② 无障碍卫生间设置； ③ 无障碍电梯设置
11	油漆涂料工程	① 埋入砌体和混凝土内的金属构件构造要求； ② 室内外露明金属件构造要求； ③ 其他的构造要求
12	建筑设备设施工程	① 散水构造要求； ② 楼梯细部构造要求； ③ 排气道构造要求； ④ 电梯设置要求
13	其他施工要求	① 预留洞、预埋件构造要求； ② 墙体与柱连接构造要求； ③ 两种材料墙体交界处的构造要求； ④ 楼板预留洞的封堵构造要求； ⑤ 其他施工构造要求

9.3 识读门窗统计表与构造做法表

门窗统计表是设计文本的组成部分之一，主要包括建筑所采用全部门窗编号、洞口尺寸、数量、选用的标准门窗图集及编号、备注或说明等内容。在建筑施工图中，门用“M”表示，窗用“C”表示。例如，C1518 表示窗的洞口宽度为 1500 mm，洞口高度为 1800 mm；FM甲 1021 表示甲级防火门，门的洞口宽度为 1000 mm，洞口高度为 2100 mm。在门窗统计表中可按照类型和门窗所在楼层统计出门窗的个数和种类数。要注意的是，有些洞口尺寸相同的门窗，在层数、材料、开启方式等方面不同，它们也属于不相同的门窗，需独立编号，如 C1818 和 C1818′，C1818 为单框三玻平开塑钢窗，C1818′为单框三玻平开上翻塑钢窗。

工程做法表是按照建筑的不同部位给出本工程的工程做法及使用部位，包括楼地面、屋面、外墙、内墙、踢脚线、墙裙、顶棚、室外工程等部位在本工程的做法。例如，附图 JS-JZ-07 中地下车库选用“楼地面 1 打磨固化楼地面”做法，其做法自上而下分别是：地坪打磨固化剂处理；1∶2.5 水泥砂浆找坡层兼找平层，0.5％坡向排水沟或地漏并找平，最薄处 20 mm；水灰比 0.4～0.5 水泥浆结合层一道；100 厚 C25 细石混凝土保护层；聚酯无纺布隔离层；4 mm 厚 SBS 改性沥青防水卷材；1.5 mm 厚自粘聚合物改性沥青防水卷材（无胎）；100 厚 C20 混凝土垫层兼找平层；素土分层夯实。

9.4 识读示例

9.4.1 识读图纸目录

参照附图一住宅项目的图纸，首先看图纸目录，建施共有 27 张图纸，分别是 13＃楼图纸目录建筑施工图设计总说明（一）至建筑施工图设计总说明（六）、建筑构造做法表（一）、建筑构造做法表（二）、总平面布置图、消防总平面布置图、13＃楼一层平面图、13＃楼二层平面图、13＃楼三层平面图、13＃楼四至六层平面图、13＃楼七至九层平面图、13＃楼屋顶层平面图、13＃楼屋顶构架层平面图、13＃楼立剖面图（一）、13＃楼立剖面图（二）、节点大样一、节点大样二、13＃楼 LT1 楼梯大样图、13＃楼 LT11-1 剖面图、门窗大样、13＃楼居住建筑节能设计说明专篇、13＃楼节能范围示意图。

9.4.2 识读建筑施工图设计说明

首先看建筑施工图设计说明中的内容标题，总共包含 18 类：① 工程概况；② 设计范围及内容；③ 设计依据；④ 设计标高与尺寸标注；⑤ 墙体工程；⑥ 建筑构造做法；⑦ 屋面工程;⑧ 门窗工程;⑨ 地下室防水;⑩ 室外工程;⑪ 消防设计;⑫ 建筑节能设计;⑬ 无障碍设计;⑭ 室内环境污染控制要求;⑮ 电梯工程;⑯ 绿色生态;⑰ 其他;⑱ 无障碍设计专篇。建筑施工图设计说明以文字为主,详图为辅,涉及内容很广,识读时要把握重点,参照本书所提供的施工图样,基本步骤如下。

1. 工程概况

工程概况主要包括:工程名称、建设单位、建设地点、建设规模、总建筑面积、建筑工程等级。

2. 设计范围及内容

设计范围为本项目所有楼栋,工程图包括建筑、结构、给排水、采暖通风、电气五大部分;景观、室内设计、外墙深化设计、钢结构设计、人防工程设计不在本次设计范围内,建设单位另行委托。

3. 设计依据

设计依据主要包括:前期批文;经有关部门批准的前期设计文件;建设工程设计合同、补充合同和协议书;建设单位提供的施工图设计任务书或任务要求;建设单位提供的经相关行政主管部门认可的地形图、红线图;建设单位提供的设计委托书及有关基础资料和双方会商纪要;现行国家及地方有关建筑设计规范、规程、标准和规定;建设单位提供的本项目岩土工程勘察报告;建筑设计选用标准图集等。

4. 设计标高与尺寸标注

设计标高与尺寸标注主要包括:本工程建筑定位、地形图采用的坐标、高程系统;在建筑的±0.000 标高建施总平面图内,施工图总图和标高以米为单位,其余均以毫米为单位;图中梁、柱、混凝土墙以结施图为准;在建筑施工图中,屋面标注标高为屋面结构顶板标高,其余各楼层及细部标注为建筑完成面标高。

5. 墙体工程

墙体工程主要包括:本工程内、外墙体的材料,墙身防潮层,不同墙体材料的连接,外墙、内墙、卫生间墙面的防水构造做法的文字说明。

6. 建筑构造做法

建筑构造做法主要包括:外墙面、内墙面、楼地面、顶棚、安全防范设计、油漆涂料工程等的构造做法要求。

7. 屋面工程

屋面工程主要包括:本工程屋面防水材料、屋顶排水方式、屋顶防水施工要求等文字说明。

8. 门窗工程

门窗工程包括:本工程中门窗立樘与墙的相对位置,外门窗的气密等级、水密等级、抗风压性能等级要求,窗的安全措施,门窗材料材质、颜色、保温等方面要求。

9. 地下室防水

地下室防水主要包括:地下室防水工程设计、施工验收执行标准,防水等级、设防标准及构造做法,水池防水等级及构造做法等文字说明。

10. 室外工程

室外工程主要包括:室外工程设计及执行标准、绿化及环境景观设计要求。具体设计图纸详见景观设计单项。

11. 消防设计

消防设计主要包括:消防设计依据、总平面图、各建筑单体消防设计要求、防火构造等文字说明。

12. 建筑节能设计

建筑节能设计主要包括:节能设计标准、计算软件及版本、建筑所属气候区、节能计算书节能专篇以及外墙面保温工程使用年限等文字说明。

13. 无障碍设计

无障碍设计主要包括:无障碍执行规范及标准,项目场地内道路、广场、人行道路、公共绿地、建筑单体、车位、无障碍电梯等无障碍设计要求的文字说明。

14. 室内环境污染控制要求

室内环境污染控制要求主要包括:本项目装修工程执行标准、装修材料的放射性限量等文字说明。

15. 电梯工程

电梯工程主要包括:本项目电梯适用规范,采用的各种电梯型号、台数、载重、速度以及相关构造要求等文字说明。

16. 绿色生态

绿色生态主要包括:本工程中建筑布局需尊重地形地貌,建筑内主要功能房间的隔声性能、有害物质含量需满足国家标准等文字说明。

17. 其他

其他主要包括:前面单项未说明事项在施工前、施工中、施工后应遵循的国家标准、构造要求及注意要点等文字说明。

18. 无障碍设计专篇

无障碍设计专篇主要包括:本工程无障碍设计执行规范,无障碍通行设施、无障碍服务设施、无障碍信息交流设施的构造设计要求,以及无障碍施工验收和维护要求等文字说明。

9.4.3 识读门窗统计表

从附图 JS-13#-14(见附录中的二维码)门窗统计表中可以了解到:门的设计编号有普通门、甲级防火门、乙级防火门三种类型,总共 16 个,分别有类型、设计编号、洞口尺寸、数量、备注。例如,BM2024 为平开门,洞口宽度为 2000 mm,洞口高度为 2400 mm,数量设置有 2 个,见门窗详图;FDM1321 为乙级防盗门,洞口宽度为 1300 mm,洞口高度为 2100 mm,设置有 10 个。窗的设计编号有普通窗、凸窗两种类型,总共 19 个,分别有类型、设计编号、洞口尺寸、数量、备注。例如,TC2118 为单开平开凸窗,洞口宽度为 2100 mm,洞口高度为 1800 mm,设置有 8 个。

9.5 总平面图识读

9.5.1 总平面图的用途

在画有等高线或坐标方格网的地形图上，加画新设计的乃至将来拟建的房屋、道路、绿化（必要时还可画出各种设备管线布置以及地表排水情况）并标明建筑基地方位及风向的图样，便是总平面图，如图 9-1 所示。

建筑总平面图是整个区域由上往下按正投影原理得到的水平投影图，总平面图可以表达工程所在的具体位置，房屋建筑的朝向，与原有建筑物的位置关系，周边的道路、地形、地貌、标高等内容，是新建房屋定位、放线以及布置施工现场的依据。

9.5.2 图示内容

（1）标出地形测量坐标网（以细实线画成交叉十字线，坐标代号宜用“X、Y”表示）或者建筑坐标网（应画成细实线网格通线，自设坐标代号宜用“A、B”表示）。

（2）新建筑（隐藏工程用虚线表示）的定位坐标（或相互关系尺寸）、名称（或编号）、层数及室内外标高。

（3）相邻有关建筑、待拆除建筑的位置或范围。

（4）附近的地形地物，如等高线、道路、水沟、河流、池塘、土坡等。

（5）道路（或铁路）和明沟等的起点、变坡点、转折点、终点以及它们的标高与坡向箭头。

（6）指北针或风玫瑰图。

（7）建筑物使用编号时应列出名称标号表。

（8）绿化规划、管道布置。

（9）补充图例。

以上内容既不是完美无缺的，也不是任何工程设计都缺一不可的，应根据工程实际情况取舍。对一些简单的工程，可不画等高线、坐标方格网、绿化规划和管道的布置等。

9.5.3 识图示例

1. 注意的问题

现以图 9-1 为例，说明阅读总平面图时应注意的几个问题。

（1）先看图样的图名、比例及有关的文字说明。总平面图因包括的地方范围大，所以绘制时采用较小的比例，如 1∶2000、1∶1000、1∶500 等。总平面图上标注的坐标、标高和距离等一律以米（m）为单位，并取至小数点后两位，不足时以“0”补齐。由于总平面图的绘制比例较小，许多物体不能按原状画出，故使用较多的图例符号表示。常用的图例符号如表 9-3 所示。在复杂

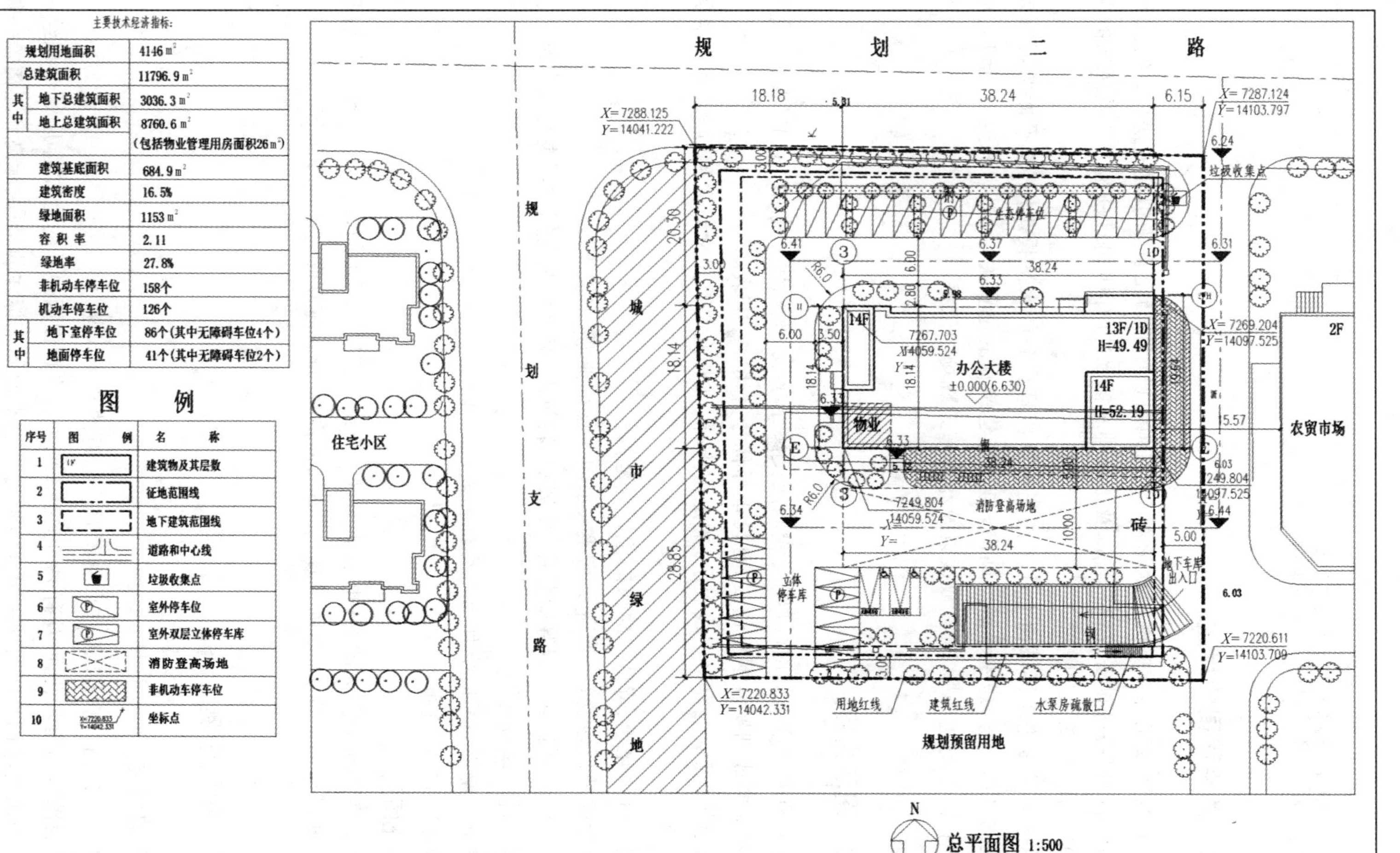

主要技术经济指标:

规划用地面积		4146 m²
总建筑面积		11796.9 m²
其中	地下总建筑面积	3036.3 m²
	地上总建筑面积	8760.6 m²（包括物业管理用房面积26 m²）
建筑基底面积		684.9 m²
建筑密度		16.5%
绿地面积		1153 m²
容积率		2.11
绿地率		27.8%
非机动车停车位		158个
机动车停车位		126个
其中	地下室停车位	86个（其中无障碍车位4个）
	地面停车位	41个（其中无障碍车位2个）

图例

序号	图例	名称
1		建筑物及其层数
2		征地范围线
3		地下建筑范围线
4		道路和中心线
5		垃圾收集点
6		室外停车位
7		室外双层立体停车库
8		消防登高场地
9		非机动车停车位
10	X=7220.833 Y=14042.331	坐标点

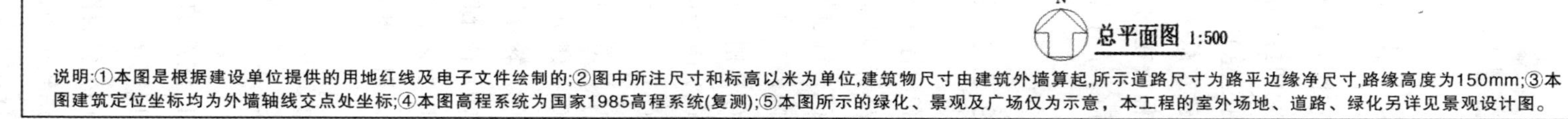

说明:①本图是根据建设单位提供的用地红线及电子文件绘制的;②图中所注尺寸和标高以米为单位,建筑物尺寸由建筑外墙算起,所示道路尺寸为路平边缘净尺寸,路缘高度为150mm;③本图建筑定位坐标均为外墙轴线交点处坐标;④本图高程系统为国家1985高程系统(复测);⑤本图所示的绿化、景观及广场仅为示意，本工程的室外场地、道路、绿化另详见景观设计图。

图9-1 总平面图

的总平面图中，若用到一些没有规定的图例，必须在图中另加说明。从图 9-1 中可看出，该总平面图的绘图比例为 1∶500，该工程为一新建办公楼，其总长为 38.24 m，西侧宽度为 18.14 m，东侧宽度为 19.64 m，建筑物距西侧用地红线为 18.18 m，同样我们可以在图中找到建筑物南、东、北侧距用地红线的距离。在图样左侧绘制了工程中所用的部分图例。

(2) 了解工程用地红线、建筑红线、附近地形(等高线)地貌(道路、水沟、边坡)等。从图 9-1 中可看出，粗双点画线为该工程的用地红线，四个角点分别标出了用地红线的地形测量坐标，图样中中粗双点画线为建筑红线，距离用地红线分别是南、北、西侧为 3.00 m，东侧为 5.00 m。

(3) 熟悉工程周边道路交通、绿化系统及管网的平面布局等。在图 9-1 中，新建建筑物北侧和西侧分别有一条规划道路。在建筑物南、北、西侧分别有绿化带。

(4) 重点阅读新建建筑物层数(用数字或者点数表示)、建筑高度，以及新建建筑物、原有建筑物的平面布局。从图 9-1 中可以看出，新建建筑物主体建筑物地上 13 层、地下 1 层，高度为 49.49 m，建筑物有 2 个凸出楼层。建筑物首层建筑标高(相对标高)为 ±0.000 m，相当于绝对标高(指以我国青岛市外的黄海平均海平面作为零点测定的高度，以米(m)为单位)为 6.630 m。建筑物三个角点分别标出了地形测量坐标，是用以施工放线的定位依据。

(5) 新建建筑物位置尺寸与周边建筑物的位置关系。

(6) 新建建筑物的绝对标高。室外地坪标高、道路绝对标高，室内外高差。

(7) 主要技术经济指标：总用地面积、总建筑面积、建筑基底总面积、道路广场总面积、绿地总面积、容积率、建筑密度、绿地率、停车位等。

表 9-3 常用的图例符号

图例符号	说明	图例符号	说明
	新设计的建筑物，右上角的点数表示层数		表示砖石、混凝土及金属材料围墙
	原有的建筑物		表示镀锌铁丝网、篱笆等围墙
	计划扩建的建筑物或预留地	154.30	室内地坪标高
	拆除的建筑物	142.00	室外地坪标高
X=105.00 Y=425.00	测量坐标		原有的道路
A=131.52 B=276.24	建筑坐标		计划的道路
	散状材料露天堆场		公路桥
	其他材料露天堆场或露天作业场		铁路桥
	地下建筑物或构筑物		护坡

2. 专业名词

用地红线：各类建筑工程项目用地的使用权属范围的边界线。

建筑控制线：有关法规或详细规划确定的建筑物、构筑物的基底位置不得超出的界线。

建筑密度：在一定范围内，建筑物的基底面积总和占用地面积的比例(单位为%)。

建筑容积率：在一定范围内，计容建筑面积总和与用地面积的比值。

绿地率：在一定地区内，各类绿地总面积占该用地面积的比例(单位为%)。

任务10 建筑平面图

任务目标

(1) 熟悉建筑平面图的形成方法、作用及图示内容。

(2) 能正确识读建筑平面图。

10.1 建筑平面图的概述

建筑平面图实际是建筑的水平剖面图，就是用一个假想的水平剖切平面把建筑在本层的门、窗洞口高度(距离地面大概 1.2 m 处)沿水平方向将建筑物剖切开，移去上部以后，将剖切面以下部分向水平投影面进行投影得到的图样，简称平面图。

平面图的形成如图 10-1 所示。

建筑平面图可以表达出房屋的平面形状、大小，房间的布置，墙和柱的位置、厚度，以及材料、门窗的安装位置和开启方向等，是建筑专业施工图最重要的组成部分，是进行立面、剖面设计的基础和依据，也是指导施工全过程的重要技术文件，更是备料、施工组织及编制概预算的重要依据。

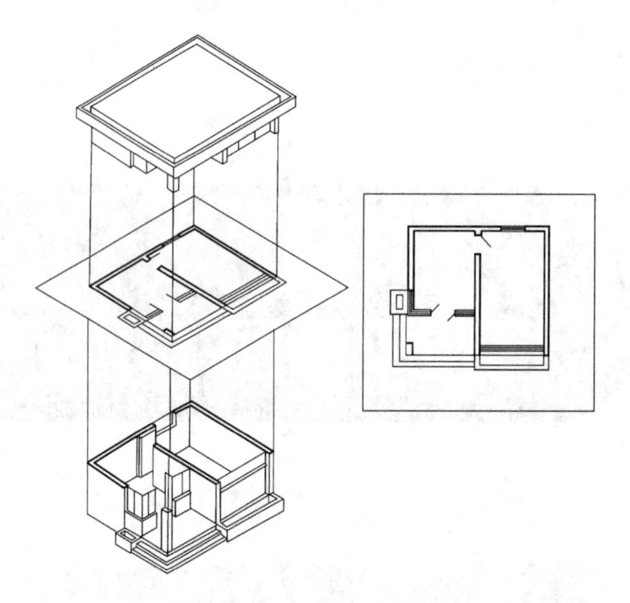

图 10-1 平面图的形成

10.2 建筑平面图内容

10.2.1 图名

一般情况下，房屋有几层就应画几层平面图，并在图的下方标注相应的图名，如附图 JS-13＃-01 中“13＃楼一层平面图”，JS-13＃-02 中“13＃楼二层平面图”等。图名下方应加一条粗实线，图名右方标注比例。当房屋中间若干层的平面布局、构造情况完全一致时，可用一张平面图表示这些相同布局的若干层，称为标准层平面图。

10.2.2 比例

建筑平面图用 1∶50、1∶100、1∶200 的比例绘制，实际工程中常用 1∶50 或 1∶100 的比例绘制，如附图 JS-13＃-01 中的比例采用 1∶50。

10.2.3 建筑平面图常用图例

建筑平面图由于比例较小，各平面图中卫生间、楼梯间、门窗等投影难以详尽表示，采用国家标准《建筑制图标准》(GB/T 50104—2010)规定的图例表达，具体如表 10-1 所示。

表 10-1 《建筑制图标准》(GB/T 50104—2010)规定的图例说明

序号	名称	图 例	备 注
1	墙体		① 上图为外墙,下图为内墙; ② 外墙细线表示有保温层或幕墙; ③ 应加注文字或涂色或填充图案表示各种材料的墙体; ④ 在各种平面图中防火墙宜着重以特殊图案填充表示
2	隔墙		① 加注文字或涂色或填充图案表示各种材料的轻质隔断; ② 适用于到顶与不到顶隔断
3	玻璃幕墙		幕墙龙骨是否表示由项目设计决定
4	栏杆		—
5	楼梯	下 上 上	① 上图为顶层楼梯平面,中图为中间楼梯平面,下图为底层楼梯平面; ② 需设置靠墙扶手或中间扶手时,应在图中表示
6	坡道	下	长坡道
		下 下 下	上图为两侧垂直的门口坡道,中图为有挡墙的门口坡道,下图为两侧找坡的门口坡道
7	台阶	下	—
8	平面高差	×× ××	用于高差小的地面或楼面交界处,并应与门的开启方向协调

续表

序号	名称	图　例	备　　注
9	检查口	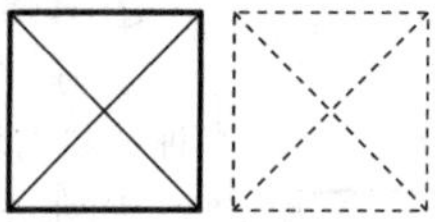	左图为可见检查口，右图为不可见检查口
10	孔洞		阴影部分可填充灰度或涂色代替
11	坑槽	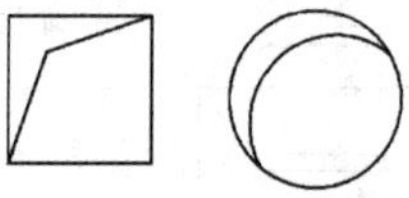	—
12	墙预留洞、槽	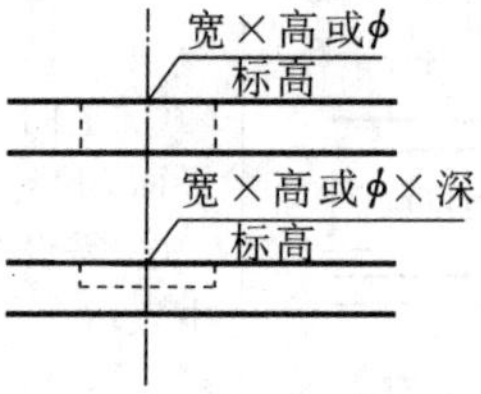 宽×高或ϕ 标高 宽×高或ϕ×深 标高	① 上图为预留洞，下图为预留槽； ② 平面以洞(槽)中心定位； ③ 标高以洞(槽)底部中心线定位； ④ 宜以涂色区别墙体和预留洞(槽)
13	地沟	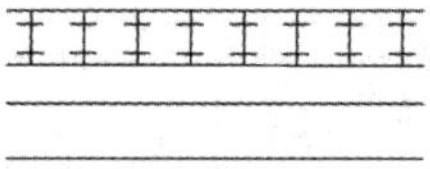	上图为有盖板地沟，下图为无盖板明沟
14	烟道	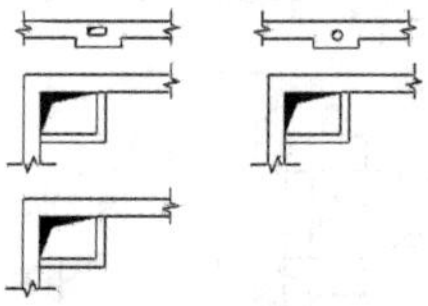	① 阴影部分也可填充灰度或涂色代替； ② 烟道、风道与墙体相同为相同材料，其相连接处墙身线应连通； ③ 烟道、风道根据需要增加不同的材料内衬
15	风道	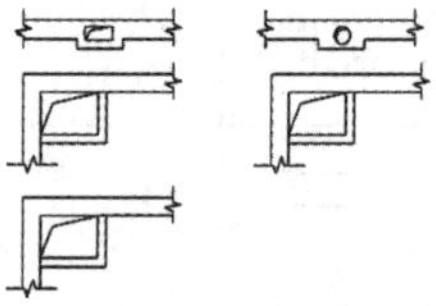	
16	新建的墙和窗	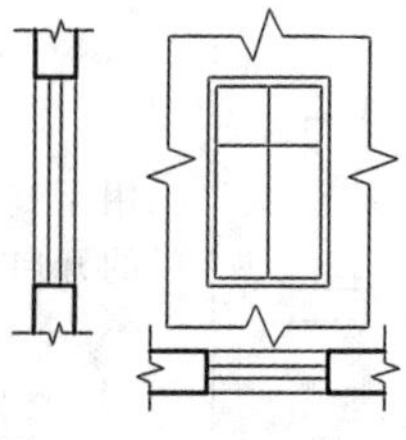	—

续表

序号	名称	图例	备注
17	改建时保留的墙和窗	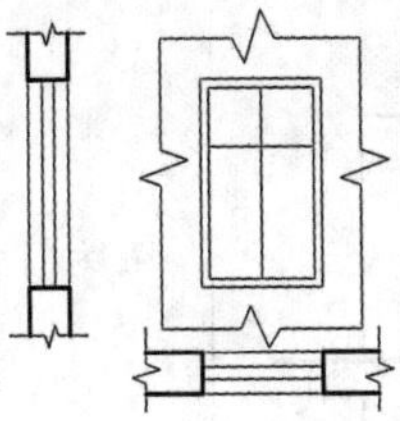	只更换窗,应加粗窗的轮廓线
18	拆除的墙	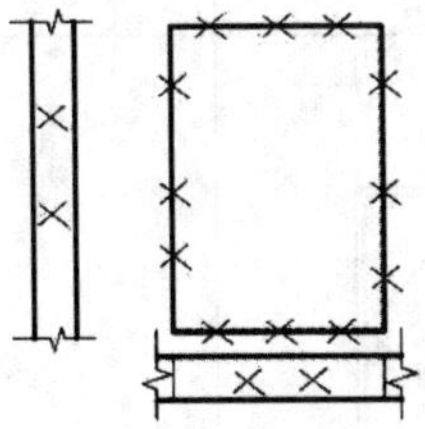	—
19	改建时在原有墙或楼板新开的洞	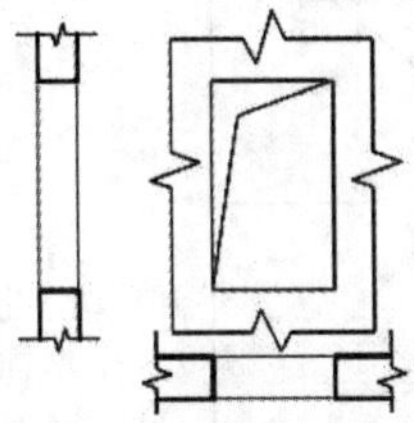	—
20	在原有墙或楼板旁扩大的洞	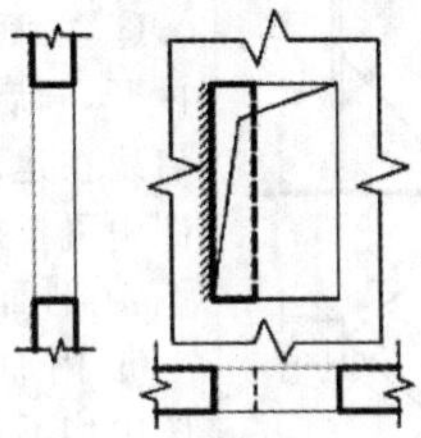	图示为洞口向左边扩大
21	在原有墙或楼板上全部填塞的洞	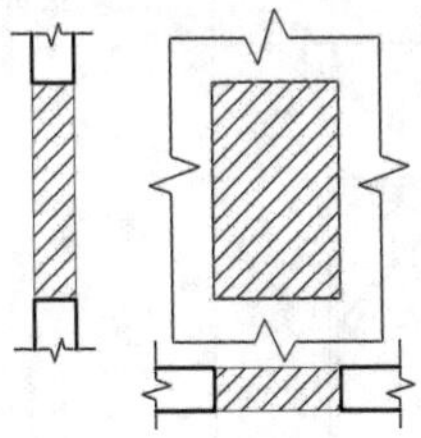	① 全部填塞的洞; ② 图中立面填充灰度或涂色
22	在原有墙或楼板上局部填塞的洞	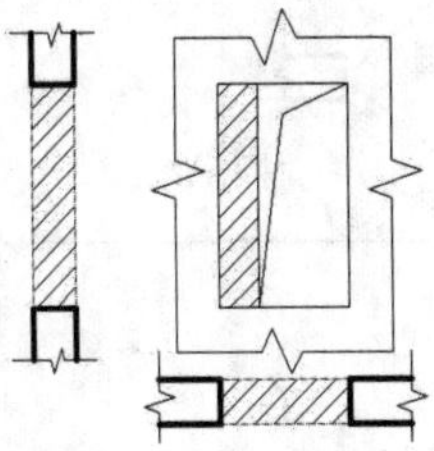	① 左侧为局部填塞的洞; ② 图中立面填充灰度或涂色

续表

序号	名称	图例	备注
23	空门洞	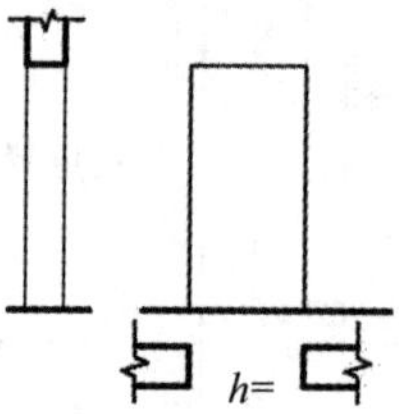 h=	h 为门洞高度
24	单面开启单扇门(包括平面或平面弹簧)	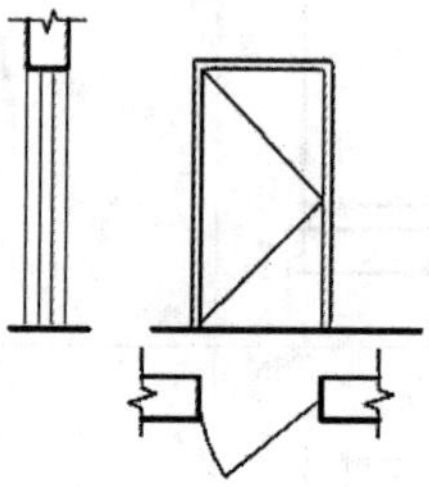	① 门的名称代号用 M 表示； ② 平面图中，下为外，上为内，门开启线为 90°、60°或 45°，开启弧线宜绘出； ③ 立面图中，开启线实线为外开，虚线为内开，开启线交角的一侧为安装合页一侧，开启线在建筑立面图中可不表示，在立面大样图中可根据需要绘出； ④ 剖面图中，左为外，右为内； ⑤ 附加纱扇应以文字说明，在平、立、剖面图中均不表示； ⑥ 立面形式应按实际情况绘制
	双面开启单扇门(包括双面平面或双面弹簧)	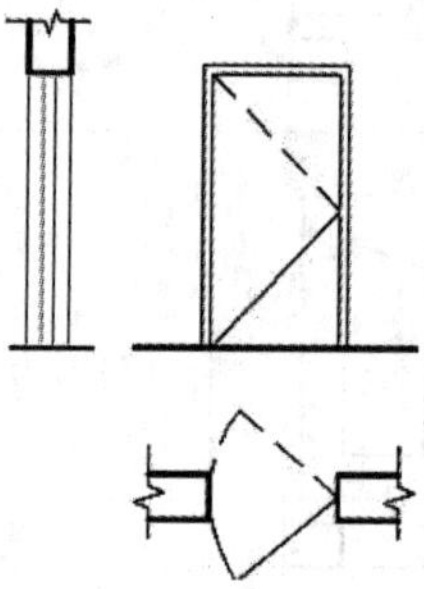	
	双层单扇平开门	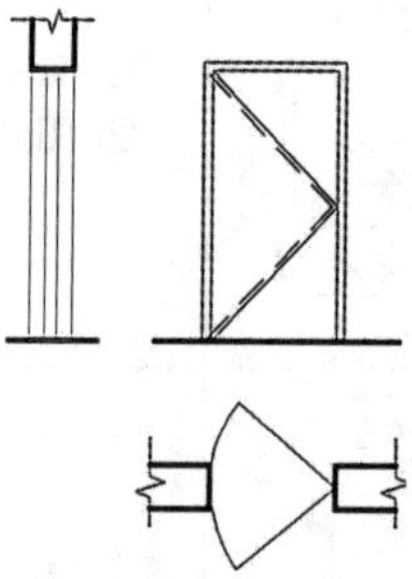	

续表

序号	名称	图 例	备 注
25	单面开启双扇门(包括平面或平面弹簧)	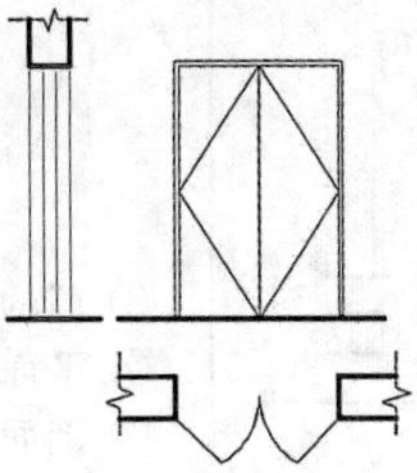	① 门的名称代号用 M 表示； ② 平面图中，下为外，上为内，门开启线为 90°、60°或 45°，开启弧线宜绘出； ③ 立面图中，开启线实线为外开，虚线为内开，开启线交角的一侧为安装合页一侧，开启线在建筑立面图中可不表示，在立面大样图中可根据需要绘出； ④ 剖面图中，左为外，右为内； ⑤ 附加纱扇应以文字说明，在平、立、剖面图中均不表示； ⑥ 立面形式应按实际情况绘制
	双面开启双扇门(包括双面平开或双面弹簧)		
	双层双扇平开门		
26	折叠门	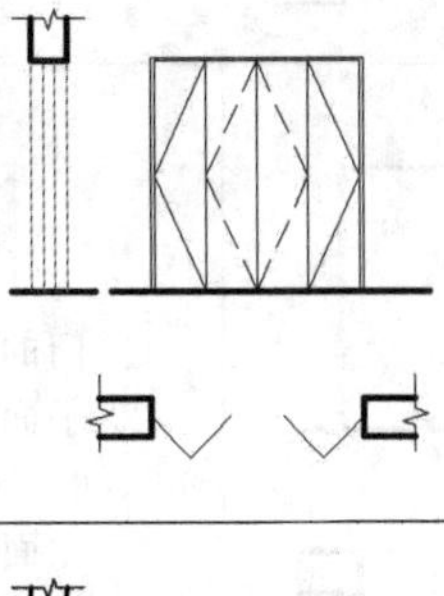	① 门的名称代号用 M 表示； ② 平面图中，下为外，上为内； ③ 立面图中，开启线实线为外开，虚线为内开，开启线交角的一侧为安装合页一侧； ④ 剖面图中，左为外，右为内； ⑤ 立面形式应按实际情况绘制
	推拉折叠门		

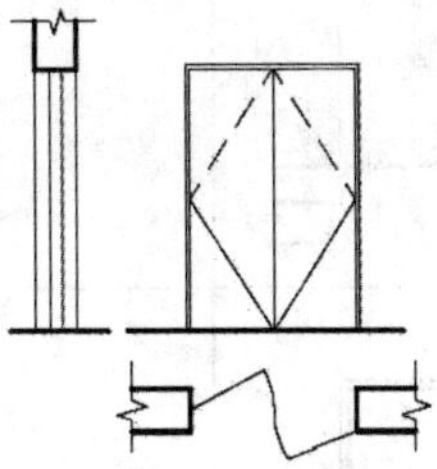

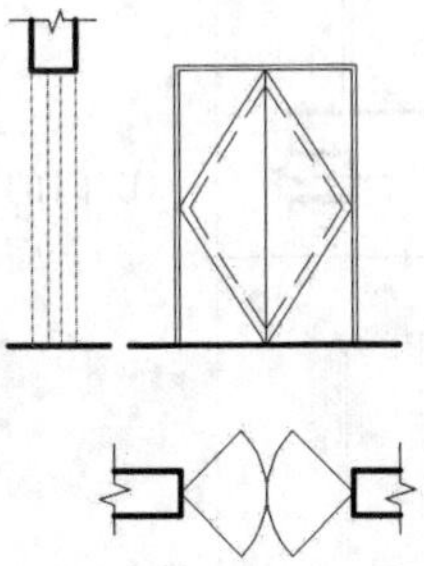

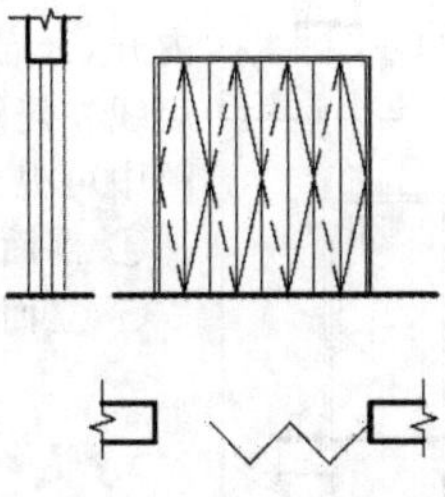

续表

序号	名称	图　例	备　　注
27	墙洞外单扇推拉门		① 门的名称代号用 M 表示； ② 平面图中，下为外，上为内； ③ 剖面图中，左为外，右为内； ④ 立面形式应按实际情况绘制
	墙洞外双扇推拉门		
	墙中单扇推拉门		① 门的名称代号用 M 表示； ② 立面形式应按实际情况绘制
	墙中双扇推拉门		
28	推杠门		① 门的名称代号用 M 表示； ② 平面图中，下为外，上为内，门开启线为 90°、60°或 45°； ③ 立面图中，开启线实线为外开，虚线为内开，开启线交角的一侧为安装合页一侧，开启线在建筑立面图中可不表示，在立面大样图中可根据需要绘出； ④ 剖面图中，左为外，右为内； ⑤ 立面形式应按实际情况绘制
29	门连窗		

续表

<table>
<tr><th>序号</th><th>名称</th><th>图　例</th><th>备　　注</th></tr>
<tr><td rowspan="2">30</td><td>旋转门</td><td> 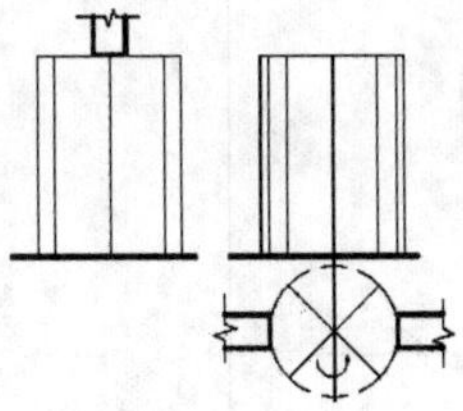</td><td rowspan="2">① 门的名称代号用 M 表示；
② 立面形式应按实际情况绘制</td></tr>
<tr><td>双翼智能旋转门</td><td></td></tr>
<tr><td>31</td><td>自动门</td><td> 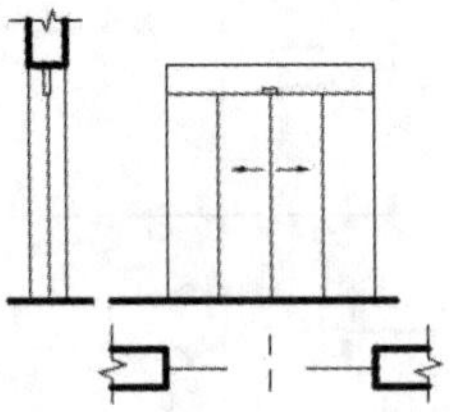</td><td>① 门的名称代号用 M 表示；
② 立面形式应按实际情况绘制</td></tr>
<tr><td>32</td><td>折叠上翻门</td><td> 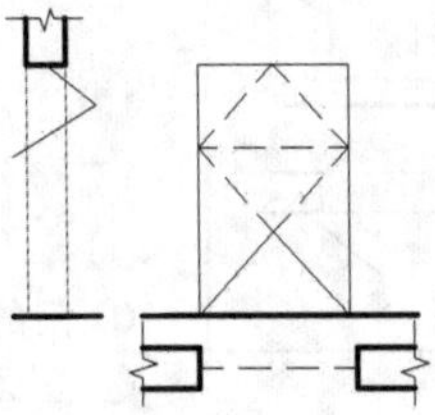</td><td>① 门的名称代号用 M 表示；
② 平面图中，下为外，上为内；
③ 剖面图中，左为外，右为内；
④ 立面形式应按实际情况绘制</td></tr>
<tr><td>33</td><td>提升门</td><td> 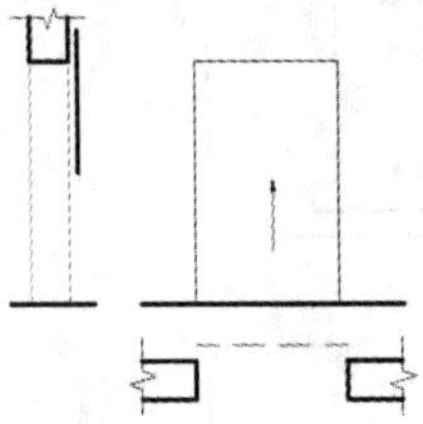</td><td rowspan="2">① 门的名称代号用 M 表示；
② 立面形式应按实际情况绘制</td></tr>
<tr><td>34</td><td>分节提升门</td><td></td></tr>
</table>

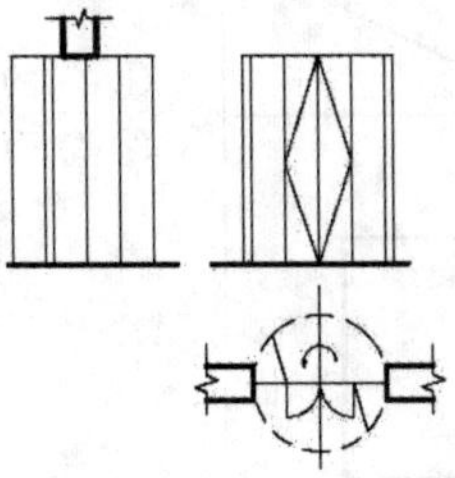

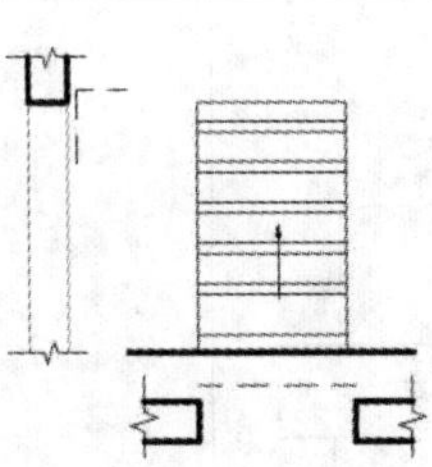

续表

序号	名称	图例	备注
35	人防单扇防护密闭门	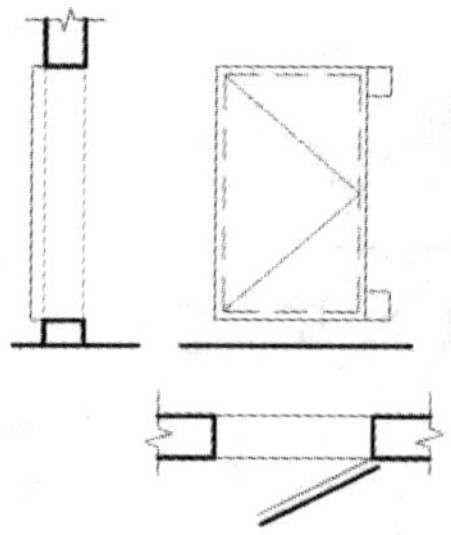	① 门的名称代号按人防要求表示； ② 立面形式应按实际情况绘制
	人防单扇密闭门	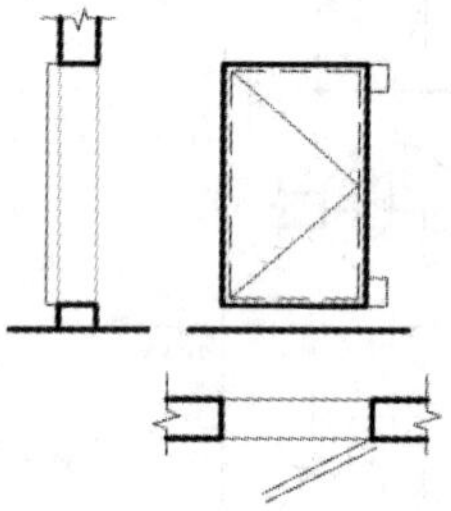	
36	人防双扇防护密闭门	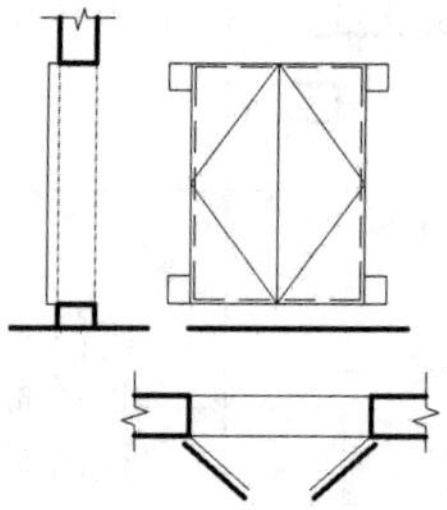	① 门的名称代号按人防要求表示； ② 立面形式应按实际情况绘制
	人防双扇密闭门	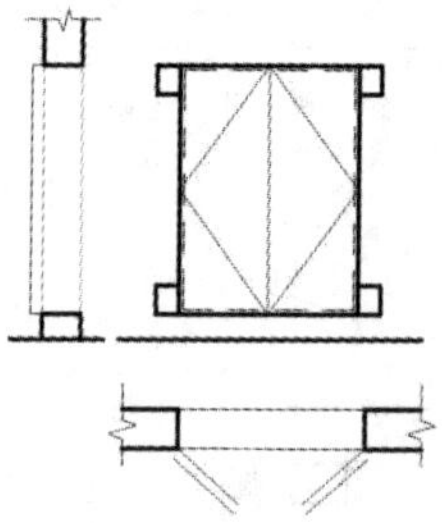	
37	横向卷帘门	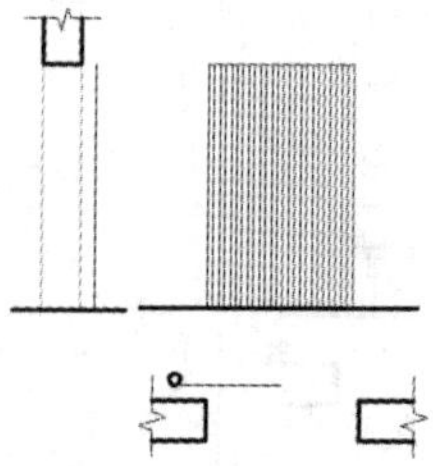	—

续表

序号	名称	图 例	备 注
续 37	竖向卷帘门	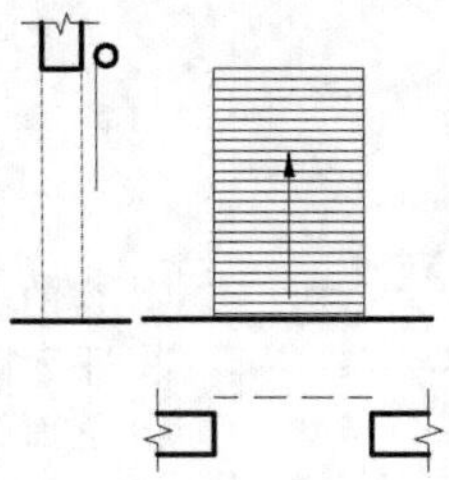	—
	单侧双层卷帘门	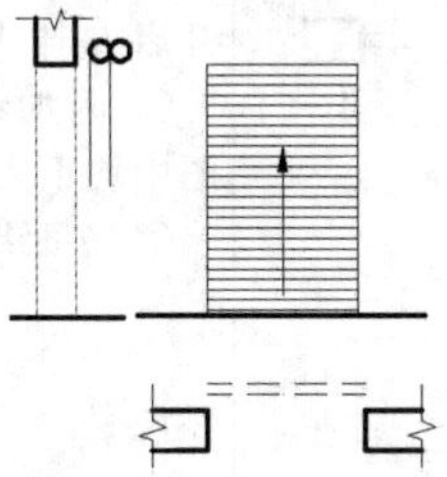	
	双侧单层卷帘门	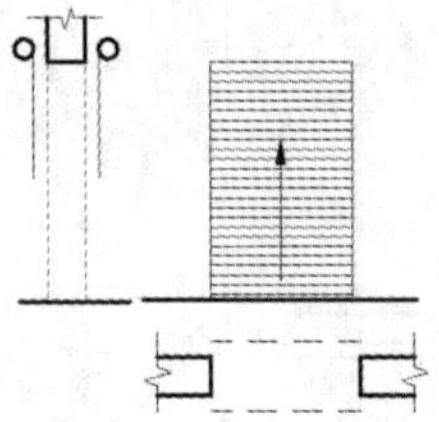	
38	固定窗	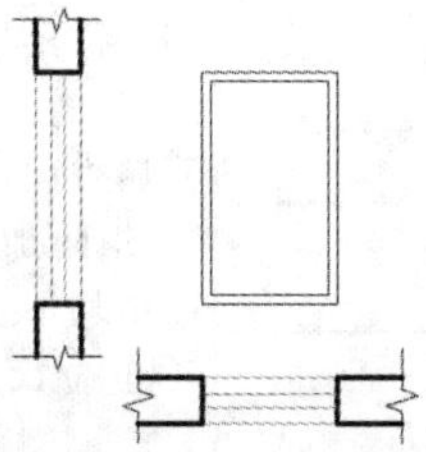	

续表

序号	名称	图　例	备　　注
39	上悬窗	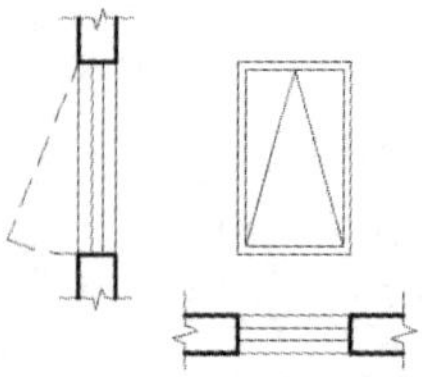	① 窗的名称代号用C表示； ② 平面图中，下为外，上为内； ③ 立面图中，开启线实线为外开，虚线为内开，开启线交角的一侧为安装合页一侧，开启线在建筑立面图中可不表示，在门窗立面大样图中需绘制出； ④ 剖面图中，左为外，右为内，虚线仅表示开启方向，项目设计不表示； ⑤ 附加纱扇应以文字说明，在平、立、剖面图中均不表示； ⑥ 立面形式应按实际情况绘制
	中悬窗	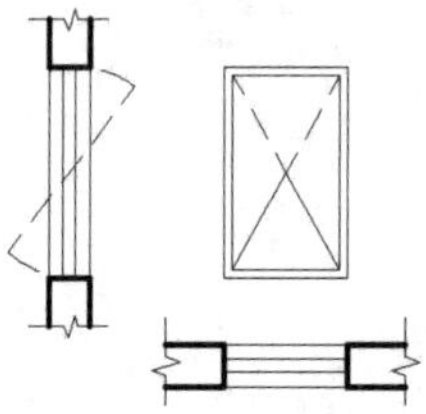	
40	下悬窗	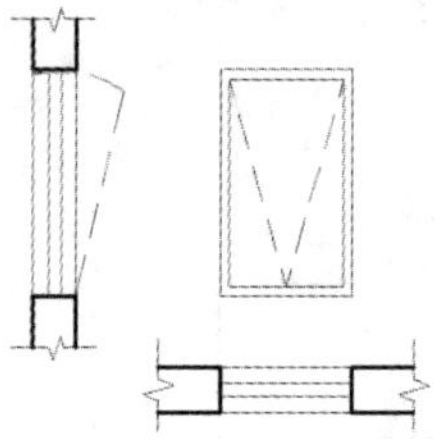	
41	立转窗	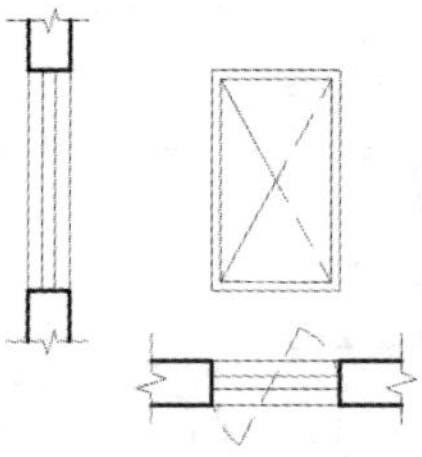	① 窗的名称代号用C表示； ② 平面图中，下为外，上为内； ③ 立面图中，开启线实线为外开，虚线为内开，开启线交角的一侧为安装合页一侧，开启线在建筑立面图中可不表示，在门窗立面大样图中需绘制出； ④ 剖面图中，左为外，右为内，虚线仅表示开启方向，项目设计不表示； ⑤ 附加纱扇应以文字说明，在平、立、剖面图中均不表示； ⑥ 立面形式应按实际情况绘制
42	内开平开内倾窗	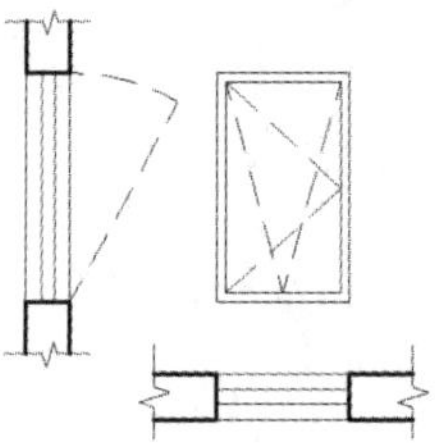	
43	单层外开平开窗	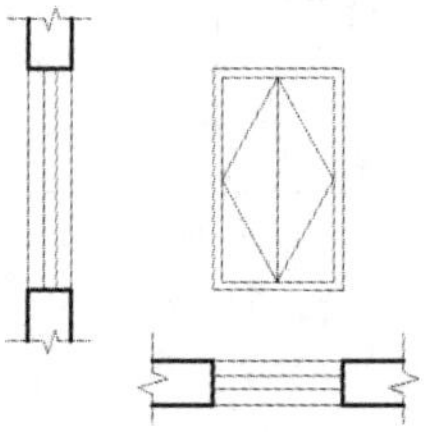	

续表

序号	名称	图　例	备　注
续 43	单层内开平开窗	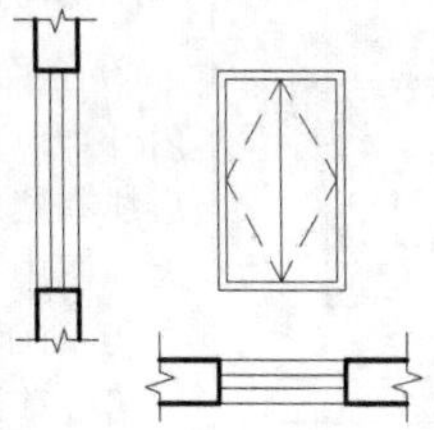	—
	双层内外开平开窗	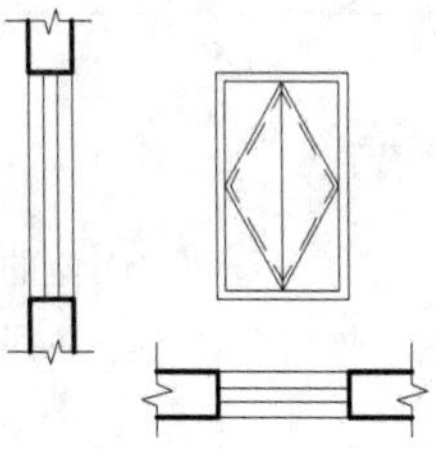	
44	单层推拉窗	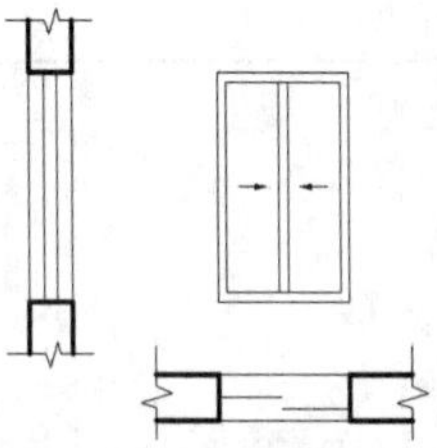	① 窗的名称代号用 C 表示； ② 立面形式应按实际情况绘制
	双层推拉窗	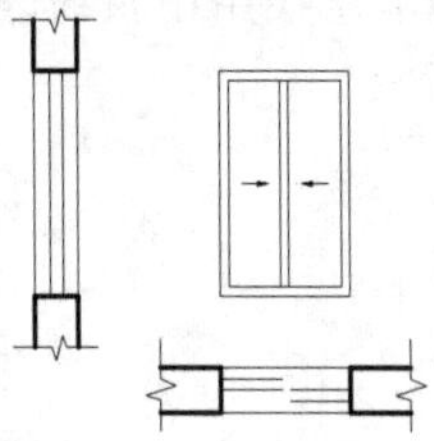	
45	上推窗	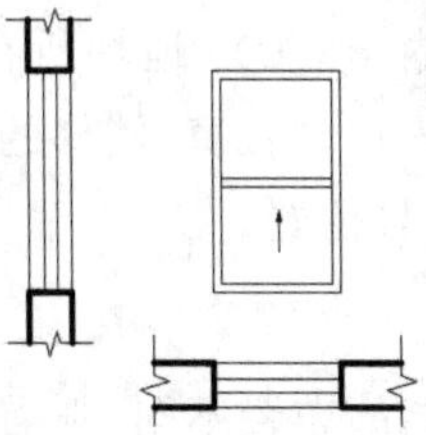	① 窗的名称代号用 C 表示； ② 立面形式应按实际情况绘制
46	百叶窗	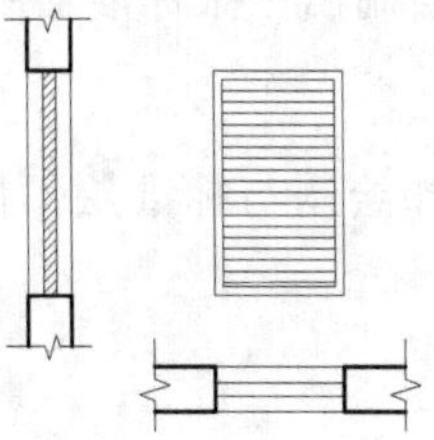	① 窗的名称代号用 C 表示； ② 立面形式应按实际情况绘制

续表

序号	名称	图　例	备　　注
47	高窗	h=	① 窗的名称代号用C表示； ② 立面图中，开启线实线为外开，虚线为内开，开启线交角的一侧为安装合页一侧，开启线在建筑立面图中可不表示，在门窗立面大样图中需绘制出； ③ 剖面图中，左为外，右为内； ④ h 表示高窗底距本层地面高度； ⑤ 高窗开启方式参考其他窗型
48	平推窗		① 窗的名称代号用C表示； ② 立面形式应按实际情况绘制

10.2.4　建筑平面图的线型

建筑平面图的线型按《建筑制图标准》(GB/T 50104—2010)规定，凡是剖到的墙、柱的断面轮廓线宜用粗实线表示，门、窗的开启示意线用中粗线表示，其余可见投影线采用细实线表示。

10.2.5　建筑平面图的分类

1. 底层平面图

底层平面图又称为首层平面图，是室内±0.000地坪所在楼层的平面图，可以表达建筑物底层形状、大小，房间平面的布置情况，入口，门、窗，楼梯的平面位置，指北针的朝向，室外台阶、散水等，并标明建筑剖面图的剖切符号位置。

2. 标准层平面图

对于多层或者高层房屋，如果每层房屋的布置不同，则需要绘制出每层的平面图。如果存在多层房屋布置相同的情况，则可以只绘制出一张标准层平面图。

3. 顶层平面图

若屋顶形式为坡屋面，顶层房屋的楼梯绘制与标准层不同，则需单独绘制顶层平面图。若顶层与标准层相同，则可不单独绘制。

4. 屋顶平面图

屋顶平面图是建筑物顶部按俯视方向在水平投影面上所得到的正投影图，主要表达屋顶的平面布置、屋顶形式和坡度、排水组织形式、排水构件位置和选型，通风道出屋面、屋面检查口、变形缝的布置和位置，屋顶检修梯、楼梯间和电梯机房出屋面的位置和构造。

10.3 识读建筑平面图方法及读图步骤

(1) 识读图纸第一步首先识读图名、比例及文字说明。

(2) 识读首层平面图指北针的方向，从而了解房屋的朝向。

(3) 识读图纸的定位轴线及编号，并了解房屋的总长和总宽，对建筑物的布局有初步认识。

(4) 识读图纸墙体、柱的位置及尺寸，房间布置情况，门、窗位置及尺寸，门的开启方向，门窗统计表。

(5) 识读走廊的位置及尺寸，楼梯、电梯的数量及位置。

(6) 识读台阶、散水、阳台、雨篷、预留孔洞、变形缝等建筑构造部件。

(7) 识读房间名称、内部布局，卫生器具、水池、橱柜、隔断等建筑设备、固定家具的布置等。

(8) 识读尺寸，三道尺寸标注，包括外包总尺寸、轴线定位尺寸，以及门、窗洞口尺寸，注意识读局部细节尺寸。

(9) 识读室外标高，各平面图房间、厕所、厨房、阳台标高标注。

(10) 识读首层平面中的剖切符号位置及数量。

(11) 识读索引符号。

(12) 识读屋顶平面中女儿墙、檐沟，上人孔、屋顶和檐沟的排水坡度、坡向，雨水口的位置，突出屋面的楼梯间和构筑物等。

10.4 建筑平面图示例

现以附图 JS-13＃-01 为例，说明平面图的内容及其阅读方法。

(1) 从图中可看出本图为 13＃楼一层平面图，其比例为 1∶50。

(2) 在一层平面图下方，画有一个指北针，说明房屋的朝向，从图中可知，本房屋坐北朝南。建筑物的出入口有 2 个，分别在⑤－⑥轴线间的Ⓙ轴线、⑩－⑪轴线间的Ⓙ轴线的墙体上，采用双主入口的入户方式。

(3) 从平面图中可以看出，该建筑物平面形状为较规则的矩形，总长为 26800 mm，总宽为 13100 mm。

(4) 从图中定位轴线的编号及其间距可了解各承重构件的位置及房间的大小。本图的横向轴线为①－⑮，纵向轴线为Ⓐ－Ⓛ。此房屋是框架剪力墙结构，图中轴线上涂黑的部分是钢筋混凝土柱。

(5) 从图中墙体的分隔情况和房间的名称，可了解到房屋内部各房间的配置、用途、数量及其相互间的联系情况。该平面为一梯两户，户型编号为 G2 的单元式住宅共一个单元。户型为三室两厅一厨两卫的横厅户型。从客餐厅阳台处及厨房处均能出入私家花园。在⑤－⑪轴之间有两处住宅入户门厅，通过门厅均能到达公共电梯厅，电梯为东西向贯通梯。有一处楼梯，位于⑤－⑩轴交Ⓖ－Ⓚ之间，为 LT1。

(7) 图中在⑤－⑥轴线间的Ⓙ轴线、⑩－⑪轴线间的Ⓙ轴线的平台处设置有坡道，坡度为 1/20，室内外高差通过计算为 0.100 m，建筑物周围设置有散水，其宽度在附图 JS-13＃-10 中可以找到，具体值为 900 mm。

(8) 图中注有外部和内部尺寸。从各道尺寸的标注可了解到房屋的总长、总宽，各房间的开间、进深，门窗及室内设备的大小和位置等。

① 外部尺寸。为便于读图和施工，一般在平面图的上下、左右标注三道尺寸。

第一道尺寸，表示外轮廓的总尺寸，即指一端外墙边（不是轴线）到另一端外墙边的总长和总宽尺寸。从本图一层平面图可看出建筑物总长为 26800 mm，总宽为 13100 mm。

第二道尺寸，表示轴线间的距离，其作用主要用以定位，如主卧的开间为 3500 mm，进深为 3200 mm。

第三道尺寸，表示各细部的大小和位置，门窗洞口的宽度和位置，墙柱的大小和位置，预留洞口、设置设备的位置等，如Ⓒ交①－③墙上的凸窗 TC2118，距轴线距离分别是 200 mm、800 mm，窗户宽度为 2100 mm。三道尺寸线之间应留有适当距离，一般为 7～10 mm，但第三道尺寸线离图形最外轮廓线不宜小于 10 mm，以便于标注尺寸数字。

另外，台阶、坡道、散水、花池等细部的尺寸可以单独标注。

② 内部尺寸，在平面图上应清晰注写出有关的内部尺寸，说明墙体厚度，门窗位置，各内部设置大小和位置等，如楼梯 LT1 的通道处内部尺寸主要反映梯段、水电井的宽度。

(9) 室内±0.000 的绝对标高为 585.900 m，厨房、阳台、卫生间的建筑标高最高均为－0.015 m，其中厨房结构标高为－0.100 m、阳台结构标高为－0.150 m、卫生间结构标高为－0.450 m。室外标高未标注，从门厅处采用 1/20 的坡道向外找坡，经计算可知坡底标高为－0.100 m。

(10) 从图中门窗的图例及其编号，可了解到门窗的类型、数量和位置。可结合门窗统计表和门窗详图了解其个数和形式。本层平面图中门有 TM1824x2、TM3824x2、TM2224x2、M0718x2、M0618x2、J. 0921x6、J. 0821x2、JTM. 0821x2、J. TM1624x2、FDM1221(乙)x3、MLC2524x2、BM2024x2、FM 乙 0818x2、DK1124x2、DK1324x2，窗户有 TC2118x2、TC0618x2、TC1818x2、TC1018x2、C1220x1、C0918x1。

(11)在图中还画出了建筑剖面图的剖切符号，如 1-1，以便于与剖面图对照查阅。除此之外还注写有详图符号等。

任务 11 建筑立面图

任务目标

(1) 熟悉建筑立面图的内容、图示方法。
(2) 掌握建筑立面图的读图方法和步骤。

11.1 建筑立面图的概述

建筑立面图是在与建筑物立面平行的投影面上所作的正投影图，立面图的形成如图 11-1 所示。某些平面形状曲折的建筑物可以绘制展开立面图。

立面图是工程师表达立面设计效果的重要图纸，它主要反映房屋的外貌和立面装修的一般做法，在施工中作为工程概预算及备料的依据。按投影原理，应将立面上所有看得见的细部都表示出来。

立面图的比例较小，门、窗、檐沟、阳台栏杆和墙面复杂的装饰装修等细部往往只用图例表示。它们的构造和做法都另有详图或文字说明。习惯上对这些细部只分别画出一两个作为代表，其他都可简化，只画出它们的轮廓线。若房屋左右对称，则正立面图和北立面图也可各画一半，单独绘制或合并成一张图。合并时，应在图的中间画出对称符号，在图的下方分别注明图名。

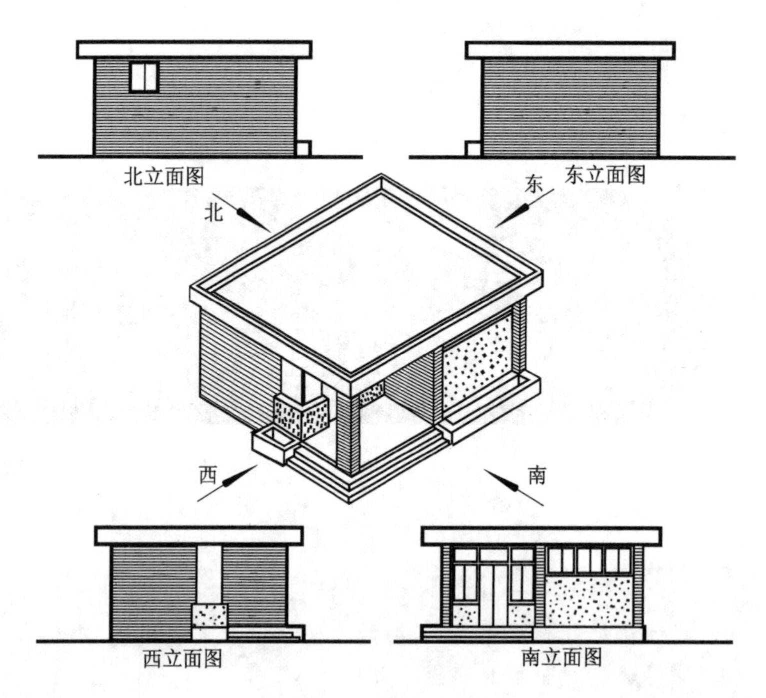

图 11-1 立面图的形成

11.2 建筑立面图的比例和命名

建筑立面图的比例与平面图一致，常用1:50、1:100、1:200的比例绘制。

建筑立面图的图名常用以下三种方式命名。

1. 按立面的主次命名

通常规定，房屋主要入口或反映建筑物外貌主要特征所在的面称为正面，当观察者面向房屋的正面站立时，从前向后所得的正投影图是正立面图；从后向前的是背立面图；从左向右的是左侧立面图；从右向左的是右侧立面图。

2. 按房屋的朝向命名

建筑物朝向比较明显的，也可按房屋的朝向命名立面图。规定：建筑物立面朝南面的立面图称为南立面图，同理还有北立面图、西立面图和东立面图。

3. 按轴线编号命名

根据建筑物平面图两端的轴线编号命名，如①—④、Ⓐ—Ⓟ立面图。相关国家标准规定：有定位轴线的建筑物，宜根据两端轴线号注写立面图的名称。

11.3 建筑立面图图示内容

立面图应根据正投影原理绘制,主要内容如下。

(1) 画出室外地平线及房屋的勒脚、台阶、花坛、门、窗、雨篷、阳台,室外楼梯、墙、柱,外墙的预留孔洞、檐沟、屋顶(女儿墙或隔热层)、雨水管、墙面分格线或其他装饰构件等。

(2) 标出外墙各主要部位的标高,如室外地面、首层地面、台阶、窗台、门窗顶、阳台、雨篷、檐口、屋顶等处完成面的标高。立面图上一般不标注高度方面的尺寸。但对于外墙的预留孔洞,除标出标高外,还应标出其大小尺寸及定位尺寸。

(3) 标出建筑物两端或分段的轴线及编号。

(4) 标出各部分构造、装饰节点详图的索引符号。用图例、文字或列表说明外墙面的装修材料及做法。

11.4 建筑立面图示例

现以附图 JS-13#-08 中①－⑮轴立面图为例,说明立面图的内容及其阅读方法。

(1) 从图名或轴线的编号并对照平面图可知,该图是房屋的南立面图,也是正立面图,比例为 1:100。

(2) 从图上可看到该建筑南立面的外貌形状,也可了解该房屋的屋顶、门、窗、分缝等细部的形式和位置。结合此图和附图 JS-13#-03 可知,第三层窗下图形为该立面三段式造型下部线条造型,再往下是 1-2 层立面图形;第三层窗及其上部图形为建筑物标准层立面图形造型,顶部为屋顶构架立面造型。在阅读立面图时,需结合平面图分析图形区域。

(3) 区分图线,为了使立面图中的主次轮廓线层次分明,增强图面效果,让识图者一目了然,应在立面图中采用不同的线型。室外地坪线用特粗线表示,房屋的外轮廓线用粗实线表示,房屋的构配件(如门窗洞口、窗台、窗套、台阶、花台、阳台、雨篷、遮阳板、檐口、烟道、通风道)均用中实线表示;某些细部轮廓线(如门窗格子、阳台栏板、装饰线脚、墙面分隔线、雨水管、勒脚),以及有关说明的引出线、尺寸线、尺寸界线,标高、文字说明均用细实线表示。例如,图中①轴、⑮两侧立面轮廓线均为粗实线,地平线为 1.4 倍粗实线宽度。

(5) 尺寸标注,立面图中应标注出建筑物的总高度、各楼层高度、室内外地坪标高,以及台阶、窗台、门窗洞口、雨篷、檐口、屋顶、通风道等的标高。在立面图中注写标高时,除门窗洞口外都不包括粉刷层,通常标注在构件的上顶面,如女儿墙顶面和阳台栏杆顶面等,用建筑标高即完成面标高；在标注构件下底面，如阳台底面、雨篷底面等，用结构标高，也就是注写不包括粉刷层的毛面标高。从图中可了解，室内外高差为 100 mm，一至六层层高为 3000 mm，七至九层层高为 2900 mm；上部屋顶构架墙高度为 2000 mm；屋顶核心筒高出顶层 4700 mm。

（6）识读文字注解或详图索引符号，识读立面装饰做法，并结合建筑设计总说明的工程构造做法要求，明确外立面装饰材料、颜色、做法。例如，该立面图主要采用米白色真石漆，窗间墙为深灰色涂料，局部为浅灰色涂料，空调机位采用深灰色铝合金格栅。

任务12 建筑剖面图与详图

任务目标

(1) 熟悉建筑剖面图、详图的内容、图示方法。

(2) 掌握建筑剖面图、详图的读图方法以及图样的绘制方法。

12.1 建筑剖面图的概述

建筑剖面图即假想用一个或多个垂直于外墙轴线的正平面或侧平面将建筑物剖切开，移去观察者与剖切面之间的部分，对留下部分作正投影图。

建筑剖面图主要用来表达房屋内部垂直方向的高度、楼层分层情况及简要的结构形式和构造方式。

建筑剖面图与建筑平面图、立面图相配合，是施工、概预算及备料的重要依据，是建筑施工中不可缺少的重要图样之一。

剖面图的图名应与首层平面图上标注的剖切符号编号一致，如1-1剖面图、2-2剖面图等。

剖面图的绘制比例与平面图、立面图相同，常用的有1∶50、1∶100、1∶200三种。

为了清楚表达建筑各个部分的材料及构造层次，当剖面图比例大于1∶50时，应在剖到的构件断面画出其材料图例(材料图例见表7-1)；当剖面图比例小于1∶50时，不画具体材料图例，而用简化的材料图例表示构件断面的材料，钢筋混凝土构件图可在断面涂黑，以区别砖墙和其他材料。

12.2 剖面图图示内容

(1) 墙、柱及其定位轴线。

(2) 室内首层地面、地坑、地沟、各层楼面、顶棚、屋顶(包括檐口、女儿墙、隔热层或保温层、天窗、烟囱、水池等)、门、窗、楼梯、阳台、雨篷、预留洞、墙裙、踢脚板、防潮层、室外地面、散水、排水沟及其他装修等剖切到和能见到的内容。

(3) 标出各部位完成面的标高和高度方向尺寸。

标高尺寸包括室内外地面、各层楼面与楼梯平台、檐口或女儿墙顶面、高出屋面的水池顶面、烟囱顶面、楼梯间顶面、电梯间顶面等处完成面的标高。

高度尺寸包括:外部尺寸的门、窗洞口(包括洞口上部和窗台)高度,层间高度,总高度(室外地面至檐口或女儿墙顶)。有时,后两部分尺寸可不标注。

内部尺寸的地坑深度,隔断、搁板、平台、墙裙的高度,以及室内门、窗等的高度。

注写标高及尺寸时,注意与立面图和平面图相应部分的尺寸一致。

(4) 楼、地面各层构造一般可用引出线说明。引出线指向所说明的部位,并按其构造的层次顺序,逐层加以文字说明。若另画有详图,可在详图中说明,也可在“构造说明一览表”中统一说明。

(5) 画出需画详图之处的索引符号。

12.3 建筑剖面图示例

现以附图 JS-13#-09 中 1-1 剖面图为例,说明剖面图的内容及其阅读方法。

(1) 识读图名及比例,从图名可知该剖面图与首层平面图剖切符号编号一样对应,剖切后向左进行投射得到横向剖面图,从图名位置可知该图的比例为 1:100。

(2) 识读定位轴线,剖面图的定位轴线一般只画剖切到的墙体定位轴线及其编号,以便与平面图对照。对照平面图,根据剖面图上的材料图例可以看出,该建筑物的楼板、屋面板、梁、楼梯、雨篷等水平承重构件的制作材料,墙体砌筑材料类型,以及建筑物的结构形式。此建筑物是框架剪力墙结构,垂直方向承重构件(柱)和水平方向承重构件(梁和板)都是用钢筋混凝土构成。地面、楼面、屋顶的构造情况可参阅 JS-JZ-07、JS-JZ-08 的构造做法表。

(3) 识读建筑物标高及尺寸标注。在建筑剖面图中,必须标注垂直尺寸和标高;外墙的高度尺寸一般也注三道:最外侧一道为室外地面以上的总高尺寸,中间一道为层高尺寸,里面一道为门窗洞口及窗间墙的高度尺寸。此外,还应标注某些局部尺寸,如室内门窗洞口、窗台的高度及有些不另画详图的构配件尺寸等。

(4) 识读剖切到的墙体、门、窗,并结合轴线间尺寸、高度方向的细尺寸,以及标高、建筑平面图,明确其定位,识读室外地坪标高、室内地面标高、楼层标高、屋顶标高、女儿墙标高等主要部位标高,识读剖切到的台阶、雨篷等,并结合标注的尺寸和标高,明确其定位。如图中Ⓐ－Ⓛ区域内,每层的标高为±0.000/3.000/6.000/9.000 等,屋顶结构标高为 26.700,电梯机房结构标高为 28.300,电梯机房顶结构标高为 31.000,楼梯间顶结构标高为 29.600。

12.4 建筑详图的概述

将建筑物的细部构造层次、尺寸、材料、做法等用较大的比例(1:1、1:2、1:5、1:10、1:15、1:20、1:25、1:30、1:50)详细画出图样称为建筑详图,简称详图。

建筑详图具有用较大比例表示细部构造、尺寸标注齐全、文字说明详尽的特点,它是建筑细部的施工图,是对建筑平面图、立面图、剖面图等基本图样的深化和补充,它是建筑工程细部施工、建筑构配件制作及编制预算的依据。

建筑详图可分为节点构造详图和构配件详图两类。

凡表达房屋某一局部(如檐口、窗台、勒脚、明沟等)构造做法和材料组成的详图称为节点构造详图。凡表明构配件本身(如门、窗、楼梯、花格、雨水管等)构造的详图称为构配件详图,或构件详图、配件详图。

12.5 建筑详图的内容

一幢房屋施工图通常需绘制以下几种详图:楼梯详图、电梯详图等,室内的厕所、盥洗间、厨房等,室外的台阶、散水、阳台、女儿墙等。

各详图的主要内容如下。

(1) 图名(或详图符号)、比例。

(2) 表达出构配件各部分的构造连接方法及相对位置关系。

(3) 表达出各部位、各细部的详细尺寸。

(4) 详细表达构配件或节点所用的各种材料及其规格。

(5) 有关施工要求、构造层次及制作方法说明等。

12.6 建筑详图示例

楼梯是多层房屋垂直方向的主要交通设施，应满足行走方便、人流疏散畅通、有足够的坚固耐久性等要求，目前多采用预制或现浇钢筋混凝土楼梯。楼梯由梯段(包括踏步和斜梁)、平台(包括平台板和平台梁)和栏板(或栏杆)等部分组成。

楼梯的构造比较复杂，一般需另画详图，以表示楼梯的类型、结构形式、各部位尺寸及装修做法，楼梯详图是楼梯施工放样的主要依据。楼梯详图一般包括楼梯平面图、剖面图，以及踏步、栏杆、扶手等处的节点详图。这些详图应尽可能画在同一张图纸内。平面、剖面详图比例要一致(如 1:20、1:30、1:50)，以便对照阅读。踏步、栏杆、扶手详图比例要大些(如1:5或 1:10)，以便更详细、清楚地表达该部分构造情况。

1. 楼梯平面图

楼梯平面图是楼梯某位置上的一个水平剖面图。它的剖切位置与建筑平面图的剖切位置相同。楼梯平面图主要反映楼梯的外观、结构形式、平面尺寸，以及楼层和休息平台的标高等。现以图 12-1 说明楼梯剖面图的内容及其阅读方法。

(1) 识读图名及比例，该图为楼梯中间层平面图，比例为 1:50。

(2) 了解楼梯在建筑平面图中的位置及有关轴线的布置，对照首层平面图，此楼梯位于⑥～⑩轴交Ⓗ～Ⓟ轴位置。

(3) 了解楼梯的平面形式和踏步尺寸，该楼梯间平面为矩形，其开间尺寸为 6200 mm，进深尺寸为 3700 mm，楼层平台宽 1500 mm，中间休息平台宽 1570 mm，无梯井，梯段宽1250 mm，踏步宽 260 mm。各层平面图上梯段处所画的每一分格表示一级踏面，由于梯段的踏步最后一级踏面与平台上面或楼面重合，因此平面图中梯段踏面投影数总是比梯段的步级数少 1，梯段的踏步分格为 2，表示该梯段实际踏步数为 3×(2+1)步，每层三个梯段，共18 级踏步。

(4) 了解楼梯间楼层平台、休息平台的标高。由标高标注可知，楼梯中间层包括了从四至六层楼梯楼层平台、休息平台的标高，且每层层高均为 3 m。

(5) 了解楼梯间墙、柱、门、窗的平面位置、编号和尺寸；墙厚为 200 mm，柱子为 L 型异形柱，窗宽为 900 mm。

2. 楼梯剖面图

楼梯剖面图是楼梯垂直剖面图的简称，其剖切位置应通过各层的一个梯段和门窗洞口，向另一未剖到的梯段方向投影所得到的剖面图，如图 12-2 所示。

楼梯剖面图主要表达楼梯的梯段数、踏步数、类型及结构形式，表示各梯段、平台、栏杆

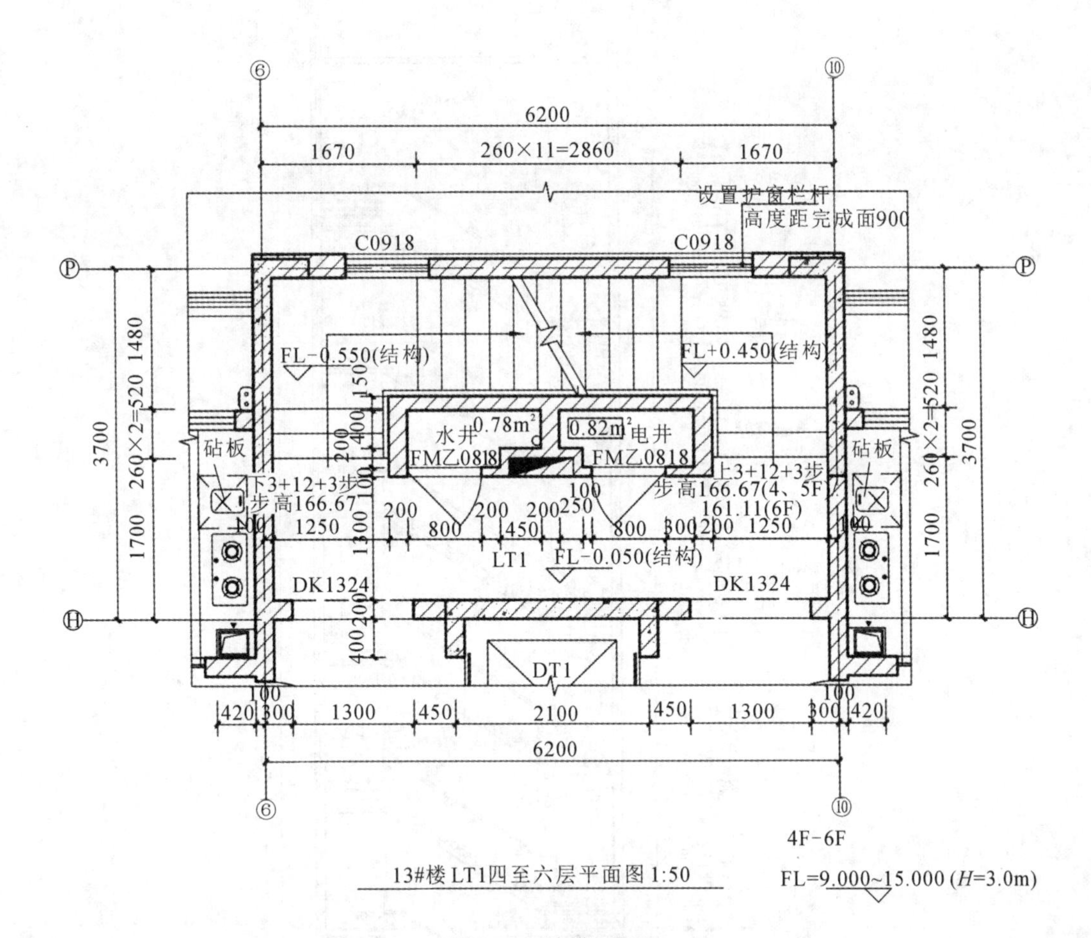

图 12-1　楼梯平面图

等的构造及它们的相互关系。习惯上，若楼梯间屋面没有特殊之处，可用折断线断开，不必全部画出。在多层房屋中，若中间各层的楼梯构造相同，则剖面图可只画出底层、中间层和顶层，中间层用折断线分开。

楼梯剖面图中应注明地面、楼面、平台面等处的标高，还应注明梯段、栏杆的高度尺寸，以及窗洞、窗间墙等处的细部尺寸。

3. 楼梯节点详图

楼梯节点详图一般包括踏步、扶手、栏杆详图和梯段与平台处的节点构造详图。依据所画内容的不同，详图可采用不同的比例，以反映它们的断面形式、细部尺寸、所用材料、构件连接及面层装修做法等，如图 12-3 所示。

除楼梯详图以外，还有墙身、卫生间、厨房详图，以及门窗大样图等，在阅读时应配合平面图、立面图、剖面图、门窗统计表等逐一查看。

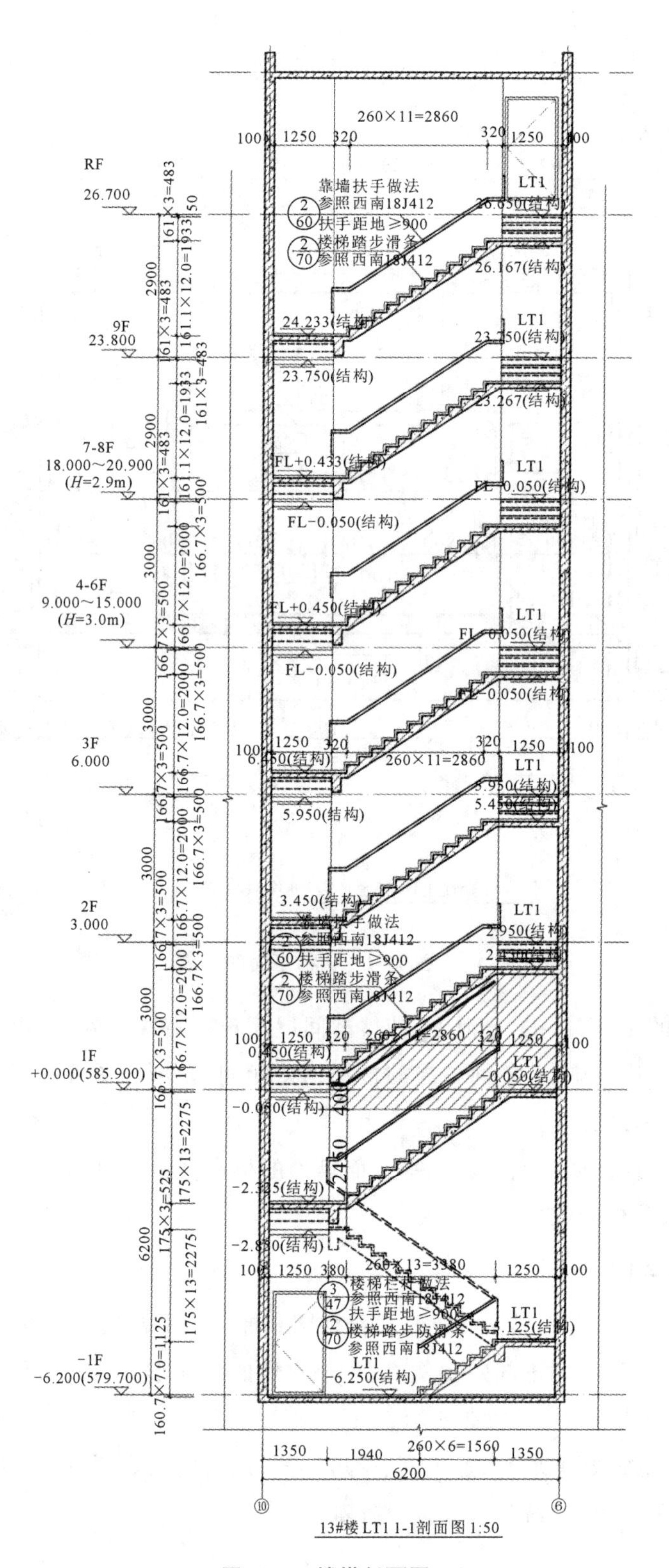

260×11=2860
100
1250
320
320
1250
100
RF
26.700
靠墙扶手做法
参照西南18J412
扶手距地≥900
楼梯踏步滑条
参照西南18J412
LT1
26.650(结构)
26.167(结构)
24.233(结构)
9F
23.800
23.750(结构)
23.267(结构)
7-8F
18.000～20.900
(H=2.9m)
FL+0.433(结构)
FL-0.050(结构)
4-6F
9.000～15.000
(H=3.0m)
FL+0.450(结构)
3F
6.000
6.450(结构)
5.950(结构)
5.450(结构)
3.450(结构)
2F
3.000
2.950(结构)
1F
+0.000(585.900)
0.450(结构)
-0.050(结构)
-2.325(结构)
-2.850(结构)
260×13=3380
楼梯栏杆做法
楼梯踏步防滑条
-1F
-6.200(579.700)
-6.250(结构)
2900
3000
6200
161×3=483
161.1×12.0=1933
166.7×3=500
166.7×12.0=2000
175×13=2275
175×3=525
160.7×7.0=1125
1350
1940
260×6=1560
6200
13#楼 LT1 1-1剖面图 1:50

图 12-2 楼梯剖面图

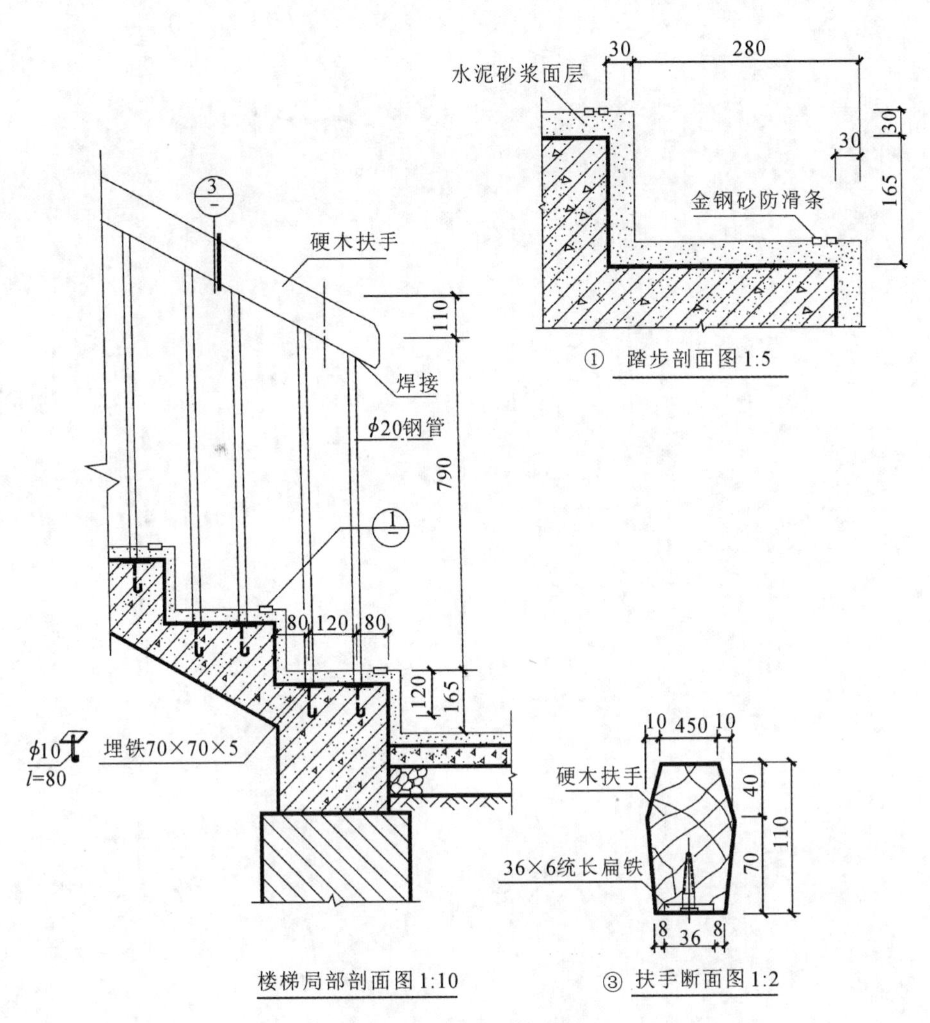
30
280
水泥砂浆面层
30
30
165
金钢砂防滑条
① 踏步剖面图 1:5
3
硬木扶手
110
焊接
ϕ20钢管
790
1
80 120 80
120
165
ϕ10
l=80
埋铁70×70×5
10 450 10
硬木扶手
40
110
70
36×6统长扁铁
8 36 8
楼梯局部剖面图 1:10
③ 扶手断面图 1:2

图 12-3　楼梯节点详图

项目3

结构施工图识读

JIEGOU SHIGONGTU SHIDU

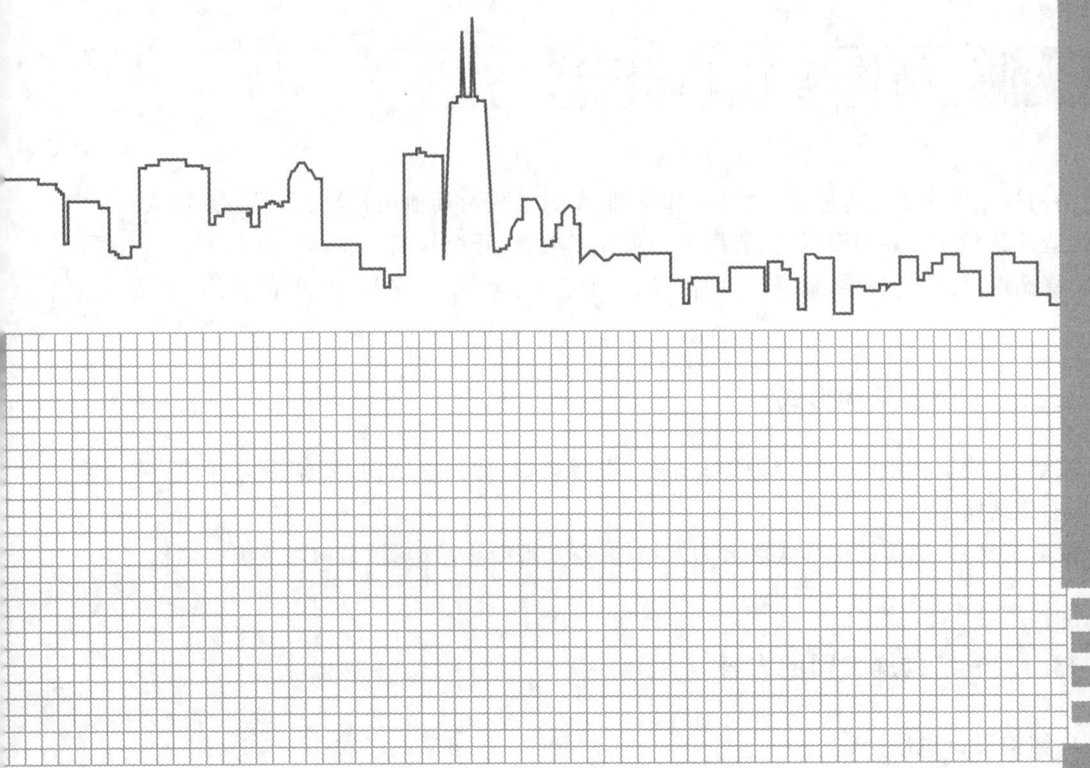

任务13 结构设计总说明识读

任务目标

(1) 能结合建筑施工图,掌握工程概况、设计依据等。
(2) 能够掌握结构安全等级、结构抗震设防类别、抗震设防标准。
(3) 能掌握结构类型、结构抗震等级、主要荷载取值、结构材料、结构构造等。

13.1 结构基本知识概述

结构施工图是表达房屋承重构件(如基础、梁、板、柱及其他构件)的布置、形状、大小、材料、构造及其相互关系的图样,主要用来作为施工放线,开挖基槽,支模板,绑扎钢筋,设置预埋件,浇捣混凝土,安装梁、板、柱等构件,以及编制预算和设计施工组织等的依据。

13.1.1 建筑结构形式

按结构,建筑结构形式可分为砖混结构、框架结构、剪力墙结构、筒体结构、框架-剪力墙结构、框筒结构等。

按建筑材料,建筑结构形式可分为木结构、钢筋混凝土结构、钢结构以及组合结构。

13.1.2 结构施工图的内容

1. 结构设计说明

结构设计说明是带全局性的文字说明,它包括选用材料的类型、规格、强度等级,地基情况，施工注意事项，选用标准图集等。

2. 结构平面布置图

结构平面布置图是表示房屋中各承重构件总体平面布置的图样，它包括基础平面图、楼层结构布置平面图、屋盖结构平面图。

3. 构件详图

构件详图包括梁、柱、板及基础结构详图，楼梯结构详图，屋架结构详图，其他（如天窗、雨篷、过梁等）详图。

13.2 结构施工图中的有关规定

房屋建筑是由多种材料组成的结合体，目前房屋结构中采用较普遍的是混合结构和钢筋混凝土结构。由于房屋结构中的构件繁多、布置复杂，为了图示简明、识图方便，《建筑结构制图标准》（GB/T 50105—2010）对结构施工图的绘制有明确的规定，现将有关规定介绍如下。

13.2.1 常用构件代号

常用构件代号用各构件名称汉语拼音的第一个字母表示，如表 13-1 所示。

表 13-1 常用构件代号

序号	名称	代号	序号	名称	代号	序号	名称	代号
1	板	B	11	过梁	GL	21	柱	Z
2	屋面板	WB	12	连系梁	LL	22	框架柱	KZ
3	空心板	KB	13	基础梁	JL	23	构造柱	GZ
4	槽形板	CB	14	楼梯梁	TL	24	桩	ZH
5	楼梯板	TB	15	框架梁	KL	25	挡土墙	DQ
6	盖板	GB	16	屋架	WJ	26	地沟	DG
7	梁	L	17	框架	KJ	27	梯	T
8	屋面梁	WL	18	刚架	GJ	28	雨篷	YP
9	吊车梁	DL	19	支架	ZJ	29	阳台	YT
10	圈梁	QL	20	基础	J	30	预埋件	M

注：(1) 预制钢筋混凝土构件、现浇钢筋混凝土构件、钢构件和木构件一般可直接采用本表中的构件代号。在绘图中，当需要区别上述构件的材料种类时，可在构件代号前加注材料代号，并在图纸中加以说明。

(2) 预应力钢筋混凝土构件的代号应在构件代号前加注“Y－”，如 Y－DL 表示预应力钢筋混凝土吊车梁。

13.2.2 图线的选用

每个图样应根据复杂程度和比例大小，先选用适当基本线宽 b，再选用相应的线宽组。建筑结构专业制图应按表 13-2 选择图线。

表 13-2 结构施工图中线的规定

名称		线型	线宽	用途
实线	粗	————	b	螺栓、主钢筋线、结构平面图中带单线结构的构件线、钢木支撑及系杆线、图名下画线、剖切线
	中	————	$0.5b$	结构平面图及详图中剖到或者可见的墙身轮廓线、基础轮廓线、钢木结构轮廓线、箍筋线、板筋线
	细	————	$0.25b$	可见的钢筋混凝土构件的轮廓线、尺寸线、标注引线、标高符号、索引符号
虚线	粗	------	b	不可见的钢筋线、螺栓线，结构平面图中不可见的单线结构构件线及钢木结构支撑线
	中	------	$0.5b$	结构平面图中不可见的构件线、墙身轮廓线，以及钢、木结构构件轮廓线
	细	------	$0.25b$	基础平面图中管沟轮廓线、不可见的钢筋混凝土构件轮廓线
单点长画线	粗	—·—·—	b	柱间支撑、垂直支撑、设备基础轴线图中的中心线
	细	—·—·—	$0.25b$	定位轴线、对称线、中心线
双点长画线	粗	—··—··—	b	预应力钢筋线
	细	—··—··—	$0.25b$	原有结构轮廓线
折断线		—\/—	$0.25b$	断开界线
波浪线		～～	$0.25b$	断开界线

13.2.3 比例

结构施工图绘图时根据图样的用途和被绘物体的复杂程度，当构件的纵、横向断面尺寸相差悬殊时，可在同一详图中带纵、横向选用不同的比例。轴线尺寸与构件尺寸也可以选用不同的比例绘制，可参照表 13-3。

表 13-3 常用比例

图名	比例
结构平面图	1∶50、1∶100、1∶200
基础平面图	1∶50、1∶100、1∶200
构件详图	1∶5、1∶10、1∶20、1∶30

13.3 钢筋混凝土基本知识

13.3.1 钢筋的名称

配置在混凝土中的钢筋按其作用和位置可分为以下几种，如图 13-1 所示。

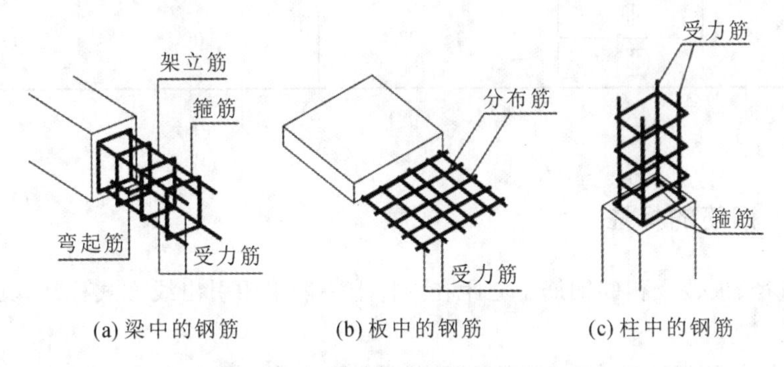

图 13-1 钢筋在构件中的作用和位置

(1) 受力筋是根据计算确定的主要受力钢筋。配置在受拉区时称为受拉钢筋，配置在受压区时称为受压钢筋。受力筋分直筋和弯起筋两种。

(2) 箍筋用于梁柱中，主要承受剪力或扭力作用，并对纵向钢筋定位，使之形成钢筋骨架。

(3) 架立筋在梁内与受力筋、箍筋一起共同形成钢筋骨架。

(4) 分布筋用于板内，其方向与板内受力筋垂直，并固定受力筋的位置。

(5) 构造筋是因构造和施工的需要在构件内设置的钢筋，如预埋锚固筋、腰筋、吊环等。

13.3.2 钢筋的强度

在钢筋混凝土中常用的是热轧钢筋。普通钢筋按强度可分为四级：HPB300，HRB335、HRBF335，HRB400、HRBF400、RRB400，HRB500、HRBF500。

(1) 纵向受力普通钢筋宜采用 HRB400、HRB500、HRBF400、HRBF500 钢筋，也可采用 HRB335、HRBF335、HPB300、RRB400 钢筋；但 RRB400 钢筋不宜用作重要部位的受力钢筋，不应用于直接承受疲劳荷载的构件。

(2) 箍筋宜采用 HRB400、HRBF400、HPB300、HRB500、HRBF500 钢筋，也可采用 HRB335、HRBF335 钢筋。

(3) 预应力筋宜采用预应力钢丝、钢绞线和预应力螺纹钢筋。

《混凝土结构设计规范》(GB 50010—2010)对国产建筑用钢筋，按其产品种类、等级不同分别给予不同代号，以便标注及识别，如表 13-4 所示。

表 13-4 钢筋种类代号与强度标准值

牌号	符号	公称直径 d/mm	屈服强度标准值 f_{yk} /(N/mm^2)	极限强度标准值 f_{stk} /(N/mm^2)
HPB300	Φ	6～14	300	420
HRB335	Φ	6～14	335	455
HRB400	Φ	6～50	400	540
HRBF400	$Φ^F$			
RRB400	$Φ^R$			
HRB500	Φ	6～50	500	630
HRBF500	$Φ^F$			

13.3.3 钢筋的标注

钢筋的直径、根数及相邻钢筋中心距在图样上一般采用引出线方式标注，其标注形式有下面两种。

(1) 标注钢筋的根数和直径(如梁内受力筋和架立筋)，如图 13-2 所示。

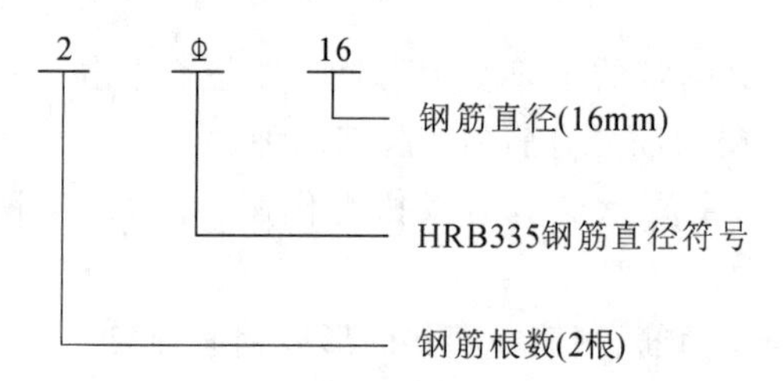

图 13-2 标注钢筋的根数和直径

(2) 标注钢筋的直径和相邻钢筋中心距(如梁内箍筋和板内钢筋)，如图 13-3 所示。

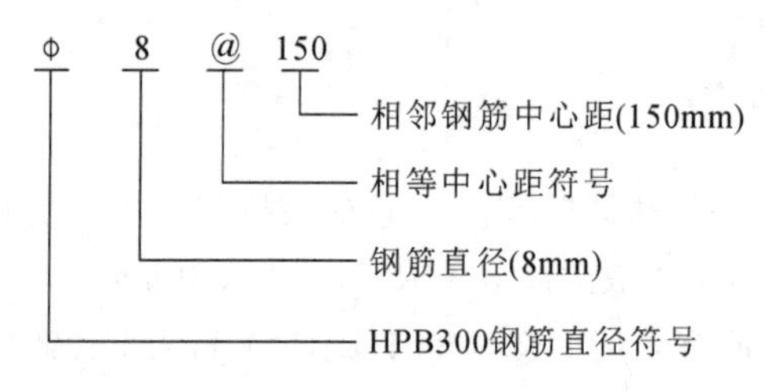

图 13-3 标注钢筋的直径和相邻钢筋中心距

13.3.4 常用钢筋图例

常用钢筋图例如表 13-5 所示。

表 13-5 常用钢筋图例

序号	名称	图例	说明
1	钢筋横断面	●	
2	无弯钩的钢筋端部		下图表示长、短钢筋投影重叠时，短钢筋的端部用45°斜画线表示
3	带半圆形弯钩的钢筋端部		
4	带直钩的钢筋端部		
5	带丝扣的钢筋端部		
6	无弯钩的钢筋搭接		
7	带半圆弯钩的钢筋搭接		
8	带直钩的钢筋搭接		
9	花篮螺丝钢筋接头		
10	机械连接的钢筋接头		用文字说明机械连接的方式（或冷挤压或锥螺纹等）

13.3.5 混凝土与保护层

混凝土俗称人工石，即砼，是由粗骨料、细骨料、胶凝体材料、外加剂和水按一定的比例拌和，在模具中经浇筑—振捣—养护等工序形成的工程材料，这种材料受压性能好，但受拉能力差。

《混凝土结构设计规范》(GB 50010—2010)中将混凝土强度等级定为14个等级，其中C50—C80属于高强度混凝土范围，如表13-6所示。

表 13-6 混凝土强度等级

<table>
<tr><td rowspan="3">f_c</td><td colspan="14">混凝土强度等级</td></tr>
<tr><td colspan="7">一般强度混凝土</td><td colspan="7">高强度混凝土</td></tr>
<tr><td>C15</td><td>C20</td><td>C25</td><td>C30</td><td>C35</td><td>C40</td><td>C45</td><td>C50</td><td>C55</td><td>C60</td><td>C65</td><td>C70</td><td>C75</td><td>C80</td></tr>
</table>

混凝土结构随时间发展，表面可能出现酥裂、粉化、锈胀裂缝等材料劣化现象，进一步发展还会引起构件承载力问题，甚至发生破坏，因此混凝土结构设计应满足耐久性要求。不同环境条件下，构件中钢筋的混凝土保护层厚度和耐久性技术措施都有不同要求，根据现行混凝土结构设计规范，混凝土结构暴露的环境（混凝土结构表面所处的环境）类别应按表13-7进行划分。

表 13-7 混凝土结构暴露的环境类别

环境类别	条件
一	室内干燥环境； 无侵蚀性静水浸没环境
二 a	室内潮湿环境； 非严寒和非寒冷地区的露天环境； 非严寒和非寒冷地区与无侵蚀性的水或土壤直接接触的环境； 严寒和寒冷地区的冰冻线以下与无侵蚀性的水或土壤直接接触的环境

续表

环境类别	条件
二 b	干湿交替环境； 水位频繁变动环境； 严寒和寒冷地区的露天环境； 严寒和寒冷地区冰冻线以上与无侵蚀性的水或土壤直接接触的环境
三 a	严寒和寒冷地区冬季水位变动区环境； 受除冰盐影响环境； 海风环境
三 b	盐渍土环境； 受除冰盐作用环境； 海岸环境
四	海水环境
五	受人为或自然的侵蚀性物质影响的环境

注：(1) 室内潮湿环境是指构件表面经常处于结露或湿润状态的环境。

(2) 严寒和寒冷地区的划分应符合现行国家标准《民用建筑热工设计规范》(GB 50176—2016)的有关规定。

(3) 海岸环境和海风环境宜根据当地情况考虑主导风向及结构所处迎风、背风部位等因素的影响，由调查研究和工程经验确定。

(4) 受除冰盐影响环境是指受到除冰盐盐雾影响的环境；受除冰盐作用环境是指被除冰盐溶液溅射的环境以及使用除冰盐地区的洗车房、停车楼等建筑。

(5) 暴露的环境是指混凝土结构表面所处的环境。

表 13-7 中的“干湿交替”主要指室内潮湿、室外露天、地下水浸润、水位变动的环境。由于水和氧的反复作用，容易引起钢筋锈蚀和混凝土材料劣化。“非严寒和非寒冷地区”与“严寒和寒冷地区”的区别主要在于有无冰冻及冻融循环现象。滨海室外环境与盐渍土地区的地下结构，北方城市冬季喷洒盐水消除冰雪，这些对立交桥、周边结构及停车楼都可能造成钢筋腐蚀影响。这些都属于三类环境。设计人员通常在结构设计总说明中明确本工程的环境类别。

钢筋外缘到构件表面的距离称为钢筋的保护层，其作用是保护钢筋免受锈蚀，提高钢筋与混凝土的黏结力。钢筋混凝土保护层的最小厚度应符合表 13-8 的规定。

表 13-8　钢筋混凝土保护层的最小厚度　　单位：mm

环境类别	板、墙、壳	梁、柱、杆
一	15	20
二 a	20	25
二 b	25	35
三 a	30	40
三 b	40	50

注：(1) 表中混凝土保护层厚度指最外层钢筋外边缘至混凝土表面的距离，适用于设计工作年限为 50 年的混凝土结构。

(2) 构件中受力钢筋的保护层厚度不应小于钢筋的公称直径。

(3) 一类环境中，设计工作年限为 100 年的结构最外层钢筋的保护层厚度不应小于表中数值的 1.4 倍；二、三类环境中，设计工作年限为 100 年的结构应采取专门的有效措施。四类和五类环境类别的混凝土结构，其耐久性要求应符合国家现行有关标准的规定。

(4) 混凝土强度等级为 C25 时，表中保护层厚度数值应增加 5mm。

(5) 基础底面钢筋的保护层厚度有混凝土垫层时，应从垫层顶面算起，且不应小于 40mm。

13.4 结构设计总说明图示内容

结构设计总说明中表达的内容以文字为主、结构构造详图为辅。

结构设计总说明中表达的内容按照内容的主次关系，其识读顺序如表13-9所示。

表13-9 结构设计总说明的内容

序号	类别	主要内容
1	工程概况	① 工程名称、建设地点、建设单位； ② 结构层数、房屋高度； ③ 建筑分类：设计使用年限、建筑结构安全等级、地基基础设计等级、建筑抗震设防类别、结构类型及抗震等级、人防工程类别和防护等级、建筑防火分类和耐火等级、混凝土构件的环境类别等； ④ 设计标高、地下室抗浮水位标高
2	设计依据	① 自然条件：基本风压、地面粗糙度、基本雪压等； ② 抗震设防烈度、设计基本地震加速度、设计地震分组； ③ 结构设计采用的主要规范、标准、法规、图集等； ④ 结构计算模型：嵌固部位和底部加强区范围等； ⑤ 工程地质勘察报告； ⑥ 结构设计计算程序等
3	主要荷载取值	① 楼屋面活荷载； ② 墙体荷载； ③ 栏杆荷载； ④ 风荷载、雪荷载； ⑤ 其他荷载
4	主要结构材料	① 混凝土强度等级、抗渗等级、耐久性要求、预搅拌混凝土要求； ② 钢筋的种类及性能要求； ③ 砌体中块体和砂浆的种类及等级、砌体结构施工质量控制等级、预搅拌砂浆要求； ④ 钢材、焊条、预埋件、螺栓要求； ⑤ 装配式结构连接材料的种类及要求
5	基础及地下室工程	① 基础形式、基础持力层、检测要求； ② 采用桩基时明确桩型、桩径、桩长、桩端持力层及进入深度、设计单桩承载力特征值(抗压、抗拔)、试桩及检测要求等； ③ 不良地基的处理措施及技术要求； ④ 地下室抗浮措施、降水要求； ⑤ 基坑回填要求； ⑥ 大体积混凝土的施工要求
6	结构构造要求	① 混凝土构件的环境类别及其最外层钢筋的保护层厚度； ② 钢筋锚固长度、连接方式及要求； ③ 各类结构构件(梁、柱、剪力墙、板等)的构造要求； ④ 非结构构件(填充墙等)的构造要求； ⑤ 装配式连接节点构造要求

续表

序号	类别	主要内容
7	其他施工要求	① 预埋件、预留孔洞等统一要求； ② 后浇带、施工缝、起拱、拆模等施工要求； ③ 预制构件、装配式等施工要求； ④ 涉及危险性较大的工程重点部位和环节； ⑤ 其他要求

13.5 结构设计总说明示例

现以附图 GS-13＃-A01、GS-13＃-A02 为例，说明平面图的内容及其阅读方法

结构设计总说明以文字为主、详图为辅，涉及内容很广，识读要把握重点，基本步骤如下。

(1) 查看工程概况、自然条件、设计依据、设计技术指标等，掌握结构层数、结构高度、结构形式、基础类型、抗震要求等。本工程位于贵州省黔东南苗族侗族自治州三穗县，为住宅建筑，设计使用年限 50 年，采用剪力墙结构体系，抗震设防类别为丙类，抗震设防烈度为 6 度，场地土类别为Ⅱ类，框架抗震等级为四级，根据工程地质资料及地勘报告，拟建场地为抗震一般地段。人防工程位于地下车库负 2 层，防护等级为甲类核 6 级、常 6 级。

(2) 查看主要荷载，掌握不同部位楼屋面设计活荷载，在 GS-13＃-A01“设计标准”中明确了不同功能的房间楼面活荷载、屋面活荷载、风荷载和施工时期间荷载要求，以及主要楼面面层和二次装修恒载标准值。例如，上人屋面荷载设计标准值为 2.0 MPa。

(3) 查看主要结构材料，掌握钢筋、混凝土、砌体的材料要求。查看结施-01 中“7 主要结构”，明确钢筋采用 HPB300 级和 HRB400 级钢，本工程框架抗震等级为四级，因此框架梁、框架柱的纵向受力钢筋采用抗震带 E 牌号的钢筋，其他部分采用普通钢筋。混凝土强度等级除垫层为 C15 以外，其余均为 C30。

(4) 查看结构构造要求，掌握保护层厚度、钢筋连接、钢筋锚固、梁板构造、柱墙构造、填充墙构造等。结构构造要求的内容相当广泛，一般结合国家相关图集识读，如框架柱纵向钢筋连接构造详见《混凝土结构施工图平面整体表示方法制图规则和构造详图(现浇混凝土框架、剪力墙、梁、板)》(22G101-1)(以下简称“22G101-1”)中第 65 页，框架柱箍筋加密区范围详见 22G101-1 中第 67 页等。

(6) 查看其他，掌握工程的其他施工要求。

任务14 基础施工图

任务目标

(1) 了解基础施工图的基本知识。
(2) 熟练掌握基础施工图的概念及形式。
(3) 掌握基础平面图、基础详图的识读方法。

14.1 钢筋混凝土构件图示方法

只能看见钢筋混凝土构件的外形,其内部的钢筋是不可见的。为了清楚地表明构件内部的钢筋,可假设混凝土为透明体,这样构件中的钢筋在施工图中便可看见。在结构图中,其长度方向用单根粗实线表示,断面钢筋用黑圆点表示,构件的外形轮廓线用中实线绘制。

14.2 基础图示内容

基础施工图包括基础说明、基础平面布置图、基础详图。基础平面布置图是在相对标高±0.000处用个假想水平剖切面将建筑物剖开,移去上部建筑物和覆流土层后所作的水平投影图,主要表示基础板、基础梁、柱(剪力墙)等平面位置关系。基础平面布置图绘制比例最常用的是1:100,根据平面尺寸和图纸大小等具体情况也会采用1:50、1:150、1:200等。基础详图的绘制比例常采用1:20、1:25、1:30、1:40、1:50。

基础平法施工图是在基础平面布置图上采用平面注写方式或截面注写方式表达,为方便表达，规定图面从左至右为 X 向，从下至上为 Y 向。

基础平法施工图中表达的内容按照内容主次关系，识读顺序如表 14-1 所示。

表 14-1　基础平法施工图的内容

序号	类别		主要内容
1	基础说明		① 基础类型； ② 基底持力层、地基承载力特征值； ③ 基础板、基础梁、垫层、基础墙体等的材料要求； ④ 回填土的处理措施与要求； ⑤ 抗浮水位、基坑降水措施； ⑥ 验槽要求、基础检测要求等施工要求
2	桩基说明		① 桩类型、桩身尺寸、桩长； ② 桩端持力层、桩端进入持力层深度； ③ 单桩承载力(抗压、抗拔)； ④ 桩身配筋、桩端与承台连接(可选用标准图集，也可绘制详图)； ⑤ 试桩要求； ⑥ 桩基检测：承载力检测、桩身质量检测等
3	基础平法施工图	轴网	① 定位轴线和轴线编号； ② 轴线总尺寸、轴线间尺寸
		上部竖向构件	基础承受的墙、柱轮廓
		基础构件	① 基础板轮廓(独立基础、条形基础、筏形基础、承台)； ② 基础梁轮廓
		地沟及预留孔洞	① 地沟、地坑； ② 基础构件中的预留孔洞等
		标注	① 基础构件的定位尺寸； ② 基础构件编号、截面尺寸、配筋、标高； ③ 图名、比例
4	桩位平面图	轴网	① 定位轴线和轴线编号； ② 轴线总尺寸、轴线间尺寸
		桩	桩身轮廓。 注：为表述清晰，也可用虚线绘制出承台轮廓
		标注	① 桩型； ② 中心定位尺寸； ③ 桩顶标高； ④ 图名比例
5	基础构造详图		① 基础构件标注构造详图，详见平法图集； ② 电梯基坑，地下室坡道、集水井、排水沟等详图

14.3 基础平法制图规则

基础平法施工图按照基础形式分为现浇钢筋混凝土独立基础、条形基础、筏形基础、桩基础等施工图。

14.3.1 独立基础平法制图规则

独立基础平法施工图有平面注写和截面注写两种表达方式，这里主要介绍常用的平面注写方式。

1. 独立基础类型

按照基础底板截面形状，独立基础分为阶形和坡形。

当柱采用预制构件时，独立基础做成杯口形，再将预制柱插入并嵌固在杯口内，称为杯口独立基础。

平法图中，独立基础按照上述情况分为四类，其编号由类型代号和序号组成，如表14-2所示。

表14-2 独立基础类型代号

基础类型	基础底板截面形状	代号	序号
普通独立基础	阶形	DJ_J	××
	坡形	DJ_P	××
杯口独立基础	阶形	BJ_J	××
	坡形	BJ_P	××

2. 平面注写方式

独立基础的平面注写方式分为集中标注和原位标注。独立基础集中标注的内容有五项，其中前三项为必注项，如表14-3所示。

表14-3 独立基础集中标注的内容

序号	类别	主要内容	
1	基础编号	基础类型代号和序号	
2	截面竖向尺寸	自下而上依次注写各段尺寸，用“/”分隔	① 阶形基础注写为 $h_1/h_2/h_3/\cdots$；② 坡形基础注写为 h_1/h_2
3	底板配筋	① 用B表示底部配筋：X向配筋以X打头、Y向配筋以Y开头；两向配筋相同时，以X&Y开头注写；② 当多柱独立基础设置基础顶部配筋时，用T表示顶部配筋：依次注写双柱间纵向受力钢筋、分布钢筋，用“/”分隔	
4	底面标高	当底面标高与基准标高不同时，直接注写在“( )”内	
5	文字注解	当有特殊要求时，注写必要的文字注解	

例14-1 如图14-1所示，图中集中标注的内容有：“DJ_J3”，表示第3号阶形普通独立基础；“300/250”表示该基础有二阶，自下而上每阶高度分别为300 mm，250 mm；“B：XΦ12@180 YΦ12@125”表示该基础底板配筋X方向为Φ12，间距为180 mm，Y方向为Φ12，间距为125 mm。

独立基础通常为单柱独立基础，也可为双柱、四柱等多柱独立基础。多柱独立基础当柱距较小时，可仅配置基础底部钢筋。当柱距较大时，可在两柱间设置基础梁或基础顶部配

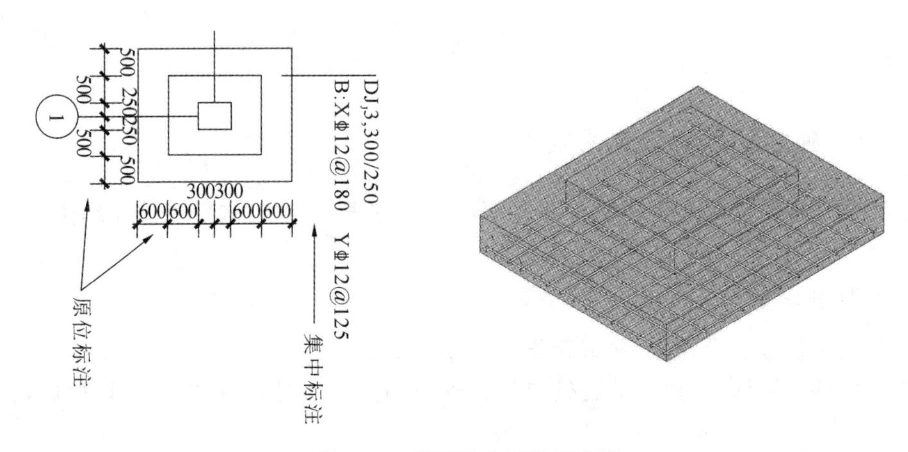

图 14-1 普通独立基础示意图

筋。当设置基础顶部配筋时，纵向受力钢筋分布在两柱中心线的两侧，当纵向受力钢筋在顶面非满布时，应注明其总根数，例如 12Φ14@150/Φ10@200。

独立基础的原位标注是注写基础与轴线间的关系、阶形基础的各阶宽等定位尺寸。对于相同编号的独立基础，定位尺寸相同的可选择其中一个进行原位标注。

14.3.2 条形基础平法制图规则

条形基础平法施工图有平面注写和截面注写两种表达方式，本文介绍目前常用的平面注写方式。

条形基础有梁板式条形基础和板式条形基础。对于梁板式条形基础，平法施工图分解为基础梁和基础底板分别表达；板式条形基础适用于砌体结构和钢筋混凝土剪力墙结构，平法施工图仅表达基础底板。

基础平面布置图应将基础所支撑的柱、墙一起绘制，当条形基础梁中心或基础板中心与定位轴线不重合时，应标注其定位尺寸。对编号相同且定位尺寸相同的基础，可仅选择一个进行标注。

1. 条形基础类型

平法图中，条形基础分为基础梁和条形基础底板两类构件。根据底板截面形状，条形基础底板又分为阶形和坡形。条形基础类型代号如表 14-4 所示。

表 14-4 条形基础类型代号

类型		代号	序号	跨数及有无外伸
基础梁		JL	XXX	(××)端部无外伸 (××A)一端有外伸 (××B)两端有外伸
条形基础底板	阶形	TJB_J	XXX	
	坡形	TJB_P	XXX	

2. 基础梁的平面注写方式

基础梁的平面注写方式分为集中标注和原位标注。下面介绍集中标注和原位标注的具体内容。

基础梁集中标注(可从梁的任意一跨引出)的内容有六项,其中前四项为必注值,如表14-5所示。

表 14-5 基础梁集中标注的内容

序号	类别	主要内容
1	基础梁编号	基础类型代号、序号、跨数及有无外伸代号
2	截面尺寸	① 等截面梁时,注写 $b \times h$; ② 变截面,根部和端部高度不同时,用斜线分隔根部高度和端部高度,用 $b \times h_1/h_2$ 表示,其中 h_1 为根部高度,h_2 为端部高度
3	箍筋	① 筋间距仅一种时,注写钢筋级别、直径、间距与肢数; ② 当箍筋间距采用两种时,按照从基础梁两端向跨中的顺序注写,用"/"分隔,"/"前必须加注一端筋设置的道数,例如 9Φ12@100/12@200(4)
4	底部贯通纵筋或架立筋	以 B 开头注写梁底部贯通筋,不应少于梁底部受力钢筋总截面面积的 1/3。 ① 当跨中根数少于箍筋肢数时,需要在跨中增设梁底部架立筋以固定箍筋,采用"+"相连,架立筋注写在后面的括号内,例如"BΦ22+(2Φ14)"; ② 当基础梁顶部贯通纵筋全跨或多数跨相同时,此项可加注梁顶部贯通筋,分号分隔,并以 T 开头注写梁顶部贯通筋,例如"B4Φ25;T5Φ20"表示基础梁底部贯通筋为 4Φ25,顶部贯通筋为 5Φ20
5	侧面纵向钢筋	① 当基础梁板高度 $h_W \geqslant 450$ mm 时,需配置纵向构造钢筋,所注规格与根数应符合规范规定,两侧对称配置。注写时以大写字母 G 开头,接续注写梁两侧总配筋值,如"G6Φ12"表示共配置 6Φ12 的纵向构造钢筋,每侧各为 3Φ12; ② 当配置抗扭纵向钢筋时,以 N 开头注写两侧总配筋值
6	底面标高	当基础梁底面标高与基础底面基准标高不同时,应将底面标高直接注写在"( )"内

基础梁原位标注的内容有四项,如表 14-6 所示,其中第 3 项为集中标注的修正内容,施工时按原位标注数值取用。

表 14-6 基础梁原位标注的内容

序号	类别	主要内容
1	基础梁支座底部纵筋	基础梁支座处原位标注基础梁底部的所有纵筋,包括已集中注写的底部贯通纵筋。 ① 当纵筋多于一排时,用"/"将各排纵筋自上而下分开; ② 当同排纵筋有两种直径时,用加号"+"将两种直径的纵筋相连,注写时角部纵筋写在前面; ③ 当支座两边的纵筋不同时,必须在支座两边分别标注;当相同时,可仅在支座的一边标注; ④ 当支座处底部的所有纵筋与集中标注中注写过的底部贯通筋相同时,可不再重复做原位标注

续表

序号	类别	主要内容
2	基础梁顶部纵筋	基础梁跨中位置原位注写该跨基础梁的顶部纵筋。 ① 当下部纵筋多于一排时，用“/”将各排纵筋自上而下分开； ② 当同排纵筋有两种直径时，用加号“＋”将两种直径的纵筋相连，注写时角筋在前面； ③ 当基础梁顶部纵筋多数跨相同，集中标注处已经注写时，不需要在原位重复标注
3	集中标注的修正内容	当集中标注的内容不适用某跨或外伸部分时，原位标注该内容数值，包括上部贯通筋或架立筋、侧面纵筋构造钢筋、基础梁底面标高中的某一项或多项。施工时按照原位标注数值取用
4	附加筋或(反扣)吊筋	① 当两向基础梁十字交叉位置无柱时，将附加箍筋或(反扣)吊筋直接画在平面图十字交叉梁中刚度较大的基础主梁上，用线引注总配筋值(附加筋的肢数注写在括号内) ② 当多数附加筋和(反扣)吊筋相同时，可在基础梁平法图中用文字统一说明，少数不同时原位引注

3. 条形基础底板的平面注写方式

条形基础底板简称条基底板。条基底板的平面注写方式分为集中标注和原位标注，集中标注表达通用数值，原位标注表达特殊数值，施工时以原位标注优先。

条基底板集中标注的内容有五项，其中前三项为必注，如表 14-7 所示。

表 14-7 条基底板的集中标注的内容

序号	类别	主要内容
1	条基底板编号	条基底板类型代号、序号、跨数及有无外伸代号： 阶形条基底板 TJB_J xx(xx)、坡形条基底板 TJB_P xx(xx)
2	截面竖向尺寸	自下而上依次注写各段尺寸，用“/”分隔
3	底板配筋	① 以 B 开头依次注写底部横向受力钢筋、纵向构造配筋，用“/”分隔； ② 当为双梁(或双墙)条形基础时，以 T 开头依次注写顶部横向受力钢筋、纵向构造配筋，用“/”分隔
4	底面标高	当底面标高与基准标高不同时，直接注写在“()”内
5	文字注解	当有特殊要求时，注写必要的文字注解

条基底板的原位注写是标注底板的定位尺寸、对集中标注的修改内容。对相同编号的条形基础，可选择一个进行原位标注。

当基础底板对称于基础梁时，可仅标注基础底板总宽度。当基础底板两侧宽度不同时，应同时标注两侧的宽度。

当集中标注的内容不适用某跨或外伸部分时，原位标注该内容数值，包括基础底板截面竖向尺寸、底板配筋、底板底面标高等内容。施工时按照原位标注数值取用。

例 14-2 如图 14-2 所示，图中集中标注的内容有：“B:Φ14@150/φ8@250”，表示条形基础板底底部配置 HRB400 横向受力钢筋，直径为 14 mm，间距为 150 mm；配置 HPB300 纵向分布钢筋，直径为 8 mm，间距为 250 mm。

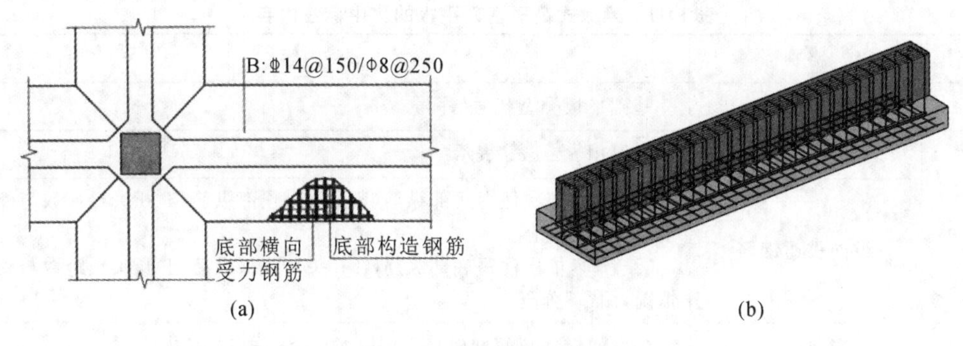

图 14-2 条形基础示意图

14.3.3 筏形基础平法制图规则

筏形基础分为梁板式筏形基础和平板式筏形基础。

1. 梁板式筏形基础平法制图规则

1）梁板式筏形基础构件类型

梁板式筏形基础由基础主梁（即柱下梁）、基础次梁、基础平板等构成。梁板式筏形基础构件编号按表 14-8 的规定注写。

表 14-8 梁板式筏形基础构件编号

构件类型	代号	序号	跨数及有无外伸
基础主梁（柱下梁）	JL	××	（××）、（××A）、（××B）
基础次梁	JCL	××	（××）、（××A）、（××B）
基础平板	LPB	××	

梁板式筏形基础平板的跨数及是否外伸分别在 X、Y 两向贯通纵筋之后表达，图面从左至右为 X 向，从下至上为 Y 向。

2）基础主梁与基础次梁的平面注写方式

基础主梁与基础次梁的平面注写方式分为集中标注与原位标注。

基础梁集中标注的内容有四项，其中基础梁编号、截面尺寸、配筋三项为必注项，基础梁底面标高高差（相对于筏形基础平板底面标高）一项为选注项。

基础梁原位标注的内容有基础梁支座底部和顶部纵筋、附加箍筋或吊筋和对集中标注的修正内容。

梁板式筏形基础中基础梁与条形基础中基础梁的注写规则基本相同，此处不再赘述。

3）基础平板的平面注写方式

梁板式筏形基础平板的平面注写分为集中标注与原位标注两种方式。板厚相同、基础平板底部与顶部贯通纵筋配置相同的区域为同一板区。

梁板式筏形基础平板的集中标注是在所表达的板区双向均为第一跨（X 与 Y 双向首跨）的板上引出（图面从左向右为 X 向，从下至上为 Y 向），集中标注内容如表 14-9 所示。

表 14-9 梁板式筏形基础平板的集中标注内容

序号	类别	主要内容
1	平板编号	基础平板类型代号、序号
2	截面尺寸	板厚用 $h=xxx$ 表示
3	纵向贯通钢筋	① X向:依次注写底部纵筋(B开头)、顶部纵筋(T开头)、跨数与外伸情况,用";"分隔; ② Y向:依次注写底部纵筋(B开头)、顶部纵筋(T开头)、跨数与外伸情况,用";"分隔
4	底面标高	当底面标高与基准标高不同时,直接注写在"()"内
5	文字注解	当有特殊要求时,注写必要的文字注解

纵向贯通钢筋的跨数及外伸情况注写在括号内,注写的表达形式与梁相同。但是,基础平板的跨数以构成柱网的主轴线为准;两主轴线之间无论有几道辅助轴线,均可按一跨考虑。

梁板式筏形基础平板的原位标注内容如表 14-10 所示。

表 14-10 梁板式筏形基础平板的原位标注内容

序号	类别	主要内容
1	板底部附加非贯通纵筋	在配置相同跨的第一跨表达。 ① 钢筋采用中粗虚线绘制,注写编号、配筋值、跨数及是否布置到外伸部位(表达方式同梁); ② 注写钢筋长度值(支座中线向两边跨内的延伸长度),两侧对称时,可仅在一侧标注
2	对集中标注的修正内容	集中标注的内容不适用某跨或外伸部分时原位标注,包括截面尺寸、底部纵向贯通钢筋、底面标高,施工时按照原位标注数值取用

2. 平板式筏形基础平法制图规则

平板式筏形基础平法施工图是在基础平面图上采用平面注写方式表达。平板式筏形基础构件编号如表 14-11 所示。

表 14-11 平板式筏形基础构件编号

构件类型	代号	序号	跨数及有无外伸
柱下板带	ZXB	××	(××)、(××A)、(××B)
跨中板带	KZB	××	(××)、(××A)、(××B)
平板式筏基础平板	BPB	××	(××)、(××A)、(××B)

平面注写表达方式有两种:一是划分为柱下板带和跨中板带进行表达;二是按基础平板进行表达。除了注写编号外,其他内容与梁板式筏形基础中的基础平板注写规则相近,这里不再赘述,具体可查看平法图集中平板式筏形基础平法施工图的制图规则。

14.3.4 桩基础平法制图规则

桩按照不同方式划分,可分为多种类型:按受力状态可分为摩擦型桩和端承型桩;按照沉桩过程中的挤土效应可分为非挤土桩、部分挤土桩、挤土桩；按照桩身制作可分为预制桩和灌注桩。

预制桩和灌注桩的桩身详图可按照标准图集选用，也可由设计人员绘制施工图表达，灌注桩还可按照平法图集的制图规则要求表达，此处不展开表述。

桩基承台分为独立承台和承台梁，分别按照表 14-12 和表 14-13 的规定编号。

表 14-12 独立承台编号

类型	独立承台截面形状	代号	序号	说明
独立承台	阶形	CTJ	××	单阶截面即为平板式独立承台
	坡形	CTP	××	

表 14-13 承台梁编号

类型	代号	序号	跨数及有无外伸
承台梁	CTL	××	(××)、(××A)、(××B)

绘制桩基承台平面布置图时，应将承台下的桩位和承台所支撑的柱、墙一起绘制。

桩基承台平法施工图有平面注写方式和截面注写方式两种表达方式，截面注写方式较为常用。除了编号以外，独立承台的平面注写规则与独立基础相近，承台梁的平面注写规则与基础梁相近，此处不再赘述，具体可查看平法图集中桩基础平法制图规则。

例 14-3 桩基承台示意图如图 14-3 所示，图中集中标注的内容有："CT_J03 700"，表示编号为 03 的阶形独立承台，总高度为 700 mm；"△6 ⌀18@100×3"表示该等边三桩承台每边各配置 6 根直径为 18 mm 的 HRB400 钢筋，间距为 100 mm。

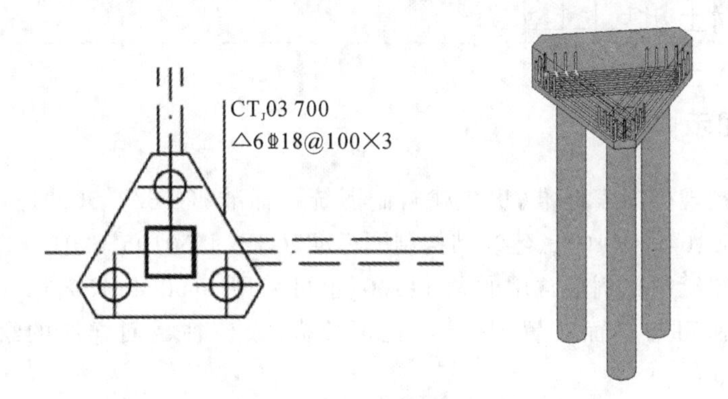

图 14-3 桩基承台示意图

任务15 柱、墙施工图

任务目标

(1) 熟练掌握柱、剪力墙的平法制图规则。

(2) 熟练掌握柱、剪力墙施工图的识读方法以及绘制。

15.1 柱施工图

15.1.1 图示内容

柱施工图应按现行国家标准《房屋建筑制图统一标准》(GB/T 50001—2017)、《建筑制图标准》(GB/T 50104—2010)、《建筑结构制图标准》(GB/T 50105—2010)的要求绘制。

柱平面布置图绘制比例最常用的是1∶100,也可采用1∶50、1∶150、1∶200等绘制比例。柱截面的绘制比例可与平面布置图一致,也可放大一倍;柱截面详图的绘制比例常采用1∶20、1∶25或1∶50。

柱平法施工图还应按照现行平法图集的制图规则绘制。

柱平法施工图中表达的内容分为截面注写和列表注写两种方式。按照内容主次关系,两种方式识读顺序如表15-1和表15-2所示。

表15-1 柱平法施工图的图示内容(截面注写)

序号	类别	主要内容
1	轴网	① 定位轴线、轴线编号; ② 轴线总尺寸、轴线间尺寸

续表

序号	类别	主要内容
2	柱构件	柱轮廓
	柱构件标注	① 柱定位尺寸：b_1、b_2和h_1、h_2； ② 柱编号
3	柱截面详图	① 柱轮廓； ② 柱纵筋； ③ 柱箍筋
	柱截面详图标注	① 柱定位尺寸：b_1、b_2和h_1、h_2； ② 柱编号； ③ 柱截面尺寸：$b\times h$； ④ 柱纵筋：角筋、b边中部筋、h边中部筋； ⑤ 柱箍筋
4	层高表	① 结构层号、结构层楼面标高、结构层高； ② 上部结构嵌固部位； ③ 竖向标高段范围； ④ 混凝土强度等级：可在层高表中加注
5	其他标注	① 图名：明确本图对应的竖向标高段范围； ② 比例：通常采用双比例绘制，因此可不注写； ③ 混凝土强度等级：可文字说明

表 15-2 柱平法施工图的图示内容（列表注写）

序号	类别	主要内容
1	轴网	① 定位轴线、轴线编号； ② 轴线总尺寸、轴线间尺寸
2	柱构件	柱轮廓
	柱构件标注	① 柱定位尺寸：b_1、b_2和h_1、h_2； ② 柱编号
3	柱表	① 柱编号； ② 竖向标高段范围； ③ 柱截面尺寸：$b\times h$； ④ 柱定位尺寸：b_1、b_2和h_1、h_2； ⑤ 柱纵筋：角筋、b边中部筋、h边中部筋； ⑥ 柱箍筋：类型号、肢数； ⑦ 柱箍筋类型图及箍筋复合方式
4	层高表	① 结构层号、结构层楼面标高、结构层高； ② 上部结构嵌固部位； ③ 竖向标高段范围； ④ 混凝土强度等级：可在层高表中加注
5	其他标注	① 图名：明确本图对应的竖向标高段范围； ② 比例：通常采用双比例绘制，因此可不注写； ③ 混凝土强度等级：可文字说明

柱标准构造详图的内容包括柱纵筋构造、柱箍筋构造等，详见平法图集，根据具体要求选用。

15.1.2 平法制图规则

1. 柱类型

现浇混凝土结构中，柱的类型主要有框架柱、梁上柱、剪力墙上柱、转换柱、芯柱。柱类型代号如表 15-3 所示。

表 15-3 柱类型代号

柱类型	代号	序号
框架柱	KZ	××
梁上柱	LZ	××
剪力墙上柱	QZ	××
转换柱	ZHZ	××
芯柱	XZ	××

框架结构中承受梁板荷载并传给基础的竖向支撑构件称为框架柱。

当建筑物下层没有柱，到了上层又需要设置柱时，从下一层的梁上生柱称为梁上柱。

与梁上柱类似，从下一层的剪力墙上生柱称为剪力墙上柱。

当建筑功能要求下部大空间，上部部分竖向构件不能直接连续贯通落地时，通过水平转换结构与下部竖向构件连接，支撑转换梁的柱称为转换柱。

在砌块内部空腔中插入竖向钢筋并浇灌混凝土后形成砌体内部钢筋混凝土小柱称为芯柱（不插入钢筋的称为素混凝土芯柱）。

2. 截面注写方式

截面注写方式就是在柱平面布置图的柱截面上，分别在同一编号的柱中选择一个截面，直接注写截面尺寸和配筋具体数值，柱标注内容如表 15-4 所示。层高表和图名中均应明确本图对应的竖向标高段范围。

表 15-4 柱标注内容（截面注写）

序号	类别	主要内容	
1	引出注写	柱编号	柱类型代号、序号
2		柱截面尺寸	矩形截面注写 $b\times h$。 圆柱截面注写 d（圆柱直径）
3		柱角筋	角筋根数、级别、直径。 注：当纵筋采用一种直径时，注写全部纵筋
4		柱箍筋	箍筋级别、直径和间距，加密区与非加密区不同间距用“/”分隔： ① 当框架节点核芯区箍筋与加密区设置不同时，应在括号中注明； ② 当箍筋沿柱全高为一种间距时，不使用“/”； ③ 当圆柱采用螺旋箍筋时，需在箍筋前加“L”
5	原位注写	柱定位尺寸	柱截面与轴线关系的具体尺寸为 b_1、b_2 和 h_1、h_2
6		中部筋	b 边中部筋和 h 边中部筋的具体数值

如果柱的分段截面尺寸和配筋均相同，仅截面与轴线的关系不同，则可编为同一柱编号，但应在未画配筋的柱截面上注写该柱截面与轴线关系的具体尺寸。

3. 列表注写方式

列表注写方式是在柱平面布置图上，分别在同一编号的柱中选择一个截面标注几何参数代号，然后在柱表中注写柱编号、柱段起止标高、几何尺寸与配筋的具体数值，并配以各种柱截面形状及其箍筋类型图来表达柱平法施工图。柱标注内容如表 15-5 所示。

表 15-5 柱标注内容(列表注写)

序号	类别	主要内容
1	柱编号	柱类型代号、序号
2	竖向标高段范围	各段起止标高
3	柱截面尺寸	矩形截面注写 $b\times h$。 圆柱截面注写 d(圆柱直径)
4	柱定位尺寸	柱截面与轴线关系的具体尺寸 b_1、b_2 和 h_1、h_2
5	柱纵筋	角筋、b 边中部筋、h 边中部筋。 注：当纵筋直径相同且每边根数也相同时，将纵筋注写在“全部纵筋”栏
6	柱箍筋样式	箍筋类型号及肢数。 注：箍筋类型号、类型图和复合方式绘制在柱表上方
7	柱箍筋	箍筋级别、直径和间距，加密区与非加密区不同间距用“/”分隔： (1) 当框架节点核芯区箍筋与加密区设置不同时，应在括号中注明 (2) 当箍筋沿柱全高为一种间距时，则不使用“/” (3) 当圆柱采用螺旋箍筋时，需在箍筋前加“L”

例 15-1 如图 15-1 所示，图中集中标注的内容有：“KZ2”，表示编号为 2 的框架柱；“500×500”，表示柱截面尺寸 b 边为 500 mm，h 边为 500 mm；“4 ⏀ 18”，表示该框架柱角筋为 4 根直径为 18 mm 的 HRB400 钢筋；“ɸ 8@100/200”，表示箍筋直径为 8 mm 的 HPB300 钢筋，加密区间距为 100 mm，非加密区间距为 200 mm。原位标注的内容有：b 边一侧的“2 ⏀ 16”表示 b 边中部筋为 2 根直径 16 mm 的 HRB400 钢筋；h 边一侧的“2 ⏀ 16”表示 h 边中部筋为 2 根直径 16 mm 的 HRB400 钢筋。

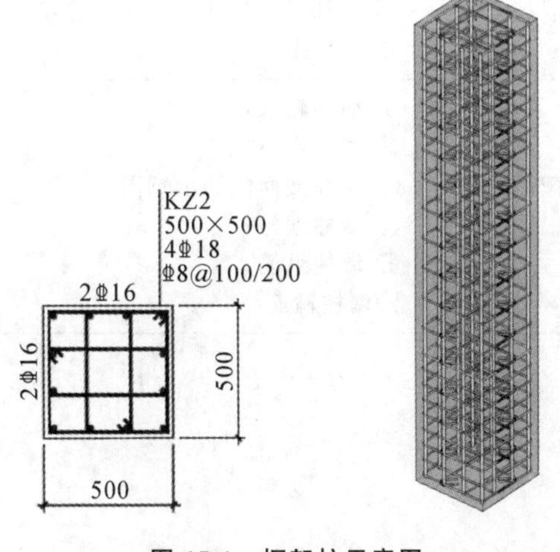

图 15-1 框架柱示意图

15.2 墙施工图

15.2.1 图示内容

剪力墙施工图应按现行国家标准《房屋建筑制图统一标准》(GB/T 50001—2017)、《建筑制图标准》(GB/T 50104—2010)、《建筑结构制图标准》(GB/T 50105—2010)的要求绘制。

剪力墙平面布置图的绘制比例最常用 1∶50、1∶100 等。剪力墙柱截面详图的绘制比例常采用 1∶20、1∶25 或 1∶50。

剪力墙平法施工图还应按照现行平法图集的制图规则绘制。

剪力墙平法施工图中表达内容分为截面注写和列表注写两种方式。两种方式分别按照内容主次关系，识读顺序如表 15-6 和表 15-7 所示。

表 15-6 剪力墙平法施工图的图示内容(截面注写)

序号	类别	主要内容
1	轴网	① 定位轴线、轴线编号； ②轴线总尺寸、轴线间尺寸
2	剪力墙构件——墙身	① 墙身轮廓； ② 墙身定位尺寸； ③ 墙身编号
	剪力墙构件——墙身详注 (相同编号选一道)	① 墙轮廓； ② 身定位尺寸； ③ 墙身编号(包含钢筋排数)； ④ 墙身厚度； ⑤ 水平分布钢筋； ⑥ 竖向分布钢筋； ⑦ 拉筋
3	剪力墙构件——墙柱	① 墙柱轮廓； ② 墙柱定位尺寸； ③ 墙柱编号
	剪力墙构件——墙柱截面详图 (相同编号选一根)	① 墙柱轮廓； ② 墙柱定位尺寸； ③ 墙柱截面配筋示意图； ④ 墙柱编号； ⑤ 墙柱纵筋； ⑥墙柱箍筋

续表

序号	类别	主要内容
4	剪力墙构件——墙梁	① 墙梁轮廓； ② 墙梁定位尺寸； ③ 墙梁编号
	剪力墙构件——墙梁详注（相同编号选一根）	① 墙梁轮廓； ② 墙梁定位尺寸； ③ 墙梁编号； ④ 墙梁截面尺寸：$b \times h$； ⑤ 墙梁箍筋； ⑥ 墙梁上部纵筋、下部纵筋； ⑦ 墙梁侧面纵筋； ⑧ 墙梁顶面标高的高差
5	剪力墙洞口	① 洞口轮廓； ② 洞口中心的平面定位尺寸； ③ 洞口编号； ④ 洞口几何尺寸； ⑤ 洞口中心相对标高； ⑥洞口边的补强钢筋
6	层高表	① 结构层号、结构层楼面标高、结构层高； ② 上部结构嵌固部位 ； ③ 底部加强部位； ④ 墙身和墙柱的竖向标高段范围 ； ⑤ 墙梁的结构层楼面标高； ⑥ 混凝土强度等级：可在层高表中加注
7	其他标注	① 图名：明确本图对应的竖向标高段范围； ② 比例； ③ 混凝土强度等级：可文字说明

表 15-7 剪力墙平法施工图的图示内容（列表注写）

序号	类别	主要内容
1	轴网	① 定位轴线、轴线编号； ② 轴线总尺寸、轴线间尺寸
2	剪力墙构件	墙身、墙柱、墙梁轮廓
	剪力墙构件标注	① 墙身、墙柱、墙梁定位尺寸； ② 墙身、墙柱、墙梁编号
3	剪力墙洞口	① 洞口轮廓； ② 洞口中心的平面定位尺寸； ③ 洞口编号； ④ 洞口几何尺寸； ⑤ 洞口中心相对标高； ⑥ 洞口边的补强钢筋

续表

序号	类别	主要内容
4	墙身表	① 墙身编号(包含钢筋排数); ② 各段墙身的起止标高; ③ 墙身厚度; ④ 水平分布筋; ⑤ 竖向分布筋; ⑥ 拉筋
5	墙柱表	① 墙柱编号; ② 各段墙柱的起止标高; ③ 墙柱截面配筋示意图; ④ 墙柱纵筋; ⑤ 墙柱箍筋
6	墙梁表	① 墙梁编号; ② 层号; ③ 墙梁截面尺寸:$b\times h$; ④ 墙梁上部纵筋、下部纵筋; ⑤ 墙梁箍筋; ⑥ 墙梁顶面标高的高差
7	层高表	① 结构层号、结构层楼面标高、结构层高; ② 上部结构嵌固部位; ③ 底部加强部位; ④ 墙身和墙柱的竖向标高段范围; ⑤ 墙梁的结构层楼面标高; ⑥ 混凝土强度等级:可在层高表中加注
8	其他标注	① 图名:明确本图对应的竖向标高段范围; ② 比例:通常采用双比例绘制,因此可不注写; ③ 混凝土强度等级:可文字说明

剪力墙构件标准构造详图的内容包括墙身构造、墙柱构造、墙梁构造等,详见平法图集,根据具体要求选用。

15.2.2 平法制图规则

1. 剪力墙构件类型

剪力墙由剪力墙身、剪力墙柱和剪力墙梁三类构件构成,类型代号如表 15-8 所示。

表 15-8 剪力墙构件类型代号

类型		代号
剪力墙身		Q
剪力墙柱	约束边缘构件	YBZ
	构造边缘构件	GBZ
	非边缘暗柱	AZ
	扶壁柱	FBZ

续表

类型		代号
剪力墙梁	连梁	LL
	连梁(对角暗撑配筋)	LL(JC)
	连梁(交叉斜筋配筋)	LL(JX)
	连梁(集中对角斜筋配筋)	LL(DX)
	连梁(跨高比不小于5)	LLk
	暗梁	AL
	边框梁	BKL

2. 剪力墙平法制图规则——截面注写方式

截面注写方式是在各层剪力墙平面布置图上以直接在墙身、墙柱、墙梁上注写截面尺寸和配筋具体数值的方式来表达剪力墙平法施工图。

墙身:在剪力墙平面布置图上,从相同编号的墙身中选一道,原位注写墙身与轴线的定位尺寸,并引出注写墙身具体内容,如表15-9所示。

表15-9 墙身引出标注内容(截面注写)

序号	主要内容	
1	墙身编号	墙身类型代号、序号,墙身水平与竖向分布钢筋的排数。 注:钢筋排数为2排时可省略不注写
2	墙身厚度	墙厚:具体数值
3	水平分布钢筋	水平:级别、直径、间距
4	竖向分布钢筋	竖向:级别、直径、间距
5	拉筋	拉筋:级别、直径、间距、布置方式(矩形或梅花)

如果剪力墙身截面尺寸与配筋相同,仅截面与轴线的关系不同,则可将其编为同一墙身编号,在平面图中注明其与轴线的几何关系。对于剪力墙柱编号,也是同样操作。

墙柱:在剪力墙平面布置图上,从相同编号的墙柱中选择一个截面绘制配筋图,绘制全部纵筋及箍筋,在原位注写墙柱与轴线的定位尺寸,并注写墙柱引出标注内容,如表15-10所示。

表15-10 墙柱引出标注内容(截面注写)

序号	主要内容	
1	墙身编号	墙柱类型代号、序号
2	全部纵筋	数量、级别、直径
3	箍筋	级别、直径、间距

墙梁:在剪力墙平面布置图上,从相同编号的墙梁中选择一根墙梁,注写墙梁引出标注内容,如表15-11所示。

表 15-11　墙梁引出标注内容(截面注写)

序号	主要内容	
1	墙梁编号	墙梁类型代号、序号
2	截面尺寸	$b \times h$
3	箍筋	级别、直径、间距
4	上部纵筋	数量、级别、直径
5	下部纵筋	数量、级别、直径
6	梁面高差	墙梁顶面标高与该结构层基准标高的高差,高于者为正,低于者为负,无高差时不注写
7	侧面纵筋	当墙身水平分布钢筋不满足墙梁侧面纵向钢筋的构造要求时,以大写字母 N 开头,直接注写直径与间距

注:侧面纵筋在支座内的锚固要求同连梁纵向受力钢筋。

3. 剪力墙平法制图规则——列表注写方式

列表注写方式是分别在剪力墙的墙身表、墙柱表、墙梁表中,对应剪力墙平面布置图上的编号,注写几何尺寸与配筋具体数值的方式,来表达剪力墙平法施工图。

墙身:剪力墙平面布置图上注写墙身编号,墙身表中表达具体内容,如表 15-12 所示。

表 15-12　墙身表的标注内容

序号	主要内容	
1	墙梁编号	墙身类型代号、序号,墙身水平与竖向分布钢筋的排数。 注:钢筋排数为 2 排时可省略不注写
2	墙身起止标高	自墙身根部标高起,到变截面位置或截面未变但配筋改变处,分段注写
3	墙身厚度	墙厚:具体数值
4	水平分布钢筋	水平:级别、直径、间距
5	竖向分布钢筋	竖向:级别、直径、间距
6	拉筋	拉筋:级别、直径、间距、布置方式(矩形或梅花)

墙柱:剪力墙平面布置图上注写墙柱编号,墙柱表中表达具体内容,如表 15-13 所示。

表 15-13　墙柱表的标注内容

序号	主要内容	
1	墙柱编号	墙柱类型代号、序号
2	截面配筋图	标准墙柱几何尺寸
3	墙柱起止标高	自墙柱根部标高起,到变截面位置或截面未变但配筋改变处,分段注写
4	全部纵筋	数量、级别、直径。 注:注写值应与截面配筋图对应一致
5	箍筋	级别、直径、间距

对于约束边缘构件还应在平面布置图中注明沿墙肢长度 l 及非阴影区拉筋(或箍筋)直径。

墙梁:剪力墙平面布置图上注写墙梁编号,墙梁表中表达具体内容,如表 15-14 所示。

表 15-14　墙梁表的标注内容

序号	主要内容	
1	墙梁编号	墙梁类型代号、序号
2	楼层号	墙梁所在的楼层号
3	梁面高差	墙梁顶面标高与该结构层基准标高的高差，高于者为正，低于者为负，无高差时不注写
4	截面尺寸	$b \times h$
5	上部纵筋	数量、级别、直径
6	下部纵筋	数量、级别、直径
7	箍筋	级别、直径、间距
8	侧面纵筋	当墙身水平分布钢筋不满足墙梁侧面纵向钢筋的构造要求时，以大写字母 N 开头，直接注写直径与间距

注：侧面纵筋在支座内的锚固要求同连梁纵向受力钢筋。

对跨高比不小于 5 的连梁，按框架梁设计（代号为 LLk××），采用平面注写方式。注写规则同框架梁，纵向受力锚固要求及锚固区箍筋设置要求同一般连梁。

当连梁设有交叉斜筋、对角斜筋或对角暗撑时，注写要求如下。

(1) 当连梁设有交叉斜筋时，注写连梁一侧对角斜筋的配筋值，并标注“×2”表明对称设置；注写对角斜筋在连梁端部设置的拉筋根数、规格及直径，并标注“×4”表示四个角均设置；注写连梁一侧折线筋配筋值，并标注“×2”表明对称布置。

(2) 当连梁设有集中对角斜筋时，注写一条对角线上的对角斜筋，并标注“×2”表明对称布置。

(3) 当连梁设有对角暗撑时，注写暗撑截面尺寸（箍筋外皮尺寸），注写一根暗撑的全部纵筋，并标注“×2”表明有两根暗撑相互交叉；注写暗撑箍筋的具体数值。

例 15-2 如图 15-2 所示，图中集中标注的内容有：“GBZ1”，表示编号为 1 的剪力墙柱构造边缘构件；“24Φ18”表示竖向贯通筋为 24 根直径 18 mm 的 HRB400 钢筋；“Φ10@150”表示箍筋直径为 10 mm 的 HPB300 钢筋，间距为 150 mm。原位标注的内容有：b 边一侧的截面尺寸为 1050 mm；h 边一侧的截面尺寸为 600 mm。

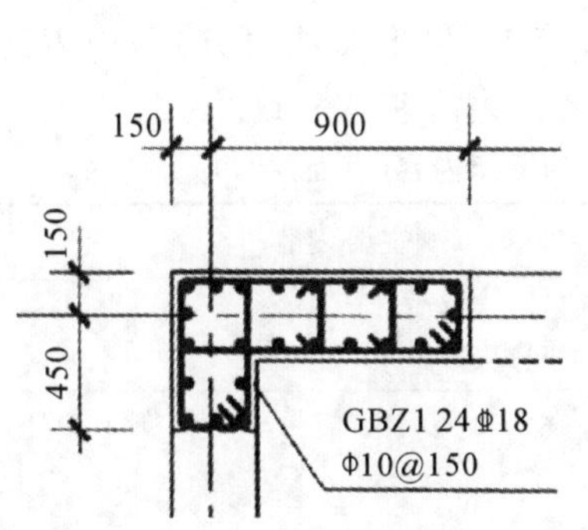

图 15-2　剪力墙示意图

任务16 梁平法施工图

任务目标

(1) 熟练掌握梁平法制图规则。

(2) 熟练掌握梁平法施工图的识读方法。

16.1 图示内容

梁平法施工图应按现行国家标准《房屋建筑制图统一标准》(GB/T 50001—2017)、《建筑制图标准》(GB/T 50104—2010)、《建筑结构制图标准》(GB/T 50105—2010)的要求绘制。

梁平面布置图的绘制比例最常用1:100,也可采用1:50、1:150、1:200等。梁截面详图的绘制比例常采用1:20、1:25或1:50。

梁平法施工图还应按照现行平法图集的制图规则绘制。

梁平法施工图分为平面注写和截面注写两种方式,平面注写方式最为常见,因此下面按照内容主次关系、识读顺序,主要介绍梁平法施工图(平面注写方式)中表达的内容,如表16-1所示。截面注写方式只是表达方式不同,图示内容基本一致。

表16-1 梁平法施工图的图示内容(平面注写)

序号	类别	主要内容
1	轴网	① 定位轴线、轴线编号; ② 轴线总尺寸、轴线间尺寸
2	构件	① 柱、墙构件轮廓; ② 梁轮廓; ③ 梁偏心定位尺寸

续表

序号	类别	主要内容
3	梁集中标注	① 梁编号:类型、序号、跨数及有无悬挑; ② 梁截面尺寸:$b \times h$; ③ 梁箍筋; ④ 梁上部通长角筋或架立筋; ⑤ 梁侧向构造钢筋或受扭钢筋; ⑥ 梁顶面标高的高差
4	梁原位标注	① 梁支座上部纵筋; ② 梁下部纵筋; ③ 附加箍筋或吊筋; ④ 其他:集中标注不适用的内容
5	层高	① 结构层号、结构层楼面标高、结构层高; ② 本图对应的结构层号及标高; ③ 混凝土强度等级:可在层高表中加注
6	其他标注	① 图名:明确本图对应的结构层号; ② 比例; ③ 混凝土强度等级:可文字说明

16.2 平法制图规则

16.2.1 梁类型

现浇混凝土结构中,梁的类型主要有楼层框架梁、屋面框架梁、楼层框架扁梁、框支梁、托柱转换梁、非框架梁、悬挑梁、井字梁。梁类型代号如表 16-2 所示。

表 16-2 梁类型代号

梁类型	代号	序号	跨数及是否有悬挑
楼层框架梁	KL	××	(××)、(××A)或(××B)
屋面框架梁	WKL	××	(××)、(××A)或(××B)
框支梁	KZL	××	(××)、(××A)或(××B)
非框架梁	L	××	(××)、(××A)或(××B)
悬挑梁	XL	××	
井字梁	JZL	××	(××)、(××A)或(××B)

与框架柱(KZ)相连形成框架结构的梁称为框架梁。

支撑上部剪力墙的转换梁称为框支梁。

两端以梁为支座的梁称为非框架梁。

一端与框架柱或剪力墙等相连,一端自由的梁称为悬挑梁。

双向正交布置，高度相当，不分主次，呈井字形的梁称为井字梁。

16.2.2 平面注写方式

平面注写方式是在梁的平面布置图上，分别在不同编号的梁中各选出一根梁，在其上注写截面尺寸和配筋具体数值的方式。

平面注写包括集中标注与原位标注，集中标注表达梁的通用数值，原位标注表达梁的特殊数值，原位标注优先。

梁集中标注(可从梁的任意一跨引出)的内容有六项，其中前四项为必注值，如表16-3所示。

表16-3 梁的集中标注内容(平面注写)

序号	类别	主要内容
1	梁编号	梁类型代号、序号、跨数及有无外伸代号。 例如：KL2(2A)表示第2号框架梁，2跨，一端有悬挑
2	截面尺寸	截面宽度与高度：$b\times h$。 例如：300×650表示梁的截面宽度为300mm，截面高度为650mm
3	箍筋	箍筋级别、直径、加密区与非加密区间距及肢数(肢数写在括号内)。 注：① 加密区与非加密区的不同间距及肢数用“/”分隔； ② 当加密区与非加密区箍筋肢数相同时，肢数只需注写一次； ③ 当非框架梁、悬挑梁采用不同箍筋间距及肢数时，也用“/”分隔，先注写梁支座端部箍筋(包括箍筋的道数、钢筋级别、直径、间距与肢数)，在斜线后注写跨中部分的箍筋间距及肢数。 例如：Φ10@100(4)/200(2)
4	上部通长筋或架立筋	① 当只有通长筋时，注写通长筋根数、级别、直径； ② 当设有架立筋时，采用“+”，注写时需将梁角部纵筋写在“+”前，架立筋写在“+”后的括号内； ③ 当全部采用架立筋时，将其全部写入括号内。 注：当梁下部纵筋各跨相同或多数跨相同时，可同时加注梁下部纵筋的配筋值，用“;”将上部与下部纵筋配筋值隔开，少数跨不同者，加注原位标注。 例如：2Φ22+(4Φ12)表示梁上部纵筋排6根，角部为2Φ22的通长筋，中间为4Φ12的架立筋。
5	侧面纵向钢筋	① 当梁腹板高度 $h\geqslant 450$ mm时，需配置纵向构造钢筋，以G开头注写两侧总配筋值，对称配置； ② 当配置抗扭纵向钢筋时，以N开头注写两侧总配筋值，对称配置。 例如：G4Φ12表示共配置4Φ12的纵向构造钢筋，每侧各为2Φ12
6	顶面标高高差	梁顶面标高相对于该结构楼面基准标高的高差值，有高差时注写在“( )”内，低于楼面为负值

注：(1) 梁编号中的(××)代表无外伸，(××A)为一端有外伸，(××B)为两端有外伸，外伸端不计入跨数。
(2) 当纵筋多于一排时，用“/”将各排纵筋自上而下分开。
(3) 当同排纵筋有两种直径时，用“+”将两种直径的纵筋相连，注写时角部纵筋写在前面。
(4) 当悬臂梁采用变截面时，用“/”分隔根部与端部的高度值，即为 $b\times h/h_2$，h_1 为根部高度，h_2 为端部较小的高度，b 为梁的宽度。

梁侧向构造钢筋的锚固长度与搭接长度可取 $15d$，受扭纵筋的锚固长度与搭接长度应按受拉钢筋取值，锚固方式同梁下部纵筋。

对于多跨梁，由于梁跨度、荷载、截面的不同，各截面的配筋也不一样，当集中标中某项数值不适用于梁的某部位时，应将该项数值原位标注。梁的原位标注内容如表 16-4 所示，其中第 3 项为对集中标注的修正内容，施工时需按原位标注数值取用。

表 16-4 梁的原位标注内容（平面注写）

序号	类别	主要内容
1	支座上部纵筋	含通长筋在内的所有上部纵筋的根数、级别、直径。 注：① 当梁中间支座两边的纵筋相同时，可仅在支座的任一边标注；当梁中间支座两边的上部纵筋不同时，必须在支座两边分别标注； ② 当上纵一排时，用“/”将各排纵筋自上而下分开； ③ 当同排纵筋有两种直径时，用“＋”将两种直径的纵筋相连，角部纵筋写在前面。 例如：梁第二跨左支座上部纵筋注写为“6⌀22 4/2”，表示钢筋分两排，上排 4⌀22，下排 2⌀22。 例如：左边支座处的“2⌀25＋2⌀22”表示钢筋一排，角部 2⌀25，中间 2⌀22
2	下部纵筋	跨中位置原位注写该跨下部纵筋根数、级别、直径。 注：① 当与集中标注中注写相同时，可不再重复标注； ② 当梁下部纵筋不全部伸入支座时，将梁支座下部纵筋减少的数量写在括号内。 例如：梁下部纵筋注写为“4⌀20(−2)/4⌀22”，表示梁下部纵筋两排，上排 4⌀20，其中 2 根不伸入支座，下排 4⌀22，全部伸入支座
3	对集中标注的修正内容	当集中标注的内容不适用某跨或悬挑部分时，原位标注，包括截面尺寸、箍筋、梁面标高等，施工时按照原位标注数值取用
4	附加箍筋或吊筋	将附加箍筋或吊筋直接画在主梁上。 ① 用线引注总配筋值（附加箍筋的肢数注写在括号内）； ② 当多数附加箍筋和吊筋相同时，可用文字统一说明，少数不同时原位引注

附加箍筋和吊筋画法示例如图 16-1 所示。

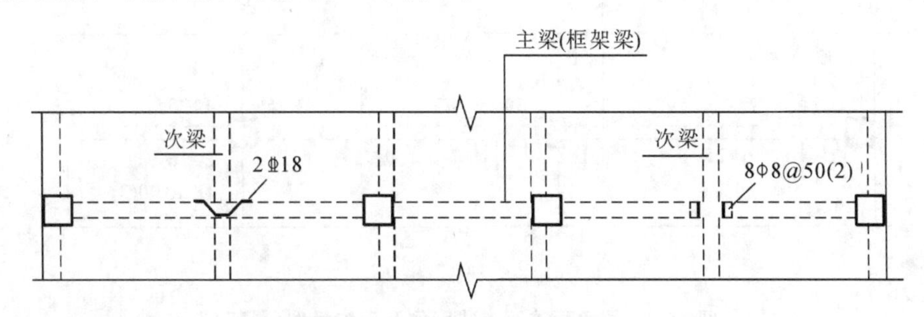

图 16-1 附加箍筋和吊筋画法示例

梁支座上部纵筋：对于图 16-1 中水平方向（X 方向）的梁标注在梁的上方、该支座的左侧或右侧；对于图中垂直方向（Y 方向）的梁标注在梁的左侧、该支座的下方或上方。

梁的下部纵筋：图 16-1 中水平方向（X 方向）的梁标注在梁下部、跨中位置，图 16-1 中垂直方向（Y 方向）的梁标注在梁右侧、跨中位置。

当两楼层之间设有层间梁时（如结构夹层位置处的梁），应将设置该部分梁的区域划出，另行绘制结构平面布置图，然后在其上表达梁的集中标注与原位标注。

16.2.3 截面注写方式

截面注写方式就是在分标准层绘制的梁平面布置图上，分别在不同编号的梁中各选择一根梁用剖面号引出配筋图，并在其上注写截面尺寸和配筋具体数值的方式来表达梁平面整体配筋。

对所有梁编号，从相同编号的梁中选一根梁，先将单边截面号画在该梁上，再将截面配筋详图画在本图或其他图上。当某梁的顶面标高与结构层标高不同时，应在梁的编号后注写梁顶面标高的高差（注写规定同前）。

在梁截面配筋详图上注写截面尺寸 $b\times h$、上部筋、下部筋、侧面构造筋或受扭筋和箍筋的具体数值时，表达方式同前。

截面注写方式既可单独使用，也可与平面注写方式结合使用。在实际工程设计中，常采用平面注写方式，仅在其中梁布置过密或为表达异型截面梁的截面尺寸及配筋的情况下采用截面注写方式表达。

例 16-1 如图 16-2 所示，图中集中标注的内容有："KL2（2A）"，表示第 2 号框架梁，2 跨，一端有悬挑；"300×650"，表示梁的截面宽度为 300 mm，截面高度为 650 mm；"ϕ 8@100/200(2)"，表示梁箍筋为 HPB300 钢筋，直径为 8 mm，加密区间距为 100 mm，非加密区间距为 200 mm，均为双肢箍；"2 ⌀ 25"表示梁上部有 2 根直径为 25 mm 的 HRB400 级通长筋；"G4 ϕ 10"表示共配置 4 ϕ 10 的纵向构造钢筋，每侧各为 2 ⌀ 12；"(－0.100)"表示梁顶面标高比楼面标高低 0.100 m。

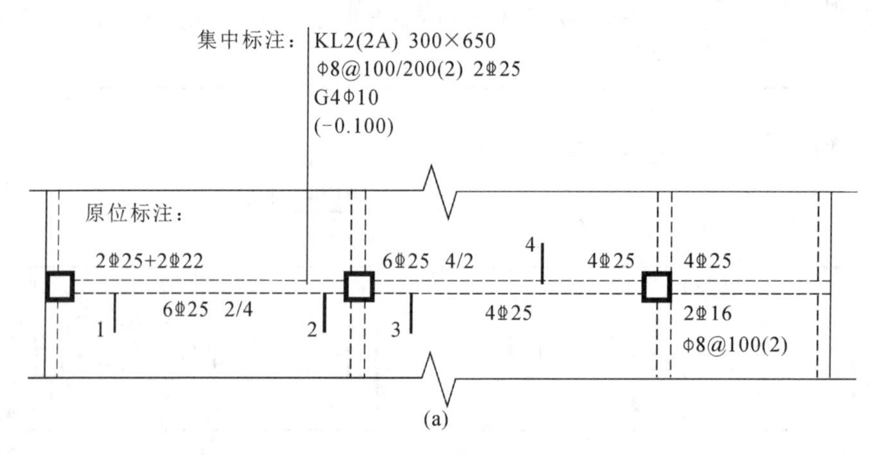

图 16-2 梁平面注写方式示例及三维示例（局部）

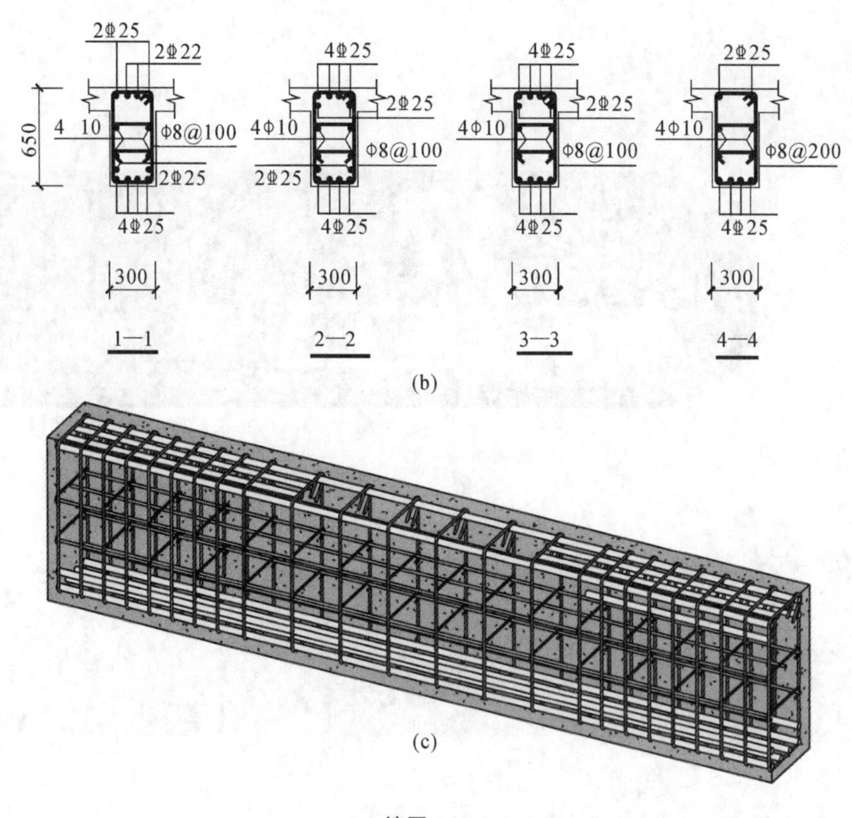

(b)

(c)

续图 16-2

原位标注的内容有:梁第一跨上部纵筋注写为“2Φ25＋2Φ22”,表示梁上部纵筋排4根,角部为2Φ22的通长筋,中间为2Φ12的非通长筋。梁第一跨下部纵筋注写为“6Φ25 2/4”,表示钢筋分两排,上排为2Φ25的通长筋,下排为4Φ25的通长筋,全部伸入支座。

任务17 板平法施工图

任务目标

(1) 熟练掌握板平法制图规则。

(2) 熟练掌握板平法施工图的识读方法。

17.1 图示内容

板平法施工图应按现行国家标准《房屋建筑制图统一标准》(GB/T 50001—2017)、《建筑制图标准》(GB/T 50104—2010)、《建筑结构制图标准》(GB/T 50105—2010)的要求绘制。

板平面布置图的绘制比例最常用1:100,也可采用1:50、1:150、1:200等。

板平法施工图还应按照现行平法图集的制图规则绘制。为方便表达,图面从左到右为X向,从下到上为Y向。

板平法施工图中表达的内容按照内容主次关系,识读顺序如表17-1所示。

表17-1 板平法施工图的内容

序号	类别	主要内容
1	轴网	定位轴线、轴线编号与轴线尺寸
2	构件	① 梁轮廓; ② 梁偏心定位尺寸; ③ 板轮廓
3	板集中标注	① 板编号:板的类型代号、序号; ② 板厚; ③ 上部贯通筋:钢筋级别、直径及间距; ④ 下部纵筋:钢筋级别、直径及间距; ⑤ 板面标高的高差

序号	类别	主要内容
4	板原位标注	① 板支座上部非贯通纵筋； ② 悬挑板上部受力钢筋
5	层高表	① 结构层号、结构层楼面标高、结构层高； ② 本图对应的结构层号及标高； ③ 混凝土强度等级：可在层高表中加注
6	其他标注	① 图名：明确本图对应的结构层号； ② 比例； ③ 混凝土强度等级：可文字说明

17.2 平法制图规则

楼盖分为有梁楼盖、无梁楼盖，按照土建施工（结构类）中级职业技能要求，下面重点介绍有梁楼盖的平法制图规则。有梁楼盖就是以梁为支座的楼面与屋面板。

17.2.1 板的类型

板的类型分为楼面板、屋面板、悬挑板，类型代号如表17-2所示。

表17-2 板的类型代号

板的类型	代号	序号
楼面板	LB	××
屋面板	WB	××
悬挑板	XB	××

17.2.2 平面注写方式

对普通楼面，两个方向均以一跨为一板块。所有板块应逐一编号，相同编号的板块可择其一做集中标注，其他仅注写置于圆圈内的板编号，以及当板面标高不同时标高的高差。

同一编号板块的类型、板厚和贯通纵筋均应相同，但板面标高、跨度、平面形状以及板支座上部非贯通纵筋可以不同，如同一编号板块的平面形状可为矩形、多边形及其他形状等。

1. 集中标注

有梁楼盖平面注写包括集中标注与原位标注，集中标注的内容有五项，如表17-3所示。

表 17-3 有梁楼盖的集中标注内容

序号	类别	主要内容
1	板块编号	板类型代号、序号
2	板厚	板厚度：h=×××。 当悬挑板的端部改变厚度时，用“/”分隔根部与端部的高度值，注写为h=×××/×××。 注：在图中统一说明板厚时，此项可不注
3	上部贯通纵筋	用T表示上部贯通纵筋，注写钢筋类型、直径、间距； X向配筋以X开头、Y向配筋以Y开头； 两向配筋相同时，以X&Y开头注写； 当贯通筋采用两种钢筋“隔一布一”方式时，用“/”分隔，间距为两种钢筋之间的间距。 注：① 当为单向板时，分布筋可不必注写，在图中统一说明； ② 当板块上部不设贯通纵筋时不注写
4	下部纵筋	用B表示下部纵筋，注写钢筋类型、直径、间距； X向配筋以X开头、Y向配筋以Y开头； 两向配筋相同时，以X&Y开头注写； 当采用两种钢筋“隔一布一”方式时，用“/”分隔，间距为两种钢筋之间的间距； 当悬挑板下部配置构造筋时，X向配筋以Xc开头、Y向配筋以Yc开头。 注：当为单向板时，分布筋可不必注写，在图中统一说明
5	顶面标高高差	板顶面标高相对于该结构楼面基准标高的高差值，有高差时注写在“()”内，低于楼面为负值

例 17-1 有一楼面板块注写为

LB5 h = 150

B:Xⲫ12@100；Yⲫ12@100

表示5号楼面板，板厚150，板下部配置的纵筋X向为ⲫ12@100，Y向为ⲫ12@100；板上部未配置贯通纵筋。

例 17-2 有一楼面板块注写为

LB5 h = 110

B:Xⲫ10/12@100；Yⲫ10@110

表示5号楼面板，板厚110，板下部配置的纵筋X向为ⲫ10、ⲫ12，隔一布一，ⲫ10与ⲫ12之间间距为100；Y向为ⲫ10@110；板上部未配置贯通纵筋。

例 17-3 有一悬挑板注写为

XB2 h = 150/100

B:Xc&Ycⲫ8@200

表示2号悬挑板，板根部厚150，端部厚100，板下部配置构造钢筋，双向均为ⲫ8@200，上部受力钢筋见板支座原位标注。

同一编号板块的类型、板厚和纵筋均应相同，但板面标高、跨度、平面形状以及板支座上部非贯通纵筋可以不同，如同一编号板块的平面形状可为矩形、多边形及其他形状等。施工预算时，应根据其实际平面形状，分别计算各块板的混凝土与钢材用量。

设计与施工应注意：单向或双向连续板的中间支座上部同向贯通纵筋，不应在支座位置连接或分别锚固。当相邻两跨的板上部贯通纵筋配置相同，且跨中部位有足够空间连接时，可在两跨任意一跨的跨中连接部位连接；当相邻两跨的上部贯通纵筋配置不同时，应将配置较大者越过其标注的跨数终点或起点伸至相邻跨的跨中连接区域连接。

2. 原位标注

板支座原位标注的内容为：板支座上部非贯通纵筋和悬挑板上部受力钢筋，如表17-4所示。

表 17-4　有梁楼盖的原位标注内容

序号	类别	主要内容
1	板支座上部非贯通纵筋	① 绘制钢筋； ② 钢筋上方注写：钢筋编号、配筋值、连续布置跨数(跨数注写在括号内，仅一跨时可不注写)； ③ 钢筋下方注写：支座中线向跨内的伸出长度；对称伸出时，可仅注写一侧；一侧贯通全跨时可不注写
2	悬挑板上部受力钢筋	① 绘制钢筋； ② 钢筋上方注写：钢筋编号、配筋值、连续布置跨数(跨数注写在括号内，仅一跨时可不注写)

板支座原位标注的钢筋应在配置相同跨的第一跨表达(当在梁悬挑部位单独配置时则在原位表达)。在配置相同跨的第一跨(或梁悬挑部位)，垂直于板支座(梁或墙)绘制一段适宜长度的中粗实线(当该筋通长设置在悬挑板或短跨板上部时，实线段应画至对边或贯通短跨)，以该线段代表支座上部非贯通纵筋，并在线段上方注写钢筋编号(如①、②等)、配筋值、横向连续布置的跨数(注写在括号内，且当为跨时可不注)，以及是否横向布置到梁的悬挑端。

例 17-4 (××)为横向布置的跨数，(××A)为横向布置的跨数及一端的悬挑梁部位，(××B)为横向布置的跨数及两端的悬挑梁部位。

板支座上部非贯通筋自支座中线向跨内的伸出长度注写在线段的下方位置。

当中间支座上部非贯通纵筋向支座两侧对称伸出时，可仅在支座一侧线段下方标注伸出长度，另一侧不标注。

当向支座两侧非对称伸出时，应分别在支座两侧线段下方注写伸出度。

对线段画至对边贯通全跨或贯通全悬挑长度的上部通长纵筋，超过全跨或伸出至全悬挑一侧的长度值不注明，只注明非贯通筋另一侧的伸出长度值。

例 17-5 在板平面布置围某部位，横跨支撑梁绘制的对称线段上注有“⑦ф12@100(5B)”和“1800”，表示支座上部⑦号非贯通纵筋为12@100，从该跨起沿支撑梁连续布置5跨加梁两端的悬挑端，该筋自支座中线向两侧跨内的伸出长度均为1800。在同一板平面布置围的另一部位横跨梁支座绘制的对称线段上注有⑦(2)者，表示该筋同⑦号纵筋，沿支撑梁连续布置2跨，且无梁悬挑端布置。

当板的上部已配置贯通钢筋，但需增配板支座上部非贯通纵筋时，应结合已配置的同向贯通纵筋的直径与间距，采取“隔一布一”方式配置。

“隔一布一”方式的非贯通纵筋的标注间距与贯通纵筋的相同，两者组合后的实际间距为各自标注间距的 1/2。当设定贯通纵筋为纵筋总截面面积的 50%时，两种钢筋应取相同直径；当设定贯通纵筋大于或小于总截面面积的 50%时，两种钢筋取不同直径。

例 17-6 板上部已配置贯通纵筋Φ 12@250，该跨同向配置的上部支座非贯通纵筋为⑤Φ 12@250，表示在该支座上部设置的纵筋实际为Φ 12@125，其中 1/2 为贯通纵筋，1/2 为⑤号非贯通纵筋(伸出长度值略)。

例 17-7 板上部已配置贯通纵筋Φ 10@250，该跨配置的上部同向支座非贯通纵筋为③Φ 12@250，表示该跨实际设置的上部纵筋为Φ 10 和Φ 12 间隔布置，二者之间间距为 125。

施工应注意：当支座侧设置了上部贯通纵筋(在板集中标注中以 T 开头)，而在支座另一侧仅设置了上部非贯通纵筋时，如果支座两侧设置的纵筋直径、间距相同，应将二者连通，避免在交座上部分别锚固。

例 17-8 如图 17-1 所示，图中集中标注的内容有：“LB1”，表示第 1 号楼面板；“h = 120”，表示板厚度为 120 mm；“B：XΦ 10@100；YΦ 10@150”，表示板下部配置的纵筋 X 向为直径 10 mm 的 HPB300 钢筋，间距为 100 mm，Y 向为直径 10 mm 的 HPB300 钢筋，间距为 150 mm，板上部未配置贯通纵筋。

图中原位标注的内容有：“①Φ 8@150”表示支座上部①号非贯通纵筋为直径 8 mm 的 HPB300 钢筋，间距为 150 mm，该筋自支座中线向跨内的伸出长度均为 1000 mm。

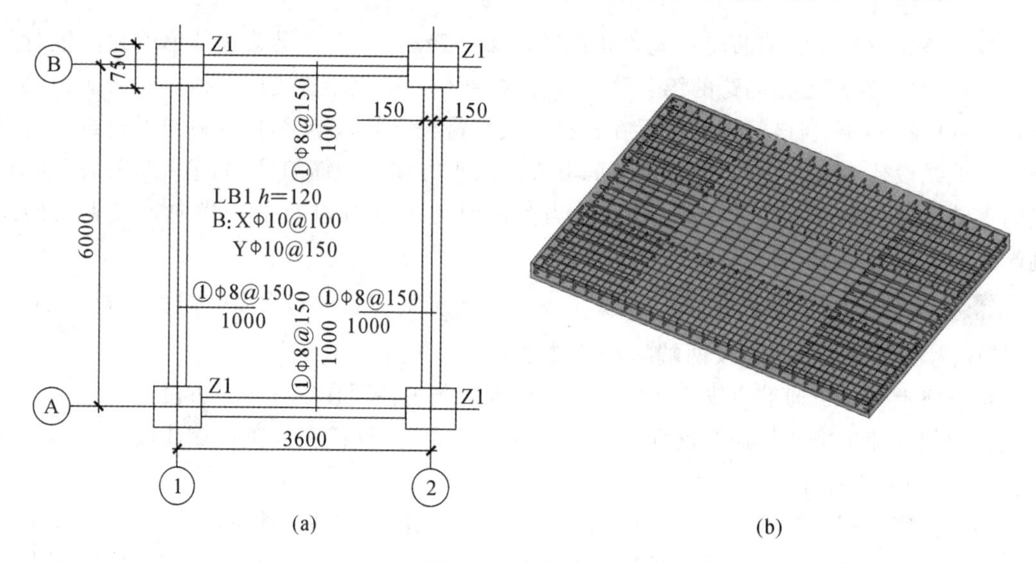

(a) (b)

图 17-1 板示意图

任务18 楼梯平法施工图

任务目标

(1) 熟练掌握楼梯平法制图规则。

(2) 熟练掌握楼梯平法施工图的识读方法。

18.1 图示内容

结构详图应按现行国家标准《房屋建筑制图统一标准》(GB/T 50001—2017)、《建筑制图标准》(GB/T 50104—2010)、《建筑结构制图标准》(CB/T 50105—2010)的要求绘制。当楼梯、坡道等采用平法施工图表达时,施工图还应按照现行平法图集的制图规则绘制。楼梯、坡道等局部平面详图和局部剖面详图绘制比例常采用1:50,节点配筋详图绘制比例常采用1:10、1:20等。

不管是楼梯、坡道等结构详图,还是节点配筋详图,表达的内容都可以统一归类,按照内容主次关系,识读顺序如表18-1所示。

表18-1　结构详图的图示内容

序号	类别	主要内容
1	轴线	定位轴线、轴线编号
2	构件	梁、板等
3	截面尺寸	构件截面尺寸
4	定位尺寸、标高	① 构件与轴线的关系; ② 构件结构面相对标高

续表

序号	类别	主要内容
5	配筋信息	① 受力筋的配筋值； ② 构造筋的配筋值
6	详图编号	详图(索引)编号
7	其他标注	① 图名； ② 比例； ③ 混凝土强度等级等必要的文字说明

18.2 平法制图规则

现浇混凝土板式楼梯平法施工图有平面注写、剖面注写和列表注写三种表达方式。

本书主要表述梯板的表达方式，与楼梯相关的平台板、梯梁、梯柱的注写方式参见国家建筑标准设计图集《混凝土结构施工图平面整体表示方法制图规则和构造详图(现浇混凝土框架、剪力墙、梁、板)》(22G101-1)。

楼梯平面布置图应采用适当比例集中绘制，需要时绘制其剖面图。

18.2.1 梯板类型

楼梯编号由梯板类型代号和序号组成，常见梯板类型如表18-2所示。

表18-2 常见梯板类型

梯板类型代号	楼梯组成形式	抗震构造措施	滑动支座	使用结构
AT	踏步段	无	无	剪力墙结构、砌体结构
BT	踏步段+低端平板			
CT	踏步段+高端平板			
DT	踏步段+低端平板+高端平板			
ET	低端踏步段+中位平板+高端踏步段			
ATa	踏步段	有	低端梯梁处	框架结构、框架-剪力墙结构中框架部分
ATb	踏步段		低端梯梁挑板处	
CTa	踏步段+高端平板		低端梯梁处	
CTb	踏步段+高端平板		低端梯梁挑板处	
ATc	踏步段		无	

1. AT～ET 型板式楼梯

AT～ET 型板式楼梯具备以下特征：AT～ET 型板式楼梯代号代表一段带上、下支座的梯板，梯板的主体为踏步段，除踏步段之外，梯板可包括低端平板、高端平板以及中位平板。

AT～ET 型梯板的各截面形状为：AT 型梯板全部由踏步段构成；BT 型梯板由低端平板和踏步段构成；CT 型梯板由踏步段和高端平板构成；DT 型梯板由低端平板、踏步板和高端平板构成；ET 型梯板由低端踏步段、中位平板和高端踏步段构成。

AT～BT 型梯板的两端分别以(低端和高端)梯梁为支座。

AT～ET 型梯板的型号、板厚、上下部纵向钢筋及分布钢筋等内容由设计人员在平法施工图中注明。梯板上部纵向钢筋向跨内伸出的水平投影长度见相应的标准构造详图，设计不注明，但设计人员应予以校核；当标准构造详图规定的水平投影长度不满足具体工程要求时，应由设计人员另行注明。

2. FT、GT 型板式楼梯

FT、GT 型板式楼梯具备以下特征：FT、GF 每个代号代表两跑踏步段和连接它们的楼层平板及层间平板；FT、GT 型梯板的构成分两类；第一类，F 型，由层间平板、踏步段和楼层平板构成；第二类，G 型，由层间平板和踏步段构成。

FT、GT 型梯板的支撑方式如表 18-3 所示，梯板一端的层间平板采用三边支撑，另一端的楼层平板也采用三边支撑。GT 型梯板一端的层间平板采用三边支撑，另一端的梯板段采用单边支撑(在梯梁上)。

表 18-3　FT、GT 型梯板的支撑方式

楼梯类型	层间平台端	踏步端(楼层处)	楼层平台端
FT	三边支撑	—	三边支撑
GT	三边支撑	单边支撑(梯梁上)	—

FT、GT 型梯板的型号、板厚、上下部纵向钢筋及分布钢筋等内容由设计者在平法施工图中注明。FT、GT 型平台上部横向钢筋及其外伸长度在平面图中原位标注。梯板上部纵向钢筋向跨内伸出的水平投影长度见相应的标准构造详图，设计不注明，但设计者应予以校核；当标准构造详图规定的水平投影长度不满足具体工程要求时，应由设计者另行注明。

3. ATa、ATb 型板式楼梯

ATa、ATb 型板式楼梯具备以下特征：ATa、ATb 型为带滑动支座的板式楼梯，梯板全部由踏步段构成，其支撑方式为梯板高端均支撑在梯梁上，ATa 型梯板低端带滑动支座支撑在梯梁上，ATb 型梯板低端带滑动支座支撑在挑板上。滑动支座做法见《混凝土结构施工图平面整体表示方法制图规则和构造详图(独立基础、条形基础、筏形基础、桩基础)》(22G101-3)(以下简称22G101-3)第41、43页,采用何种做法应由设计指定。滑动支座垫板可选用聚四氟乙烯板、钢板和厚度大于等于0.5的塑料片,也可选用其他能保证有效滑动的材料,其连接方式由设计者另行处理。ATa、ATb型梯板采用双层双向配筋。

ATc型板式楼梯具备以下特征:梯板全部由踏步段构成,其支撑方式为梯板两端均支撑在梯梁上;楼梯休息平台与主体结构可连接,也可脱开,见图集22G101-3第45页。梯板厚度应按计算确定,且不宜小于140 mm;梯板采用双层配筋;梯板两侧设置边缘构件(暗梁),边缘构件的宽度取1.5倍板厚;边缘构件纵筋数量,当抗震等级为一、二级时不少于6根,当抗震等级为三、四级时不少于4根;纵筋直径不小于Φ12,且不小于梯板纵向受力钢筋的直径;箍筋直径不小于Φ6,间距不大于200 mm。平台板按双层双向配筋。ATc型楼梯作为斜撑构件,钢筋均采用符合抗震性能要求的热轧钢筋,钢筋的抗拉强度实测值与屈服强度实测值的比值不应小于1.25;钢筋的屈服强度实测值与屈服强度标准值的比值不应大于1.3,且钢筋在最大拉力下的总伸长率实测值不应小于9%。

4. CTa、CTb型板式楼梯

CTa、CTb型板式楼梯具备以下特征:CTa、CTb型为带滑动支座的板式楼梯,梯板由踏步段和高端平板构成,其支撑方式为梯板高端均支撑在梯梁上。CTa型梯板低端带滑动支座支撑在梯梁上,CTb型梯板低端带滑动支座支撑在挑板上;滑动支座做法见《混凝土结构施工图平面整体表示方法制图规则和构造详图(现浇混凝土板式楼梯)》(22G101-2)(以下简称22G101-2)第41、43页,采用何种做法应由设计指定。滑动支座垫板可选用聚四氟乙烯板、钢板和厚度大于等于0.5的塑料片,也可选用其他能保证有效滑动的材料,其连接方式由设计者另行处理;CTa、CTb型梯板采用双层双向配筋;梯梁支撑在梯柱上时,其构造应符合22G101-1中框架梁KL的构造做法,箍筋宜全长加密;建筑专业地面、楼层平台板和层间平台板的建筑面层厚度常常与楼梯踏步面层厚度不同,为使建筑面层做好后的楼梯踏步等高,各型号楼梯踏步板的第一级踏步高度和最后一级踏步高度需要相应增加或减少,见楼梯剖面图,若没有楼梯剖面图,其取值方法详见22G101-2第50页。

18.2.2 平面注写方式

板式楼梯平法施工图有平面注写、剖面注写和列表注写三种表达方式,下面介绍常用的平面注写方式。

平面注写方式是在楼梯平面布置图上采用注写截面尺寸和配筋具体数值的方式来表达楼梯施工图,包括集中标注和外围标注。其中,集中标注内容如表18-4所示,外围标注内容如表18-5所示。

表18-4 板式楼梯的集中标注内容

序号	类别	主要内容
1	梯板编号	梯板类型代号、序号

续表

序号	类别	主要内容
2	梯板厚度	梯板厚度：h＝×××
3	踏步段总高度、踏步级数	踏步段总高度和踏步级数，用“/”分隔
4	梯板支座上部纵筋、下部纵筋	梯板支座上部纵筋和下部纵筋的配筋值，用“;”分隔
5	梯板分布筋	用F开头注写分布筋的配筋值。 注：也可在图中统一说明

表 18-5　板式楼梯的外围标注内容

序号	类别	主要内容
1	楼梯间轴网	① 定位轴线、轴线编号； ② 轴线尺寸
2	标高、方向	① 楼层结构标高； ② 层间结构标高； ③ 楼梯的上、下方向
3	平面几何尺寸	① 梯板尺寸：梯板宽度、梯板长度； ② 平台板尺寸； ③ 梯柱定位尺寸； ④ 梯梁定位尺寸
4	平台板配筋	平台板PTB编号、板面结构标高、配筋值。 注：可参照板平法制图规则标注
5	梯梁配筋	梯梁TL编号、截面尺寸、梁面结构标高、配筋值。 注：可参照梁平法制图规则标注
6	梯柱配筋	梯柱Z编号、截面尺寸、标高段范围、配筋值。 注：可参照柱平法制图规则标注

例 18-1 如图 18-1 所示，该楼梯间的平面尺寸：楼梯开间为 3300 mm，楼梯进深为 7500 mm。楼层结构标高：楼层平台标高为 3.550m，中间休息平台标高为 1.750 m。

楼梯集中标注：“AT1 ”表示楼梯类型为 AT 型(一跑梯板)1 号；“h＝130” 表示梯板的厚度为 130 mm；“1800/12”表示该梯板竖向投影为 1800mm，12 步。“⏀14@120;⏀14@120”表示楼梯支座上部纵筋为直径 14 mm 的 HRB400 钢筋，间距为 120 mm，下部纵筋为直径 14 mm 的 HRB400 钢筋，间距为 120 mm；“F:ϕ6@200”表示梯板分布钢筋为直径 6 mm 的 HPB300 钢筋，间距为 200 mm。

该图中 LZ1、PTB3、L1 的具体信息在本图中未体现。

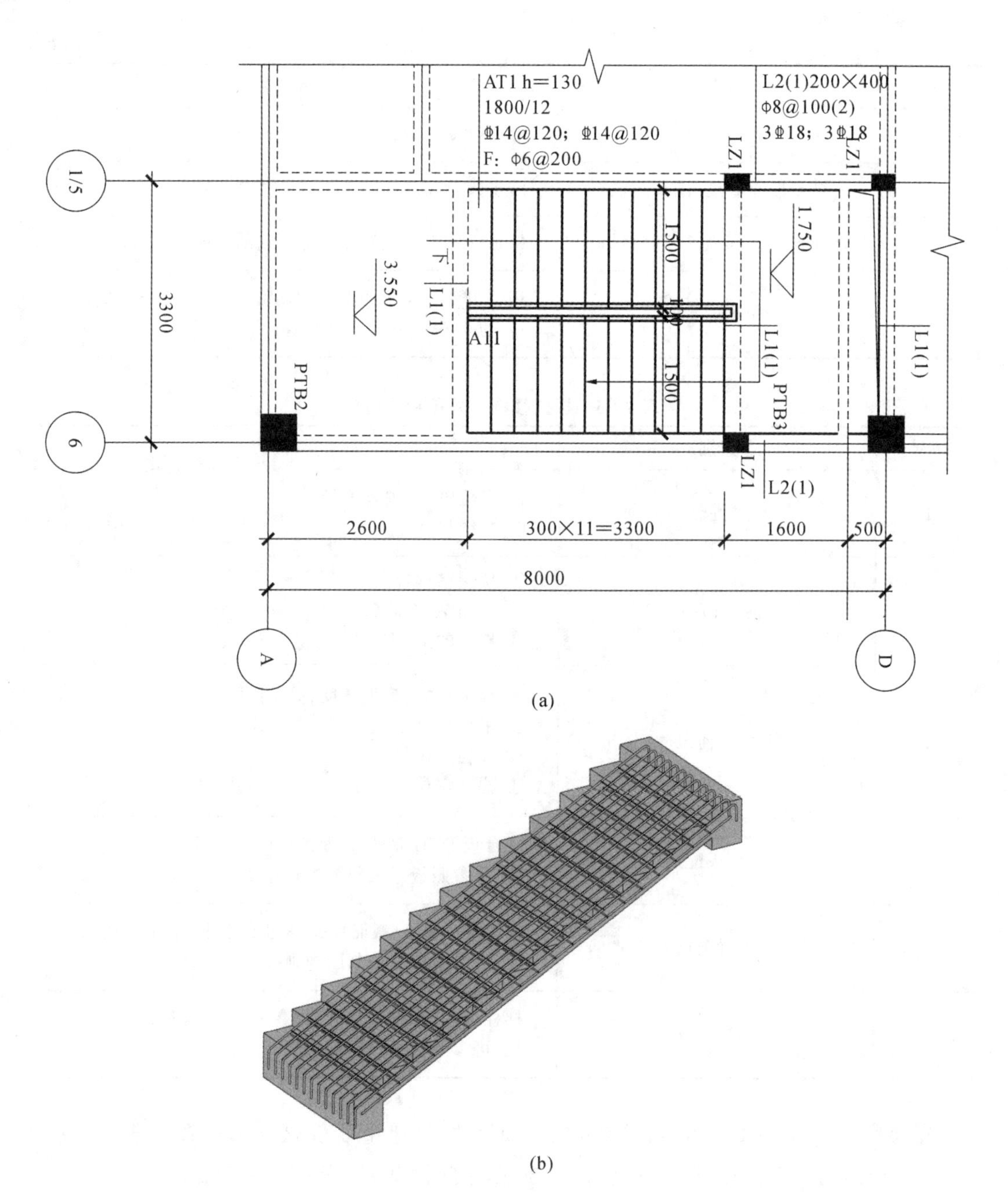

(a)

(b)

图 18-1 楼梯示意图

项目4

建筑施工图绘制

JIANZHU SHIGONGTU HUIZHI

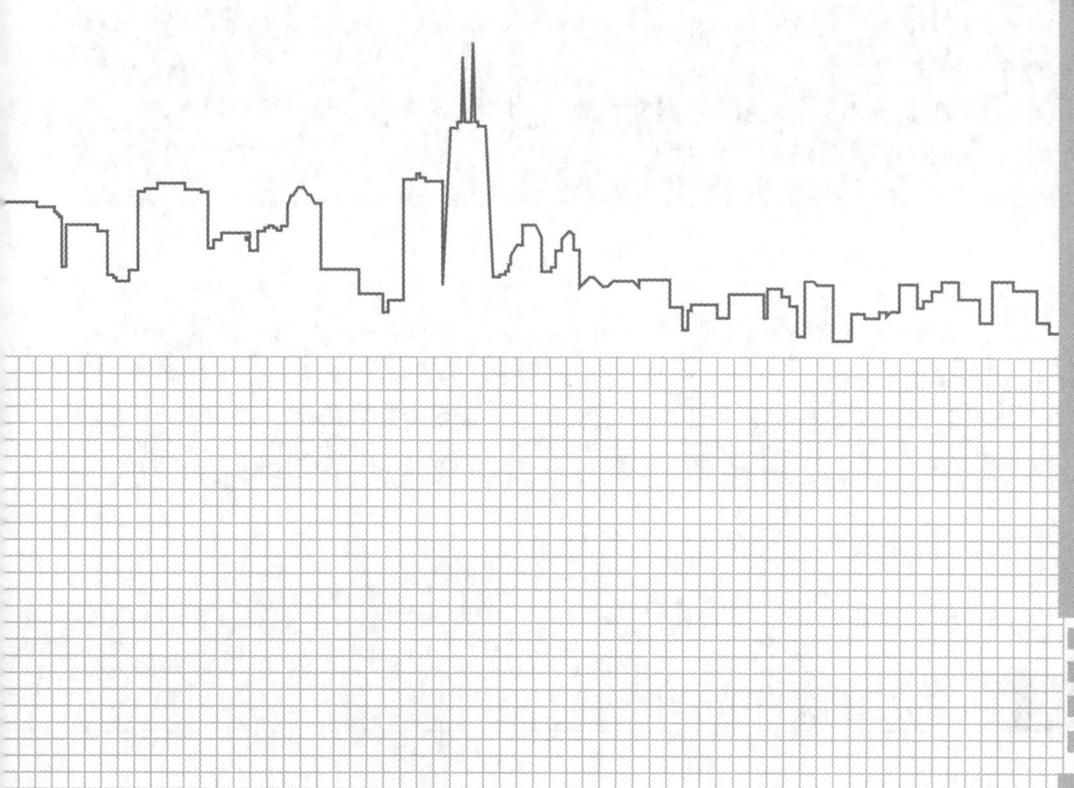

任务19 绘图基础

任务目标

(1) 熟悉CAD的界面,掌握工作环境的设置方法。

(2) 能够合理创建图层,并能根据绘图要求对图层进行关闭、冻结、锁定等操作。

(3) 能够进行样式设置,并能根据绘图要求对文字样式、尺寸标注样式、打印布局与样式等熟练操作。

(4) 掌握直线、圆、弧线、矩形、正多边形、椭圆等简单图形的绘制方法。

(5) 熟悉多线样式的设置方法及多线的使用场合,并掌握多线的绘制方法和编辑方法。

(6) 掌握多段线的绘制及编辑方法,能够对图形添加合理的填充图案。

(7) 掌握常用编辑命令的操作方法。

思政目标

围绕德技并修方向,基于"价值引领、思政为魂、知识为基、改革创新、协同育人"的理念与标准,从专业知识结构的不同层面,在教学过程中融入爱国教育、职业道德规范、工匠精神思政元素,帮助大学生修身立德、学习知识、培养能力,让学生德才兼备,达到润物无声的育人效果。

19.1 绘图软件简介

计算机辅助绘图的基本过程是:应用输入设备进行图形输入,计算机主机进行图形处理，输入设备进行图形显示和图形输出。计算机辅助绘制的常用方式之一是使用现成的软件包设计好的一系列绘图命令进行绘图。

目前国内外工程上应用较为广泛的绘图软件是 AutoCAD，本书主要介绍 AutoCAD 2019 版绘图软件的使用。

19.1.1 AutoCAD 2019 系统的启动

在 AutoCAD 2019 全文件安装完成后，启动 AutoCAD 2019 系统主要可使用下面两个方法之一。

(1) 在桌面上双击“AutoCAD 2019－简体中文”图标启动软件。

(2) 在桌面上的任务栏中选择“开始”→“AutoCAD 2019－简体中文”启动软件。

19.1.2 AutoCAD 2019 图形的新建

在 AutoCAD 2019 系统启动后，可利用以下几种方式之一新建图形文件。

(1) 鼠标左键单击下拉菜单栏“文件”→“新建”。

(2) 在标准工具栏单击“新建”按钮“ ”。

(3) 在命令行输入“new”，并按“Enter”确认。

(4) 使用快捷命令：Ctrl＋N。

按照以上方式打开，系统会弹出“选择样板”对话框(见图 19-1)。

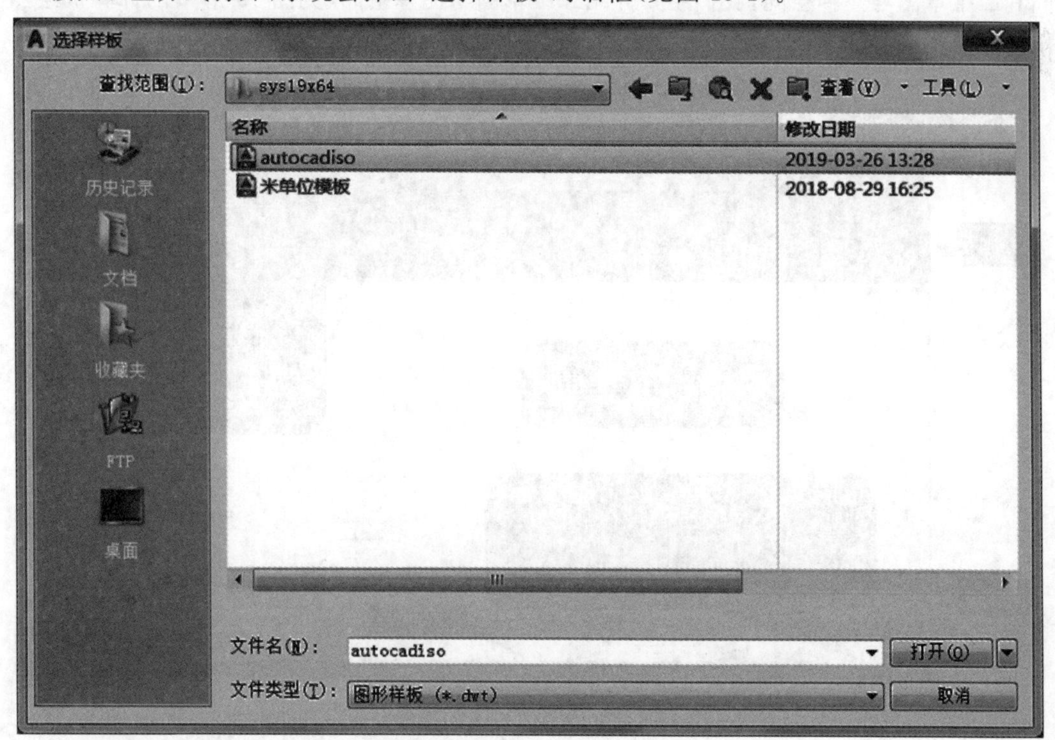

图 19-1 “选择样板”对话框

19.1.3 AutoCAD 2019 图形的打开

在 AutoCAD 2019 系统启动后，可利用以下几种方式之一打开图形文件。

(1) 鼠标左键单击下拉菜单栏“文件”→“打开”。

(2) 在标准工具栏单击“打开”按钮“ ”。

(3) 在命令行输入“Open”，并按“Enter”确认。

(4) 使用快捷命令：Ctrl+O。

19.1.4 AutoCAD 2019 图形的保存

在 AutoCAD 2019 中，可利用以下几种方式之一保存图形文件。

(1) 鼠标单击下拉菜单“文件”→“保存”，或“另存为”。

(2) 在标准工具栏单击“保存”按钮“ ”。

(3) 在命令行输入“Save”，或“Qsave”，并按“Enter”确认。

19.1.5 AutoCAD 2019 系统的用户界面

AutoCAD 2019 主要提供了 4 种工作空间：三维基本空间、三维建模空间、CAD 经典空间和二维草图与注释空间，我们主要介绍二维草图与注释空间（见图 19-2）下的计算机绘图。用户界面主要由标题栏、功能区、绘图区、命令行、状态栏组成。

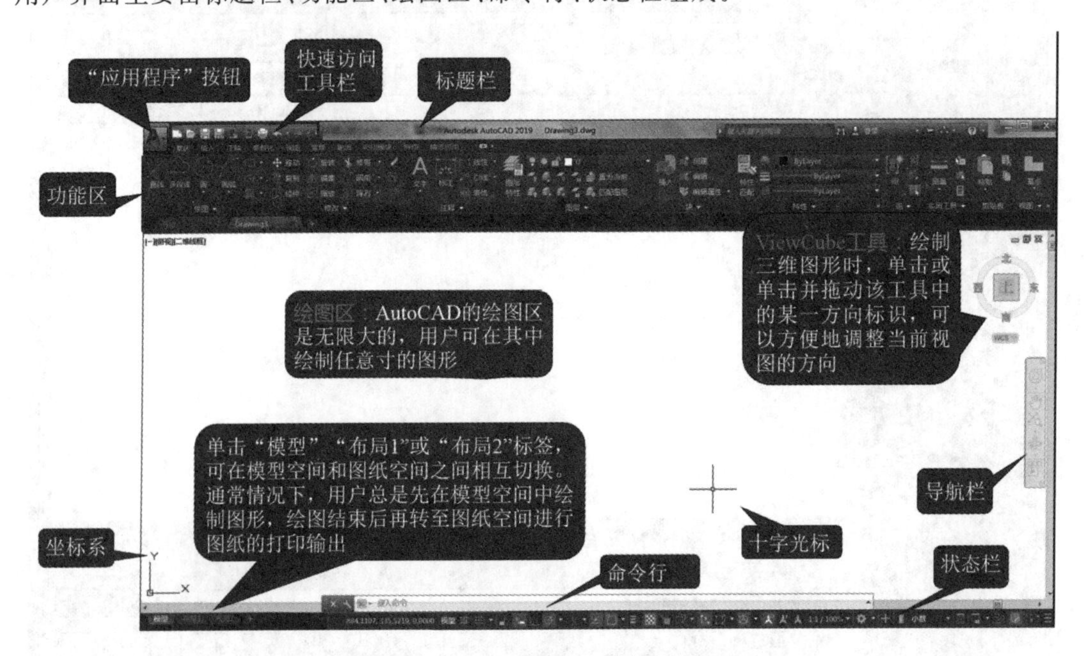

图 19-2 AutoCAD 2019 的操作界面

19.2 设置工作环境

为了提高绘图效率,开始绘制图形前,可根据个人的绘图习惯设置便于自己操作的工作环境,具体如下。

19.2.1 设置工作空间

进入 AutoCAD 2019 的操作界面后,可根据需要绘制的图形进入相应的工作空间。可单击图 19-3 状态栏中“切换工作空间”按钮右侧的三角符号,在弹出的快捷菜单中选择所需选项。

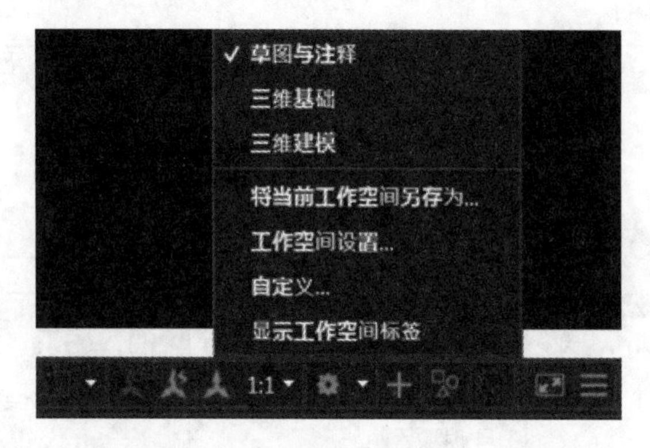

图 19-3　AutoCAD 2019 的切换工作空间

19.2.2 AutoCAD 2019“选项”设置

单击“A”按钮→“选项”,或在命令行输入 OP 命令,弹出“选项”对话框,在打开的“选项”对话框中选择“显示”选项卡,如图 19-4 所示。

(1) 在图 19-4 所示的“配色方案”列表框中单击,从弹出的快捷菜单中选择“明”或“暗”项,可修改除绘图区外其他区域的颜色。

(2) 在图 19-4 所示的“显示精度”中设置“圆弧和圆的平滑度”,对于配置较低的电脑,当打开的图形中的圆弧或圆显示为多边形时,可通过调整左方数值,使其正常显示。值得注意的是,如果该值设置太高,会增加电脑的运算负担,使电脑太慢。

(3) 在图 19-4 所示中单击“颜色(C)...”按钮,弹出图 19-5 所示对话框,在“界面元素”列表中选择“统一背景”选项,然后在“颜色”下拉列表中选择需要的背景颜色,如“白”选项,最后单击“应用并关闭(A)”按钮,即可将绘图区的背景色改为白色。

(4) 在图 19-4 中拉动“十字光标大小”滑块,可设置光标显示大小。

图 19-4 “选项”对话框

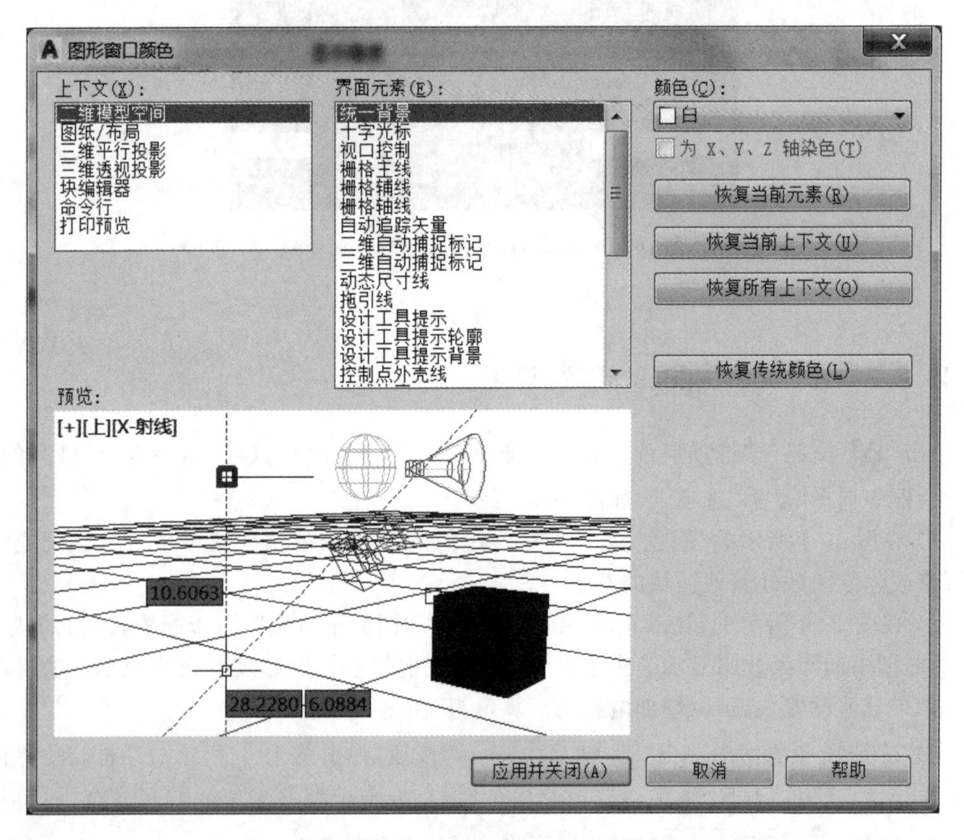

图 19-5 设置绘图区的背景颜色

(5) 在图 19-4 选择“打开和保存”选项卡，可设置“打开和保存”相关信息。如图 19-6 所示，在“文件保存”设置区的“另存为”列表中选择文件的保存类型，如“AutoCAD 2004/LT2004 图形(*.dwg)”，并在“文件安全措施”设置区中设置文件自动保存的时间间隔，最后单击“确定”按钮，关闭对话框。

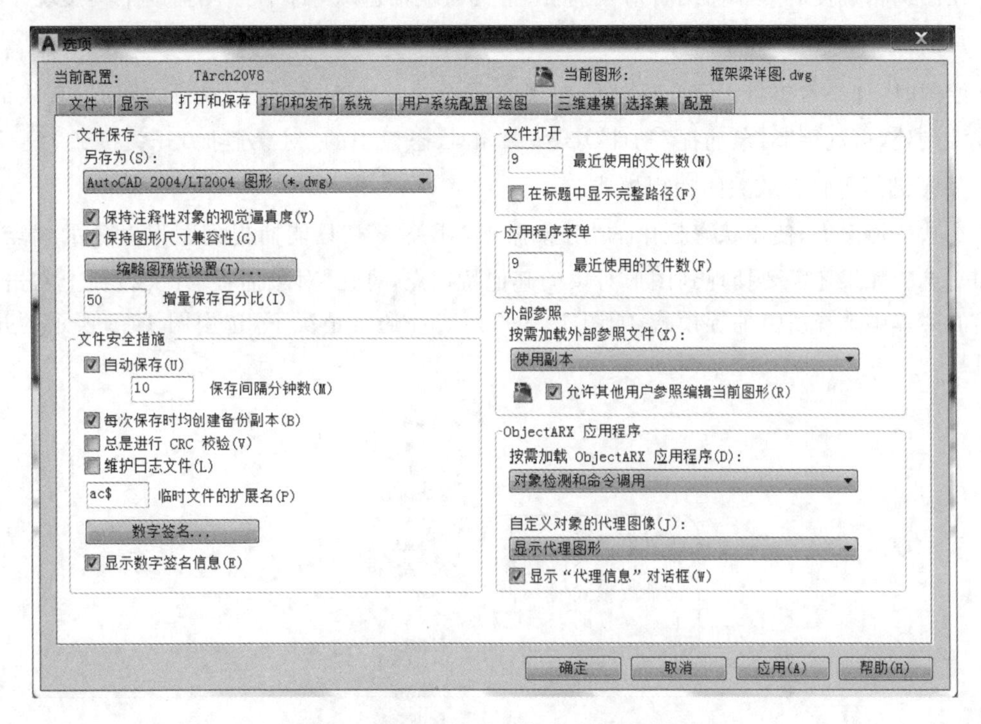

图 19-6 设置文件的保存类型和时间间隔

19.2.3 图形单位设置

AutoCAD 2019 绘制的图形是根据图形单位的设置来测量的。可进行长度、角度等图形单位的设置。默认一个图形的距离为 1 mm，绘图前可根据绘制图形进行调整。在命令行输入“UN”命令，打开如图 19-7 所示“图形单位”对话框进行设置，设置完毕后，单击“确定”按钮。

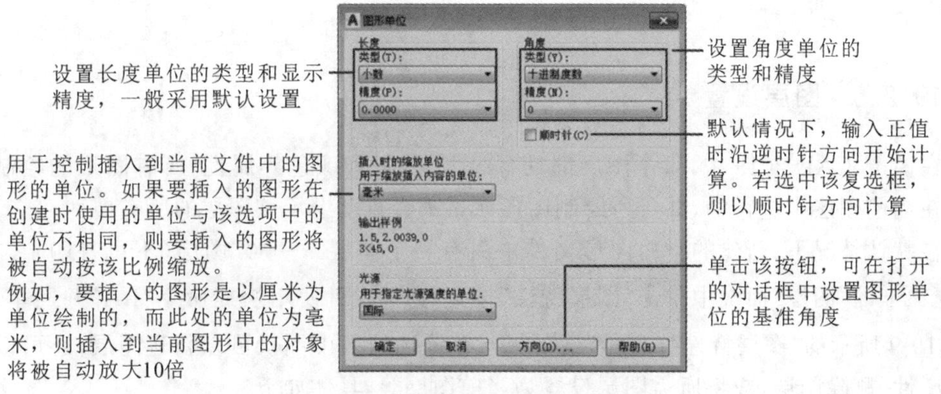

图 19-7 “图形单位”对话框

19.2.4 绘图辅助工具

绘图的精确度和效率需结合对象捕捉、正交与极轴追踪等多种绘图辅助工具实现。

1. 对象捕捉。

绘图时，如果希望将十字光标定位在现有图形的某些特征点上，如圆的圆心、直线的中点或端点处，可利用"对象捕捉"功能实现。单击状态栏中的"对象捕捉"开关按钮"□"（或者按"F9"键），可打开或关闭捕捉模式。

在默认情况下，使用状态栏中的"对象捕捉"开关"□"只能捕捉到图形对象的端点、圆心和交点。如果还需要捕捉到图形对象的其他特征点，可在"对象捕捉"开关按钮上右击，在弹出的菜单中选择所需捕捉模式，如图 19-8 所示。在通常情况下，选中图 19-8 所示的几项即可。

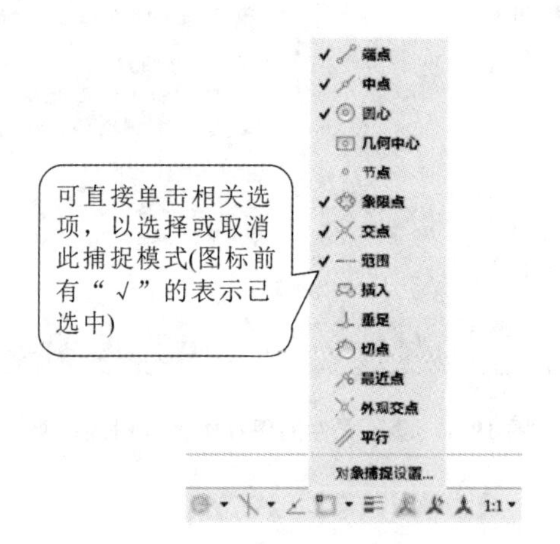

图 19-8 设置对象捕捉模式

2. 正交与极轴追踪。

利用状态栏中的"正交"开关"∟"可绘制水平或垂直线段（分别平行于当前坐标系的 *X* 轴与 *Y* 轴），利用"极轴追踪"开关"◎"可绘制指定角度的斜线，它们对应的快捷键分别为"F8"和"F10"。

19.2.5 图层设置

在 AutoCAD 2019 中，每个图层都具有线型、线宽和颜色等属性，所有图形的绘制工作都是在当前图层中进行的，并且所绘制图形元素都会自动继承该图层的所有属性。

在默认情况下，新建的空白图形文件中只有一个图层——"0"图层（不可打印）。在"默认"选项卡的"图层"面板中单击"图层特性"按钮"▤"，或者使用快捷命令"LA"并回车，可打开图 19-9 所示的"图层特性管理器"选项板。在该选项板中不仅可以新建图层，还可以设置图层属性、删除图层，或将所需图层设置为当前图层等，具体如下。

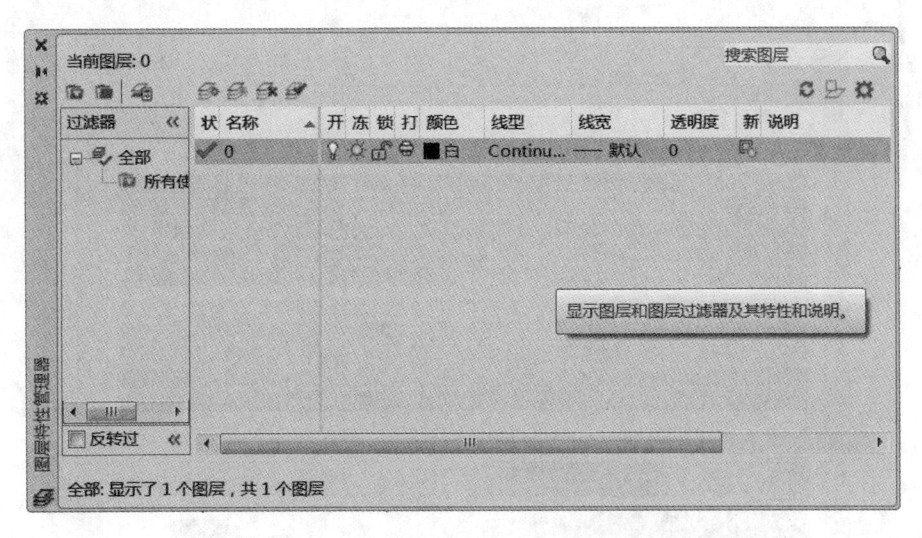

图 19-9　“图层特性管理器”选项板

1. 新建图层

在“图层特性管理器”选项板中单击“新建图层”按钮“ ”，可创建一个名称为“图层 1”的新图层。在“名称”编辑框中输入新图层的名称，如“轴线”，如图 19-10 所示。

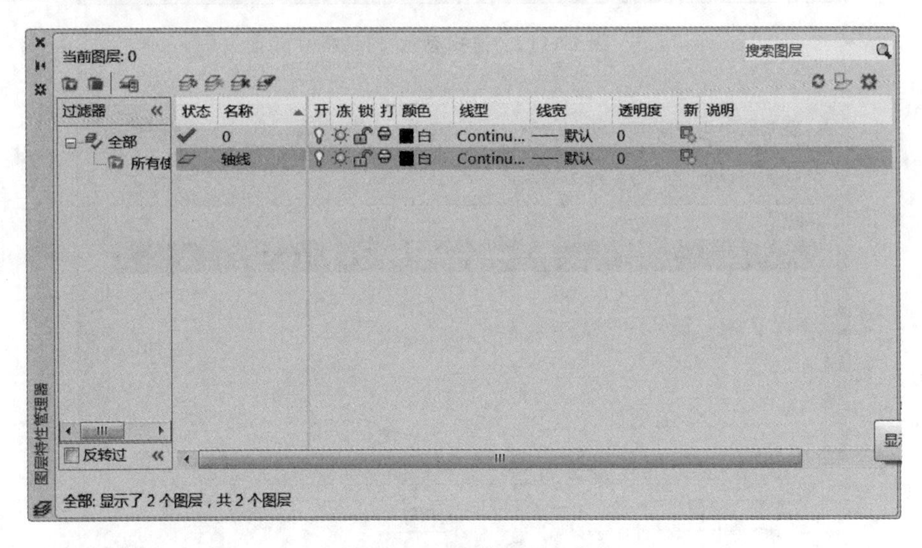

图 19-10　设置图层名称

2. 设置图层颜色

单击新建“轴线”图层所在行的颜色块“■白”，打开“选择颜色”对话框，然后在“索引颜色”选项卡中选择所需颜色，如“红”，如图 19-11 所示，最后单击“确定”按钮。

3. 设置图层线型

单击“轴线”图层所在行的“ Continuous ”按钮，打开“选择线型”对话框，如图 19-12 所示。如果该线型列表中没有需要的线型，可单击图 19-12 中“加载”按钮，打开“加载或重载线型”对话框，在对话框中选择“CENTER”，如图 19-13 所示，并单击“确定”按钮。

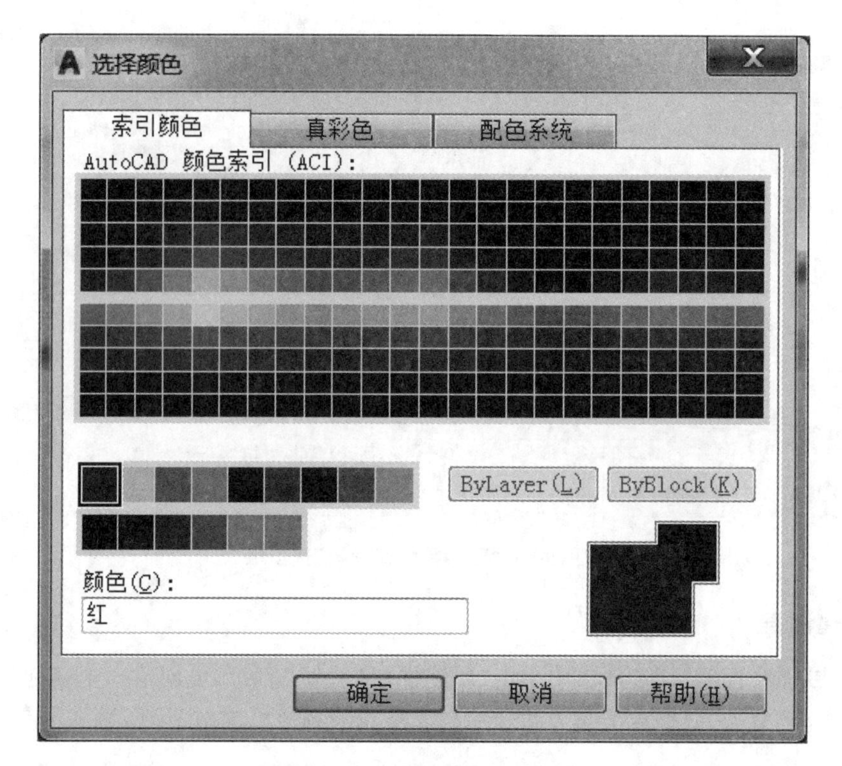

图 19-11 “选择颜色”对话框

图 19-12 “选择线型”对话框

4. 设置图层的线宽

在默认情况下，新建的图层的线宽为“默认”，如果需绘制其他线型可单击该图层所在行的“默认”选项，打开“线宽”对话框，然后选择所需线宽，如图 19-14 所示。

5. 设置当前图层

用户的所有绘图操作都是在当前图层中进行的，要将所需图层设置为当前图层，可在“图层特性管理器”选项板的图层列表区中选中要设置的图层，然后单击“置为当前”按钮，或直接双击该图层的名称，如图 19-15 所示。

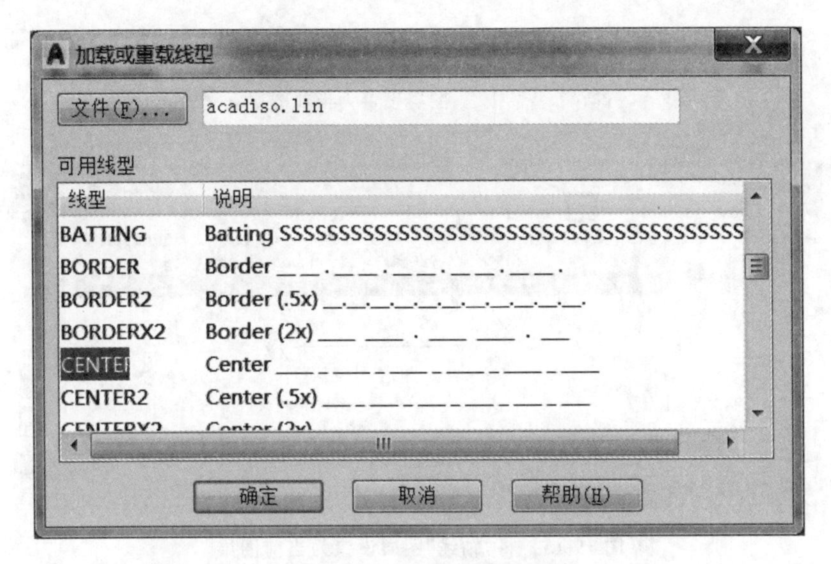

图 19-13　加载所需线型

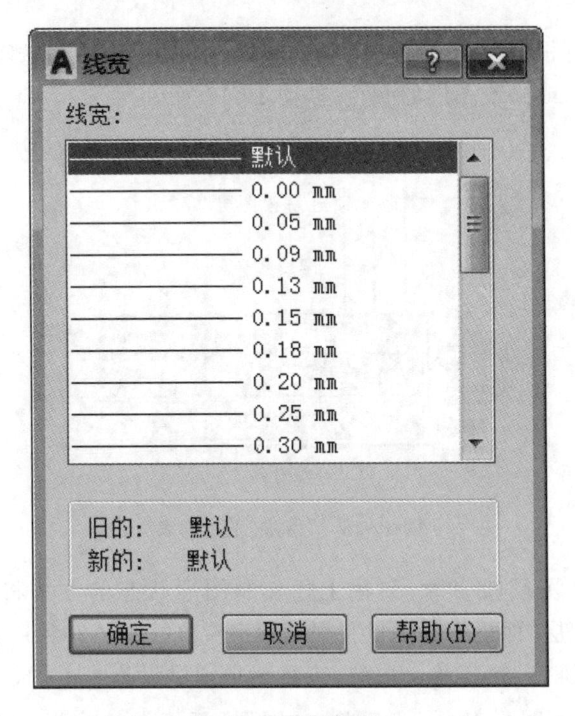

图 19-14　选择线宽

6. 重命名图层名称

在“图层特性管理器”选项板中单击要重命名的图层的名称，选中该图层，然后单击该图层的名称并输入新名称，或先选中要重命名的图层并单击鼠标右键，从弹出的快捷菜单中选择“重命名图层”项，最后输入图层名称。

7. 删除图层

在“图层特性管理器”选项板中选中要删除的图层，然后按“Delete”键，即可删除该图层。

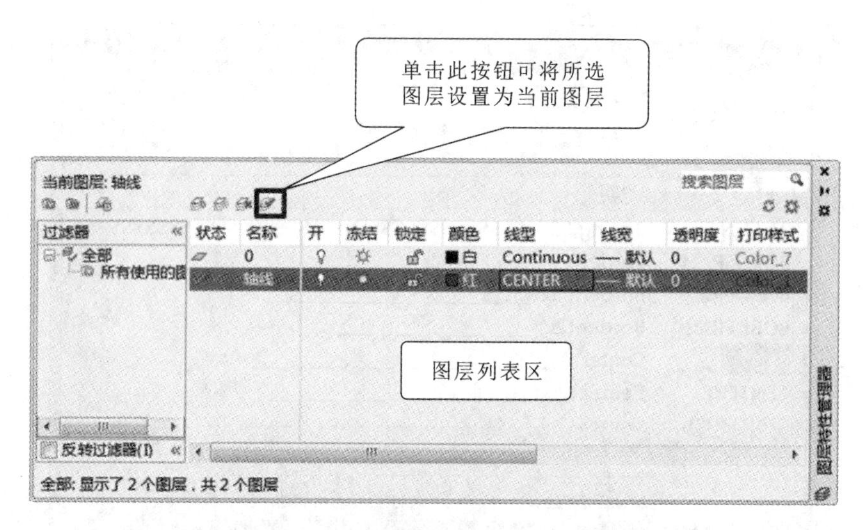

图 19-15　将“轴线”图层设置为当前图层

8. 控制图层状态

在绘图过程中，可根据绘图需要随时单击“图层”下拉列表中各选项前的相关开关，以便关闭、冻结、锁定图层，或修改图层的颜色，如图 19-16 所示。

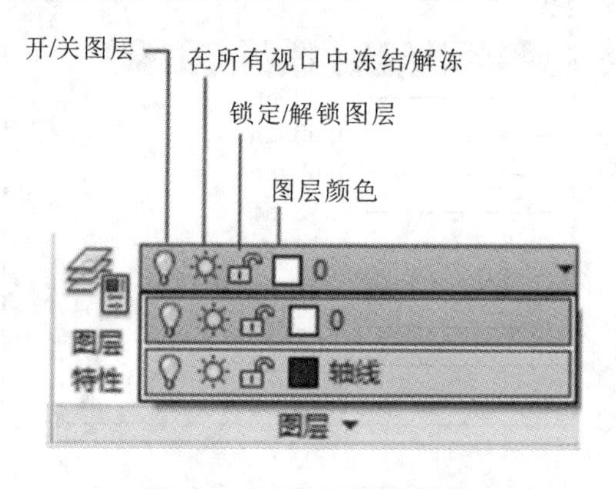

图 19-16　“图层”下拉列表

此外，当文件中的图层较多时，使用上述控制图层状态的方法将会很不方便。因此，AutoCAD 2019 的“图层”面板中还提供了根据指定对象控制该对象所在图层状态的相关按钮。例如，想要隐藏、冻结、锁定某个图层，或将某个图层设为当前图层，只需在绘图区中选中该图层上的任意一个图形对象，然后单击“图层”面板中的关闭“ ”、隔离“ ”、冻结“ ”、锁定“ ”，或置为当前按钮“ ”，如图 19-17 所示。

(1) 关闭图层：单击按钮“ ”，可关闭指定对象所在的图层。当图层处于关闭状态时，该图层上的所有内容是不可见和不可编辑的，同时也不可打印。

(2) 冻结图层：单击“ ”按钮，可冻结指定对象所在的图层。冻结图层后，该图层上的所有图形对象均不可见、不可编辑和不可打印。

(3) 锁定图层：单击“ ”按钮，可锁定指定对象所在的图层。锁定图层后，该图层上的所有图形对象均可见且可打印，但不可编辑。

图 19-17　“图层”面板

19.2.6　样式设置

1. 文字样式

AutoCAD 2019 除了绘制图形外还提供了文本标注功能，便于文本的编辑、修改。进行文本标注之前需设置文字样式，如文字的字体、字符高度、字符宽度等参数。

1）新建文字样式

鼠标左键单击下拉菜单栏“格式”→“文字样式”，或在“样式”工具栏单击“文字样式”按钮“ Standard ”，或使用快捷命令“ST”。此时系统弹出“文字样式”对话框（见图 19-18），单击“新建”按钮，弹出“新建文字样式”对话框（见图 19-19），输入新建的文字样式名称，单击“确定”按钮，完成新建文字样式创建。

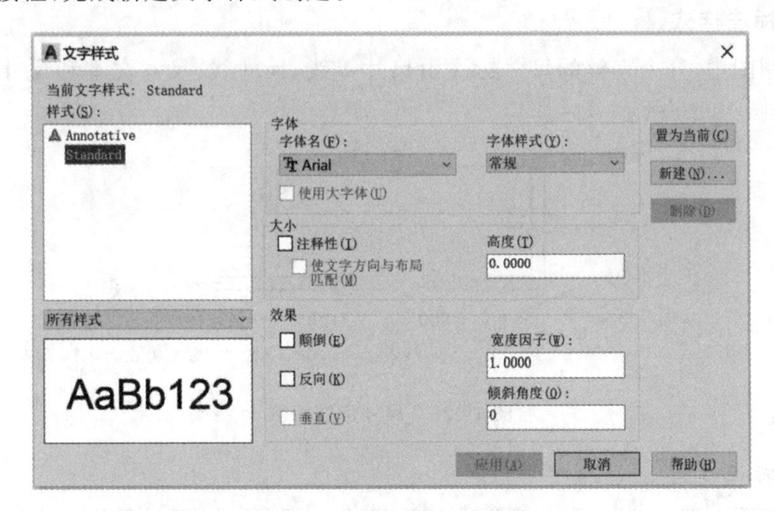

图 19-18　“文字样式”对话框

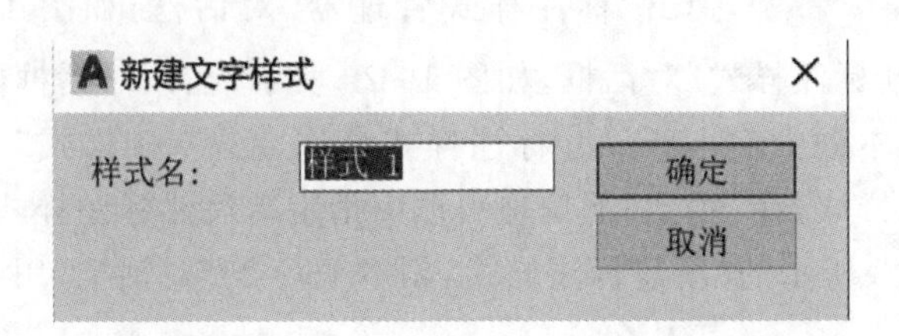

图 19-19　“新建文字样式”对话框

2）文本高度与大小

（1）“高度”：若高度设置为0，则每次输入该文字样式，系统都提示输入文字高度。若设置了高度，则此文字样式下输入的全部文字高度均一致，单独修改文字高度属性是无效的，只能返回“文字样式”管理器更改。

（2）“宽度因子”：输入小于1的值，文字变窄；输入大于1的值，文字变宽。

（3）“倾斜角度”：可设置文字的倾斜角度。

3）文本字体

（1）“名称”：可从下拉列表中选择一种字体。列表中的字体主要分为两大类：TrueType字体和SHX字体。TrueType字体来自Windows系统中的Fonts文件夹中的字体。SHX字体来自CAD中Fonts文件夹的字体。

（2）“样式”：设置字体样式为常规或者斜体。

（3）“大字体”：设置选用的大字体文件。若第一项“名称”指定的是TrueType字体，则不能指定大字体，这项不能选择。

在上述各项完成后，单击“应用”按钮，文字样式设置完成。在建筑制图中，一般将用于注写汉字的字体设为“仿宋_GB2312”，宽度因子设为“0.7”；将用于注写数字和字母的字体设为“gbeitc. shx”，宽度因子设为“1”。当要注写的数字或字母中含有“×”或“=”等符号时，还需选中“文字样式”对话框中的“使用大字体”复选框，然后在“大字体”下拉列表中选择“gbcbig. shx”字体，以指定符号的字体样式。当“使用大字体”复选框处于选中状态时，“字体名”列表框中仅显示“. shx”字体。此时，若需要设置其他字体样式，则必须先取消该复选框。

2. 尺寸标注样式

在建筑制图中，一个完整的尺寸标注由尺寸界线、尺寸线、尺寸文本和尺寸起止符号四部分组成，如图19-20所示。

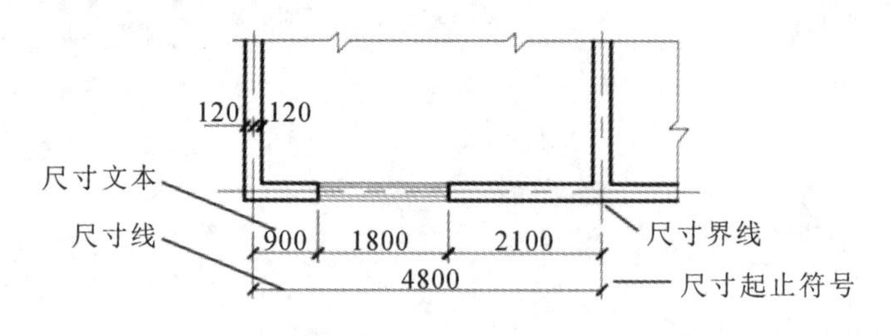

图 19-20　尺寸标注示例

1）新建标注样式

鼠标左键单击下拉菜单栏“格式”→“标注样式”，或在“样式”工具栏单击“标注样式”按钮“Standard”，弹出“标注样式管理器”对话框，如图19-21所示。单击“新建”按钮，弹出“创建新标注样式”对话框，如图19-22所示，在该对话框中即可创建新标注样式。在“新样式名”文本框中输入新尺寸标注样式名称，在“基础样式”下拉列表框中选择新尺寸标注样式的基准样式，在“用于”下拉列表框中指定新尺寸标注样式应用范围。单击“继续”按钮，弹出图19-23所示的“新建标注样式：副本ISO-25”对话框，用户可以在各选项卡中设置相应的参数。

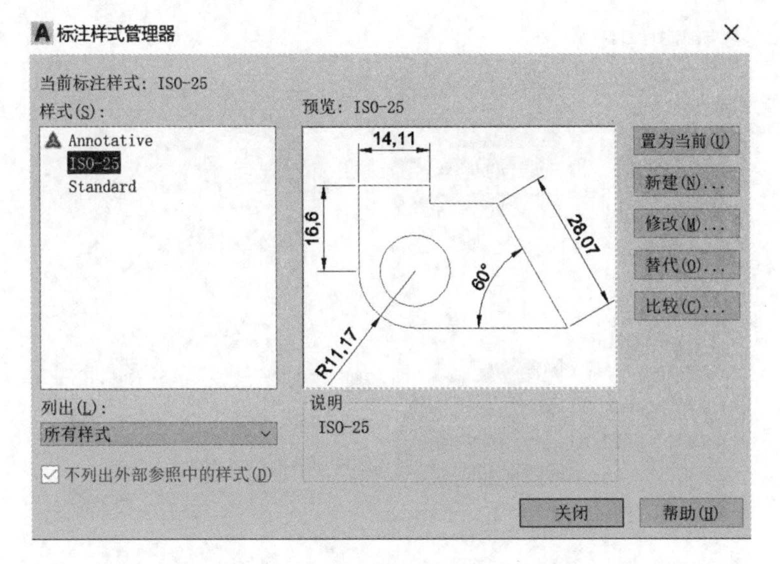

图 19-21　“标注样式管理器”对话框

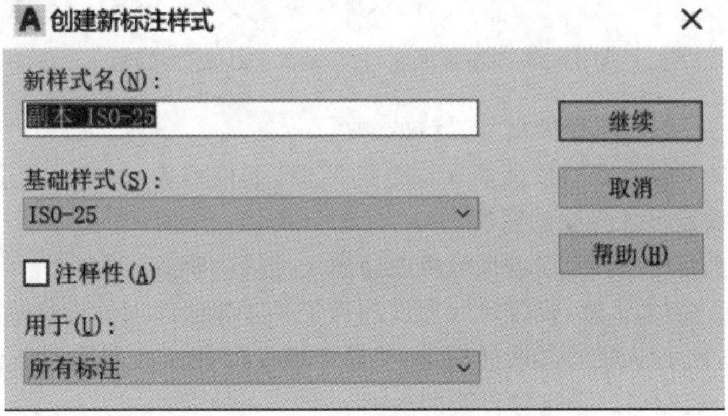

创建新标注样式
新样式名(N)：
副本 ISO-25
基础样式(S)：
ISO-25
注释性(A)
用于(U)：
所有标注
继续
取消
帮助(H)

图 19-22　“创建新标注样式”对话框

2）设置线性样式

在图 19-24 所示的“新建标注样式：副本 ISO-25”对话框中，使用“线”选项卡可以设置尺寸线和延伸线的格式和位置。下面介绍“线”选项卡中各主要内容。

(1)“尺寸线”选项组。

“尺寸线”选项组中各选项含义如下。

①“颜色”下拉列表框：设置尺寸线的颜色。

②“线型”下拉列表框：设置尺寸线的线型。

③“线宽”下拉列表框：设定尺寸线的宽度。

④“超出标记”文本框：设置尺寸线超出尺寸界线的距离。

⑤“基线间距”文本框：设置使用基线标注时各尺寸线的距离。

⑥“隐藏”选项：控制尺寸线的显示。“尺寸线 1”复选框用于控制第一条尺寸线的显示，“尺寸线 2”复选框用于控制第二条尺寸线的显示。

(2)“尺寸界线”选项组。

“尺寸界线”选项组中各选项含义如下。

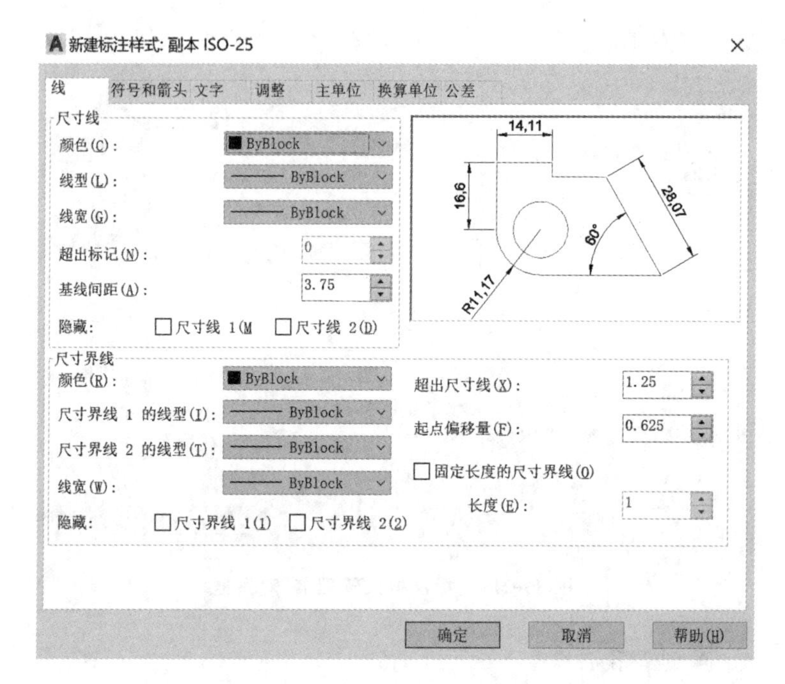

图 19-23 “新建标注样式:副本 ISO-25”对话框

①“颜色”下拉列表框:设置尺寸界线的颜色。

②“尺寸界线 1 的线型”和“尺寸界线 2 的线型”下拉列表:设置尺寸界线的线型。“线宽”下拉列表框:设置尺寸界线的宽度。

③“超出尺寸线”文本框:设置尺寸界线超出尺寸线的距离。

④“起点偏移量”文本框:设置尺寸界线相对于尺寸界线起点的偏移距离。

⑤“隐藏”选项:设置尺寸界线的显示。“尺寸界线 1”用于控制第一条尺寸界线的显示,“尺寸界线 2”用于控制第二条尺寸界线的显示。

⑥“固定长度的尺寸界线”复选框及其“长度”文本框:设置尺寸界线从尺寸线开始到标注原点的总长度。

3)设置符号与箭头。

在“新建标注样式:副本 ISO-25”对话框中,选择“符号和箭头”选项卡,在该选项卡中可以设置箭头、圆心标记、弧长符号、半径折弯标注和线性折弯标注的格式与位置,如图 19-24 所示。下面介绍“符号和箭头”选项卡中各主要内容。

(1)“箭头”选项组。

“箭头”选项组用于设置表示尺寸线端点的箭头的外观形式。各选项含义如下。

①“第一个”和“第二个”下拉列表框:设置标注的箭头形式。

②“引线”下拉列表框:设置尺寸线引线的形式。

③“箭头大小”文本框:设置箭头相对于其他尺寸标注元素的大小。

(2)“圆心标记”选项组。

“圆心标记”选项组用于在标注半径和直径尺寸时控制中心线和中心标记的外观。各选项含义如下。

①“无”单选按钮:设置在圆心处,不放置中心线和圆心标记。

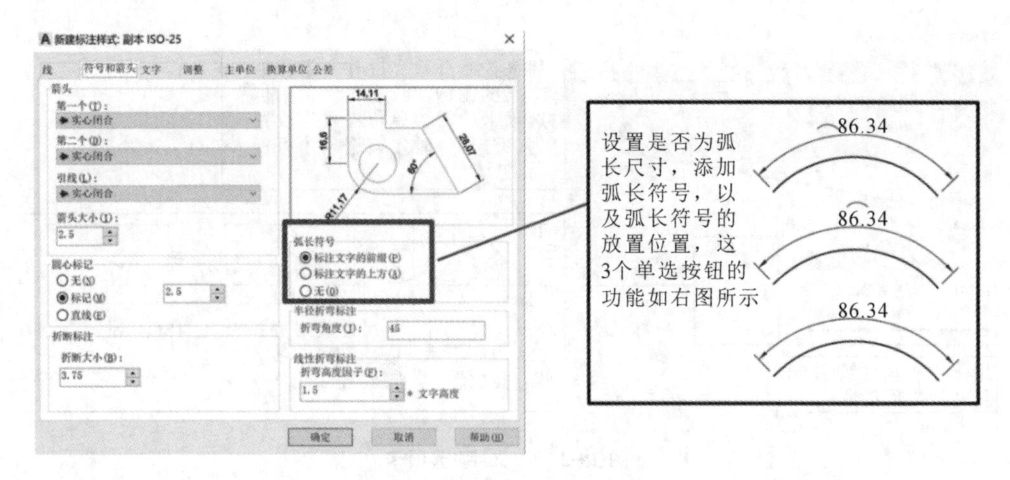

图 19-24 “符号和箭头”选项卡

② “标记”单选按钮：设置在圆心处，放置一个与“大小”文本框中值相同的圆心标记。

③ “直线”单选按钮：设置在圆心处，放置一个与“大小”文本框中值相同的中心线标记。

(3) “折断标注”选项组。

“折断大小”文本框：显示和设定用于折断标注的间隙大小。

(4) “弧长符号”选项组。

“弧长符号”选项组控制弧长标注中圆弧符号的显示。各选项含义如下。

① “标注文字的前缀”单选按钮：将弧长符号放在标注文字的前面。

② “标注文字的上方”单选按钮：将弧长符号放在标注文字的上方。

③ “无”单选按钮：不显示弧长符号。

(5) “半径折弯标注”选项组。

“半径折弯标注”选项组控制折弯(Z 字形)半径标注的显示。半径折弯标注通常在中心点位于页面外部时创建。“折弯角度”文本框确定用于连接半径标注的尺寸界线和尺寸线的横向直线的角度。

(6) “线性折弯标注”选项组。

“线性折弯标注”选项组用于控制线性标注折弯的显示。通过形成折弯的角度的两个顶点之间的距离确定折弯高度，线性折弯大小由“折弯高度因子”和“文字高度”的乘积确定。

4) 设置文字样式

在“新建标注样式：副本 ISO-25”对话框中，选择“文字”选项卡，在其中可以设置标注文字的外观、位置和对齐方式，如图 19-25 所示。下面介绍“文字”选项卡中各主要内容。

(1) “文字外观”选项组。

“文字外观”选项组可设置标注文字的格式和大小。各选项功能如下。

① “文字样式”下拉列表框：设置标注文字所用的样式，单击其右侧的按钮，打开“文字样式”对话框。

② “文字颜色”下拉列表框：设置标注文字的颜色。

③ “填充颜色”下拉列表框：设置标注中文字背景的颜色。

④ “文字高度”文本框：设置当前标注文字样式的高度。

⑤ “分数高度比例”文本框：设置分数尺寸文本的相对高度系数。

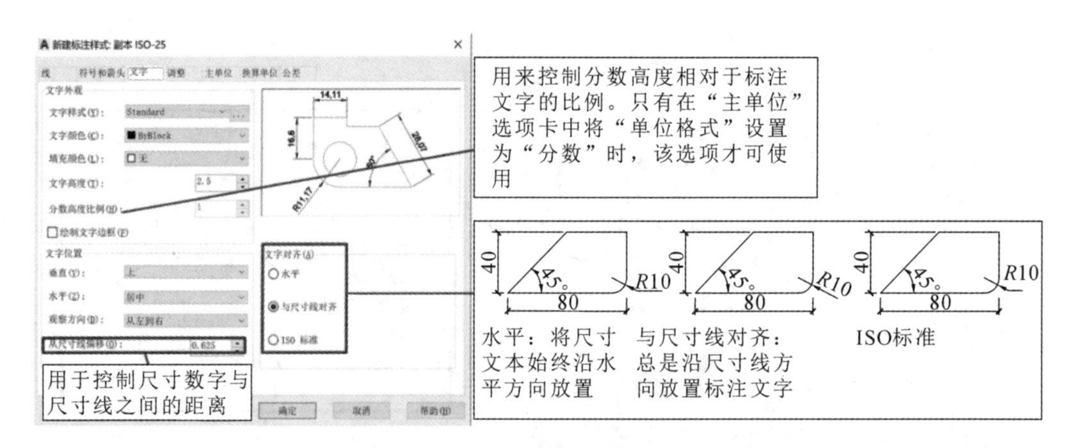

图 19-25 “文字”选项卡

⑥ “绘制文字边框”复选框：控制是否在标注文字四周绘制一个文字边框。

(2) “文字位置”选项组。

“文字位置”选项组用于设置标注文字的位置。各选项功能如下。

① “垂直”下拉列表框：设置标注文字沿尺寸线在垂直方向上的对齐方式。

② “水平”下拉列表框：设置标注文字沿尺寸线和尺寸界线在水平方向上的对齐方式。

③ “观察方向”下拉列表框：设置标注文字的方向。

④ “从尺寸线偏移”文本框：设置文字与尺寸线的间距。

(3) “文字对齐”选项组。

“文字对齐”选项组用于设置标注文字的方向。各选项功能如下。

① “水平”单选按钮：选中该单选按钮，标注文字沿水平线放置。

② “与尺寸线对齐”单选按钮：选中该单选按钮，标注文字沿尺寸线方向放置。

③ “ISO 标准”单选按钮：当标注文字在尺寸界线之间时，标注文字沿尺寸线的方向放置；当标注文字在尺寸界线外侧时，标注文字水平放置。

5) 设置调整样式。

在“新建标注样式：副本 ISO-25”对话框中，可以使用“调整”选项卡设置标注文字、尺寸线、尺寸箭头的位置，如图 19-26 所示。下面介绍“调整”选项卡中各主要内容。

(1) “调整选项”选项组：用于控制基于尺寸界线之间可用空间的文字和箭头的位置。

(2) “文字位置”选项组：用于设置标注文字从默认位置(由标注样式定义的位置)移至其他位置时标注文字的位置。

(3) “标注特征比例”选项组：用于设置全局标注比例值或图纸空间比例。

(4) “优化”选项组：提供用于设置标注文字的其他选项。

6) 设置主单位样式

在“新建标注样式：副本 ISO-25”对话框中，选择“主单位”选项卡，在其中可以设置主单位的格式与精度等属性，如图 19-27 所示。下面介绍“主单位”选项卡中各主要内容。

(1) “线性标注”选项组。

“线性标注”选项组用于设置线性标注单位的格式及精度。各选项功能如下。

① “单位格式”下拉列表框，设置可用于所有尺标注类型(除角度标注外)的当前单位格式。

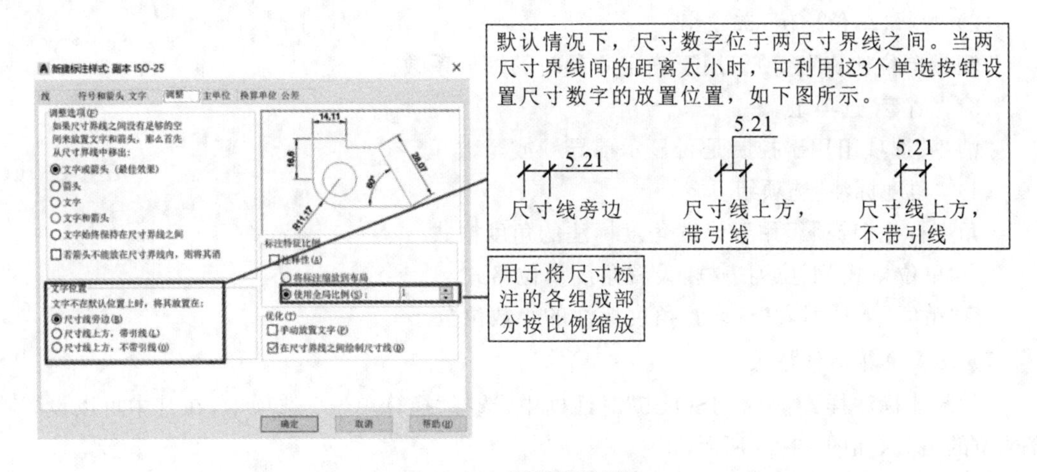

图 19-26 “调整”选项卡

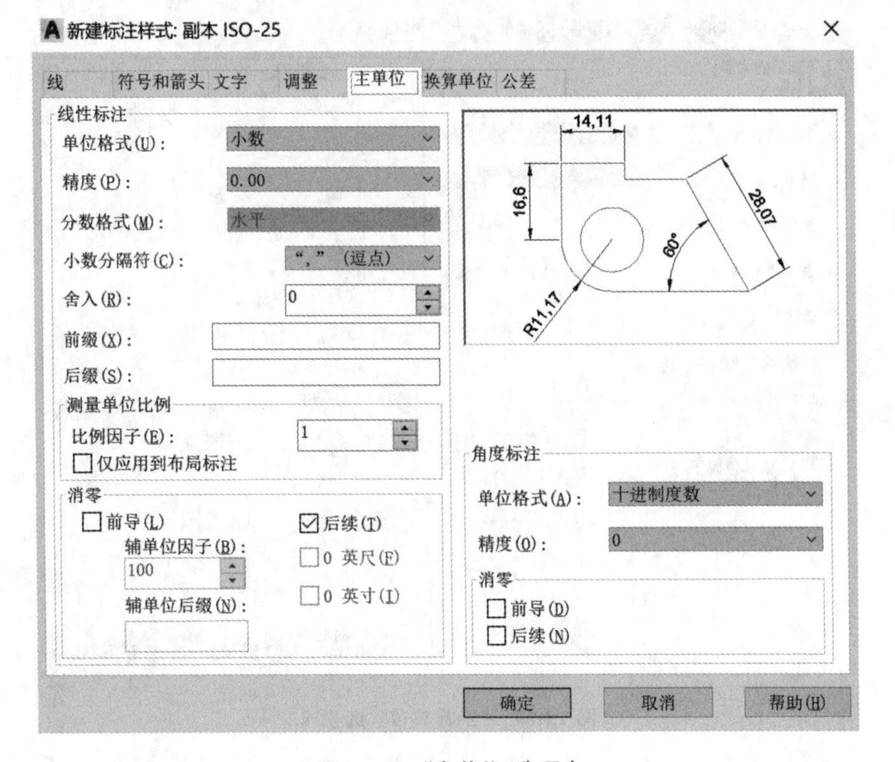

图 19-27 “主单位”选项卡

② “精度”下拉列表框：显示和设置标注文字中的小数位数。

③ “分数格式”下拉列表框：设置分数的格式。

④ “小数分隔符”下拉列表框：设置小数格式的分隔符号。

⑤ “舍入”文本框：设置所有尺寸标注类型(除角度标注外)的测量值的取整规则。

⑥ “前缀”文本框：设置标注文字中包含的前缀。可以输入文字或使用控制代码显示特殊符号。

⑦ “后缀”文本框：设置标注文字中包含的后缀。可以输入文字或使用控制代码显示特殊符号。

(2)“测量单位比例”选项组。

“测量单位比例”选项组用于确定测量时的缩放系数。

(3)“消零”选项组。

“消零”选项组用于控制是否显示前导 0 或尾数 0。

(4)“角度标注”选项组。

“角度标注”选项组用于设置角度标注的角度格式。

①“单位格式”下拉列表框:设置角度单位格式。

②“精度”下拉列表框:设置角度标注的小数位数。

7)设置换算单位样式。

在“新建标注样式:副本 ISO-25”对话框中,选择“换算单位”选项卡,在其中可以设置换算单位的格式,如图 19-28 所示。

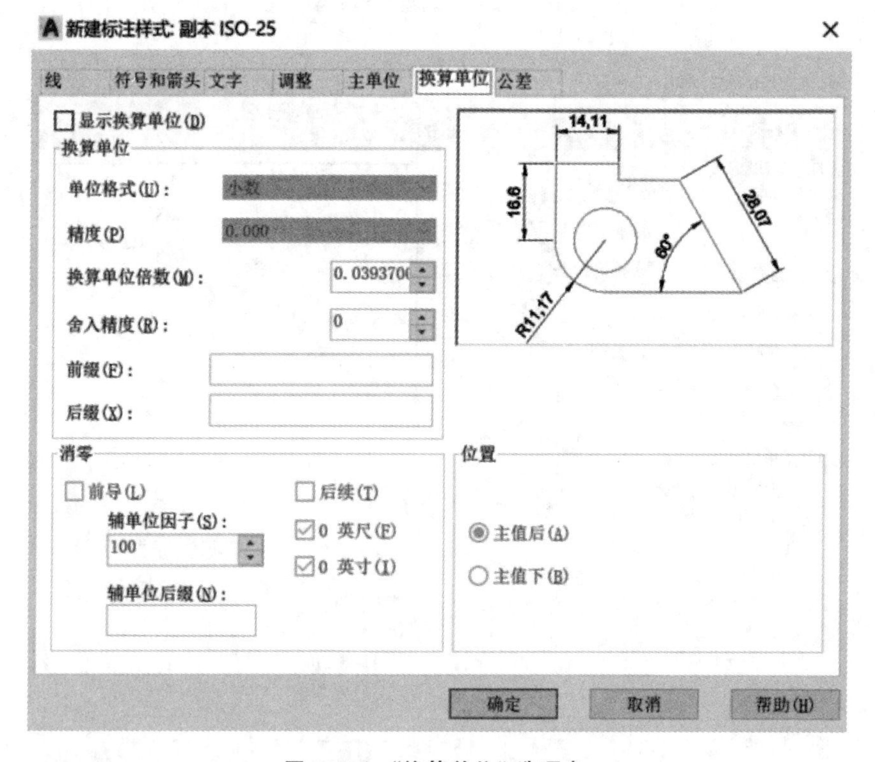

图 19-28 “换算单位”选项卡

勾选“显示换算单位”复选框,则“换算单位”选项卡可用。“换算单位”和“消零”选项组与“主单位”选项卡中的相同选项功能类似,“位置”选项组控制标注文字中换算单位的位置。

8)设置公差样式

在“新建标注样式:副本 ISO-25”对话框中,可以使用“公差”选项卡设置是否标注公差以及以何种方式进行标注,如图 19-29 所示。

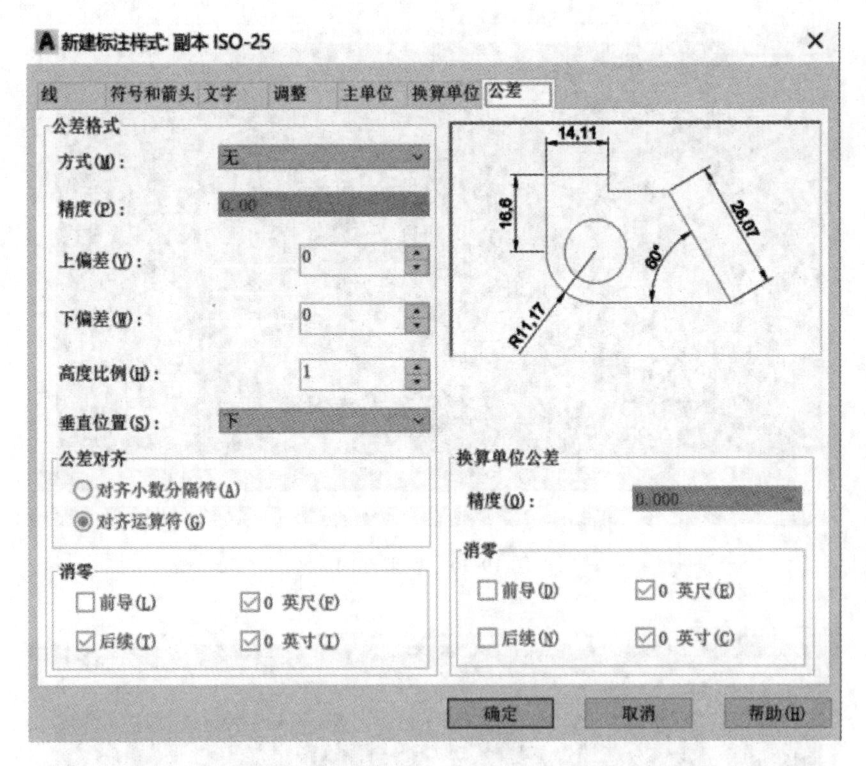

图 19-29 “公差”选项卡

19.2.7 打印输出文件

1.模型空间与图纸空间

在 AutoCAD 2019 中,有两个制图空间:模型空间和图纸空间(见图 19-30、图 19-31)。模型空间用于创建图形,模型空间提供了一个无限的绘图区域,可以按 1∶1 的比例绘图,并确定各单位是 1 mm、1 dm,还是其他常用的单位。图纸空间可以理解为覆盖在模型空间上的一层不透明的纸,需要从图纸空间看模型空间的内容,必须进行开窗操作,也就是开视口,视口的大小、形状可以随意使用,视口的大小决定在某特定比例下所看到的对象的多少,图纸空间用于创建最终的打印布局,而不用于绘图或设计工作。

2.布局页面设置

在布局打印图纸之前需要对其进行设置(图纸大小以 A2 图纸为例)。

1) 重命名布局

鼠标左键单击布局,切换到布局界面,单击鼠标右键,选择重命名,系统将弹出“重命名布局”对话框,将名字改为“A2 出图”,鼠标右键单击“A2 出图”布局选项卡,选择“页面设置”选项,系统弹出“页面设置管理器”对话框,点击修改,进入打印设置对话框(图 19-32、图 19-33)。

2)“打印机/绘图仪”特性设置

“打印机/绘图仪”的名称选择“DWG To PDF. pc3”,“图纸尺寸”选择“ISO A2(594.00×420.00 毫米)”,“打印样式表(画笔指定)”选择“monochrome. ctb”,“比例”改为“1∶1”。

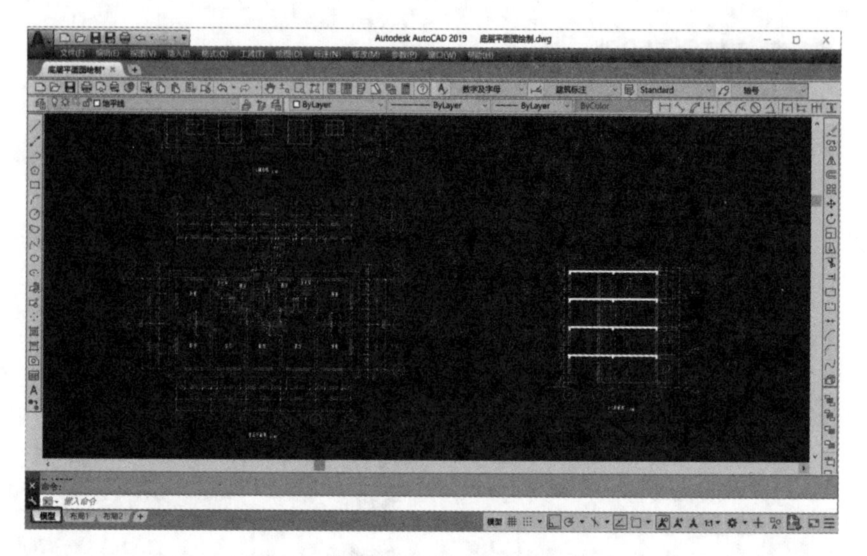

图 19-30 模型空间

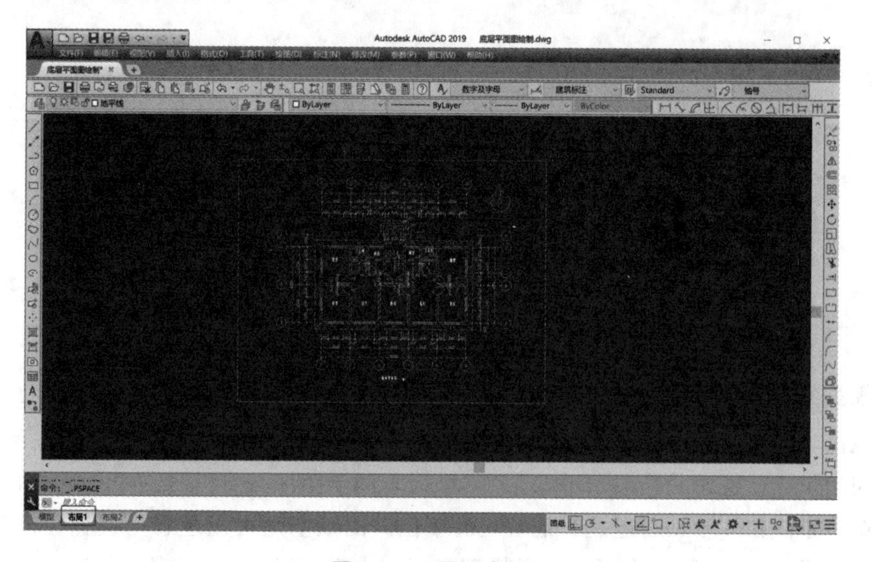

图 19-31 图纸空间

鼠标左键单击名称旁的“特性”按钮，系统弹出“绘图仪配置编辑器-DWG To PDF. pc3”对话框，鼠标左键单击“修改标准图纸尺寸(可打印区域)”，在“修改标准图纸尺寸”列表下找到并选择“ISO A2(594.00×420.00 毫米)”单击修改，调整可打印区域上、下、左、右的页边距为0，并确认(见图 19-33～图 19-35)。

3. 布局图框绘制

在布局中绘制 A2 图框，方法有两种。第一种：在布局中绘制图框。第二种：复制模型空间已经绘制好的图框。

第一种：使用矩形命令绘制图幅线。输入快捷命令“REC”。此时命令栏提示：指定第一个角点或“倒角(C)/标高(E)/圆角(F)/厚度(T)/宽度(W)”，输入[0,0]，确认。此时命令栏提示：指定其他的角点或“面积(A)/尺寸(D)/旋转(R)”，输入“594,420”确认，完成矩形绘制(注：输入数值时，输入法必须切换为英文)。第二种：选取模型空间已经绘制的图框，单击

页面设置管理器
当前布局: A2出图
页面设置(P)
当前页面设置: <无>
A2出图
置为当前(S)
新建(N)...
修改(M)...
输入(I)...
选定页面设置的详细信息
设备名: 无
绘图仪: 无
打印大小: 210.00 x 297.00 毫米 (横向)
位置: 不可用
说明: 在选择新的绘图仪配置名称之前，不能打印该布局。
创建新布局时显示
关闭(C)
帮助(H)

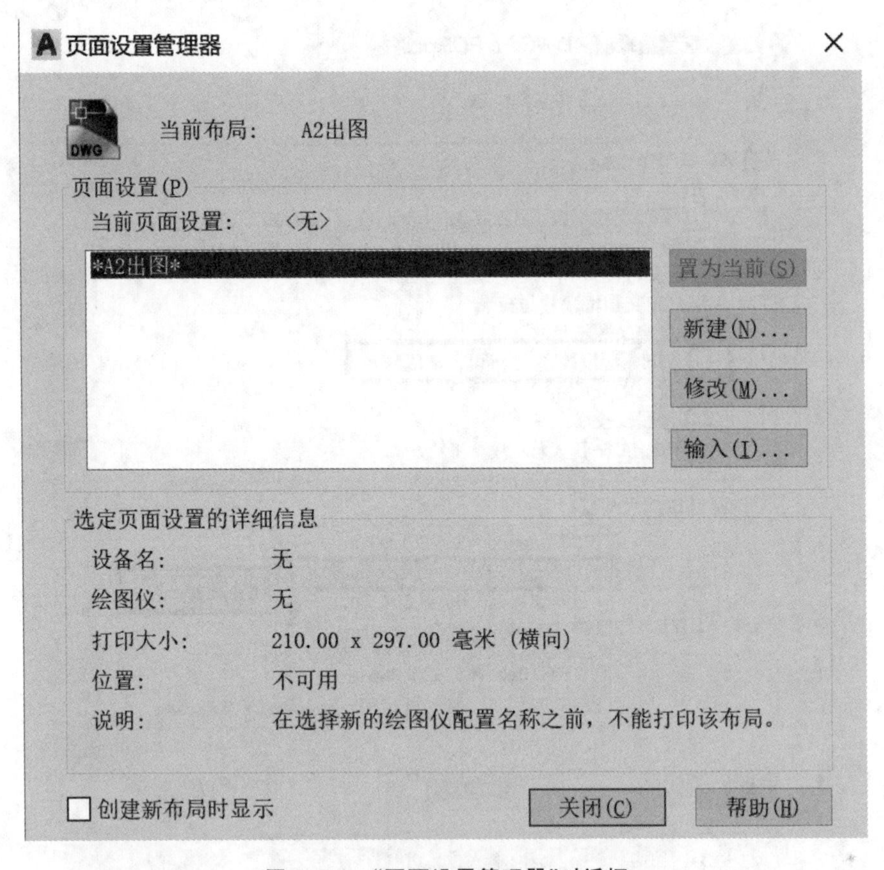

图 19-32 “页面设置管理器”对话框

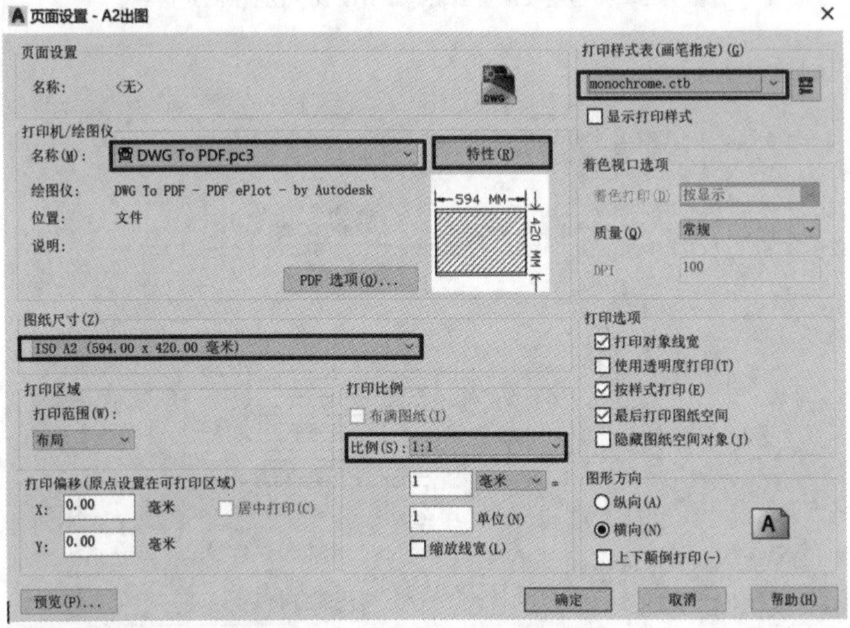

页面设置 - A2出图
页面设置
名称: <无>
打印机/绘图仪
名称(M): DWG To PDF.pc3
特性(R)
绘图仪: DWG To PDF - PDF ePlot - by Autodesk
位置: 文件
说明:
PDF 选项(O)...
594 MM
420 MM
图纸尺寸(Z)
ISO A2 (594.00 x 420.00 毫米)
打印区域
打印范围(W):
布局
打印比例
布满图纸(I)
比例(S): 1:1
1 毫米 =
1 单位(N)
缩放线宽(L)
打印偏移(原点设置在可打印区域)
X: 0.00 毫米
居中打印(C)
Y: 0.00 毫米
打印样式表(画笔指定)(G)
monochrome.ctb
显示打印样式
着色视口选项
着色打印(D) 按显示
质量(Q) 常规
DPI 100
打印选项
打印对象线宽
使用透明度打印(T)
按样式打印(E)
最后打印图纸空间
隐藏图纸空间对象(J)
图形方向
纵向(A)
横向(N)
上下颠倒打印(-)
预览(P)...
确定
取消
帮助(H)

图 19-33 “页面设置-A2 出图”对话框

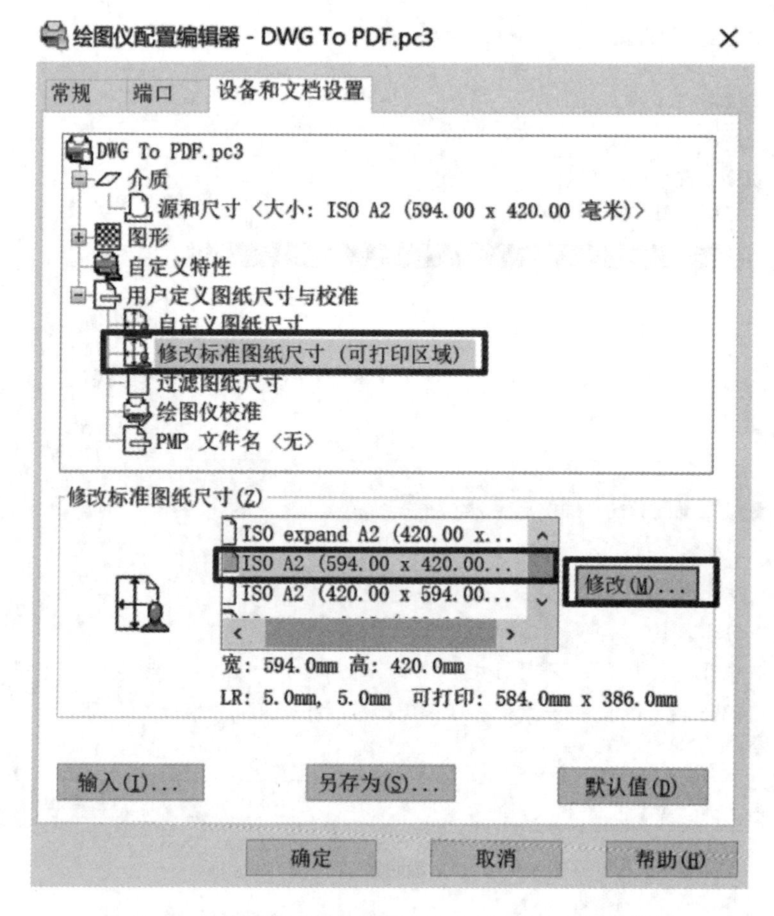

图 19-34 “绘图仪配置编辑器-DWG To PDF. pc3”对话框

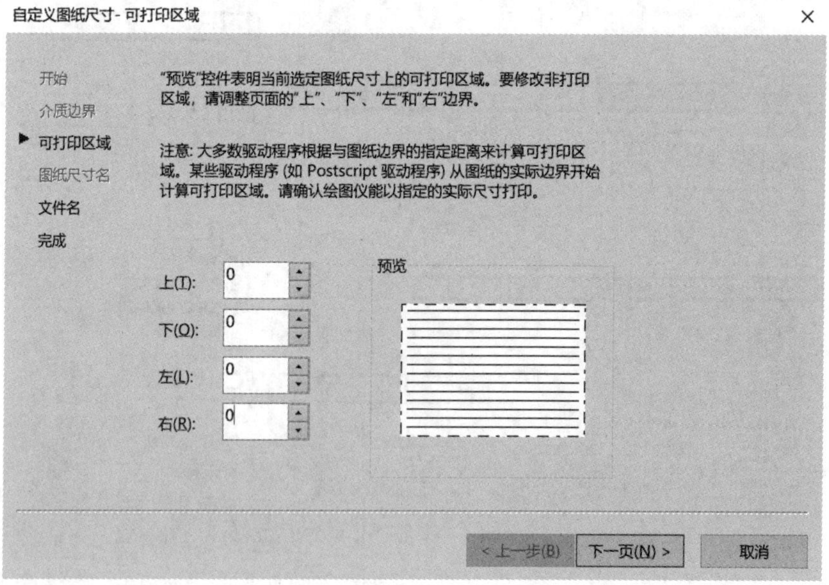

自定义图纸尺寸- 可打印区域

开始
介质边界
可打印区域
图纸尺寸名
文件名
完成

“预览”控件表明当前选定图纸尺寸上的可打印区域。要修改非打印区域，请调整页面的“上”、“下”、“左”和“右”边界。

注意: 大多数驱动程序根据与图纸边界的指定距离来计算可打印区域。某些驱动程序 (如 Postscript 驱动程序) 从图纸的实际边界开始计算可打印区域。请确认绘图仪能以指定的实际尺寸打印。

上(T): 0
下(O): 0
左(L): 0
右(R): 0

预览

< 上一步(B) 下一页(N) > 取消

图 19-35 “自定义图纸尺寸-可打印区域”对话框

鼠标右键选择“复制选择(Y)”按钮“复制选择(Y)”,并将左下角点设为基点,切换到布局中,使用快捷命令 Ctrl+V,插入点输入“0,0”即可完成在布局空间绘制图框。

4. 打印样式

1) 布局生成视口

可通过以下方式生成视口。

(1) 鼠标左键单击下拉菜单栏“视图”→“视口”→“一个视口”。

(2) 或使用快捷命令 MV。根据命令栏提示,输入选项“打开(ON)/关闭(OFF)/布满(F)/锁定(L)/对象(E)/多边形(P)/2/3/4”,输入“F” 命令,并确认,此时已经在布局空间布置视口。

2) 布置视口步骤

第一步:鼠标左键双击“视口”,进入视口后,双击鼠标滚轮,此时模型空间所绘制的图形会在显示在“视口”中,拖拽图形,放在合适的位置后鼠标左键双击“视口”外,退出视口,或输入快捷命令“PS”。

第二步:单击鼠标左键选中“视口线”,输入快捷命令“Ctrl+1”,将标准比例改为出图比例,将显示锁定改为“是”。

5. 布局输出 PDF 文件

在布局空间输出 PDF 文件,需要先切换到布局界面。在标准工具栏单击“打印”按钮,或使用快捷命令 Ctrl+P。

系统弹出“打印-A2 出图”对话框,单击“预览”按钮,在预览界面确认图纸显示无误后,再次单击“确认”按钮,回到“打印-A2 出图”对话框,单击“确认”按钮,系统弹出“浏览打印文件对话框”,找到 PDF 需要存储的位置,单击“保存”按钮即可完成 PDF 打印。

19.2.8　绘制平面图形

任何复杂的平面图形实际上都是由点、直线、圆、圆弧和矩形等基本图形元素组成的。本节我们将学习在 AutoCAD 2019 中绘制这些基本图形元素的方法,从而为绘制复杂的建筑平面图形打下坚实的基础。

1. 任务实施:绘制五星红旗

任务解析:五星红旗的长宽比为 3∶2,本次绘制尺寸为长 288 cm、高 192 cm,4 个小五角星的其中一个角对应大五角星的中心点,所有的五角星都集中在红旗的左上四分之一区域。

2. 绘图步骤

(1) 关闭状态栏中的显示图形栅格“”开关,并确认极轴追踪“”、对象捕捉追踪“”、对象捕捉“”开关均处于开启状态。

(2) 画矩形边框(240 cm×180 cm):输入绘制矩形命令“REC”并回车,在绘图区的合适位置单击,以确定矩形的起点,然后向右上方移动光标,并根据命令栏提示“指定另一个角点或[面积(A)/尺寸(D)]/旋转(R)”,输入“D” 命令,并回车确认。然后依次输入长度(240)、逗号、宽度(180),回车,画出矩形边框如图 19-36 所示。

(3) 用线段连接中心点,把矩形边框平分四份:输入绘制直线命令“L”并回车,移动十字光标至边线中点捕捉“中点”,待边线中心处出现“△”时,点击鼠标左键确认以确定直线起点,再次捕捉对边线中点以确定直线终点,同样方法绘制另一条线,两条线在矩形的中心点相互连接,结果如图19-37所示。

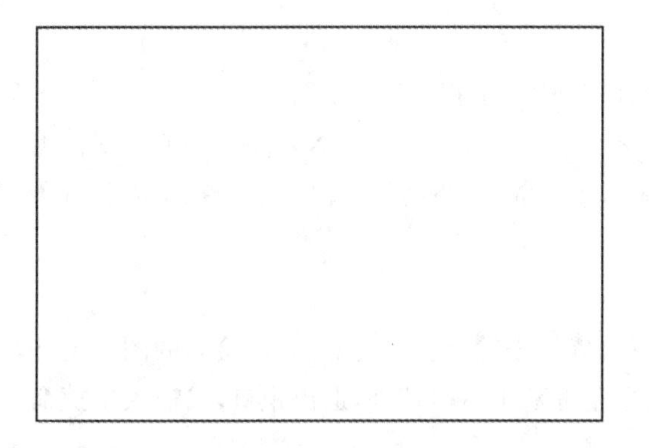

图19-36 绘制矩形边框

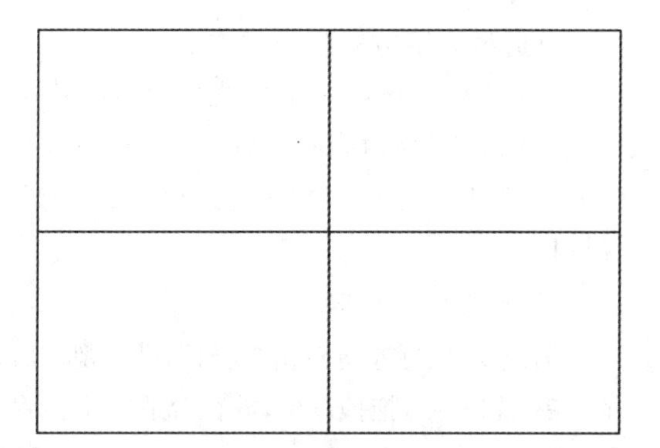

图19-37 用线段连接中心点

(4) 打断分解线段:输入打断命令“BR”,选择需要打断的线段,根据命令栏提示“指定第二个打断点或第一点(F)”,输入“F”命令,按提示依次指定第一次打断位置、第二次打断位置。线段打断前、后的对比图如图19-38、图19-39所示。

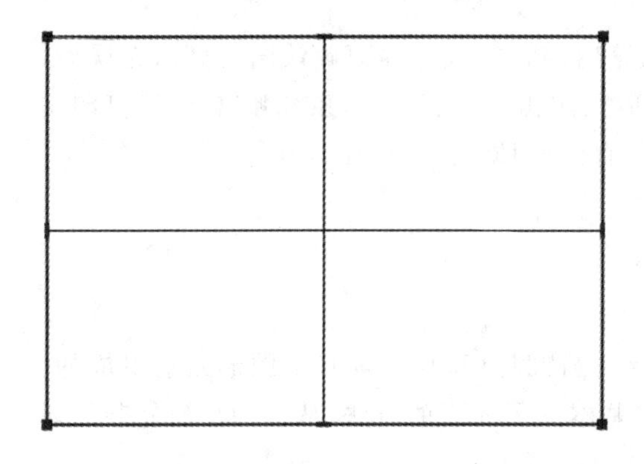

图19-38 打断前(边框为一个整体)

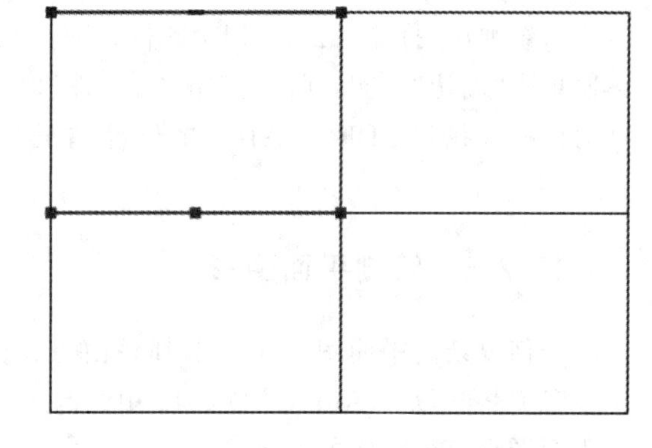

图19-39 打断后(边框为独立的四条边)

(5) 画出左上角矩形的辅助线(平分成若干个小格子),如图19-40所示。

方法一:将左上角矩形等分,长等分成15份,宽等分成10份(即绘制间距为8的方格):输入等分命令“DIV”并回车,选择左上角矩形的一条边,按提示输入数值(长边15、短边10)并回车确认,同理将左上角矩形4条边都平均分割好,用直线“L”分别连接好对应的点。

方法二:输入偏移命令“O”并回车,按提示输入“偏移距离8”,选择左上角矩形的一条边进行平移,同理选择另一条边进行平移。

(6) 在辅助线上画圆:输入绘制圆命令“C”并回车,根据提示依次选择圆心、半径对应的点,画出如图19-41所示大、小圆。其中,大圆位置:圆心(上5下5、左5右10)、半径3个格子;小圆圆心位置从上往下依次(小圆半径1个格子)如图19-41所示。

(7) 连接大圆与各小圆的圆心:输入绘制直线命令“L”并回车,分别连接大圆与各小圆的圆心，如图 19-42 所示。

（8）使用多边形工具(POLYGON)画正五边形：输入绘制多边形命令“pol”并回车，根据提示依次输入侧面数“5”，指定正多边线的中心点，选择内接于圆，指定半径并回车即可画出如图 19-43 所示正五边形。

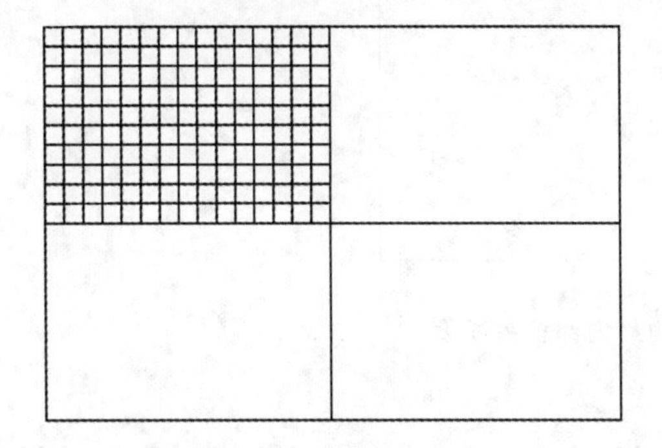

图 19-40　画出左上角矩形的辅助线

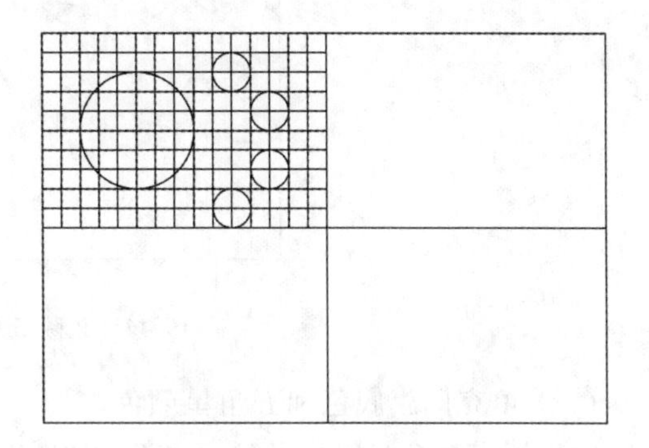

图 19-41　在辅助线上画圆

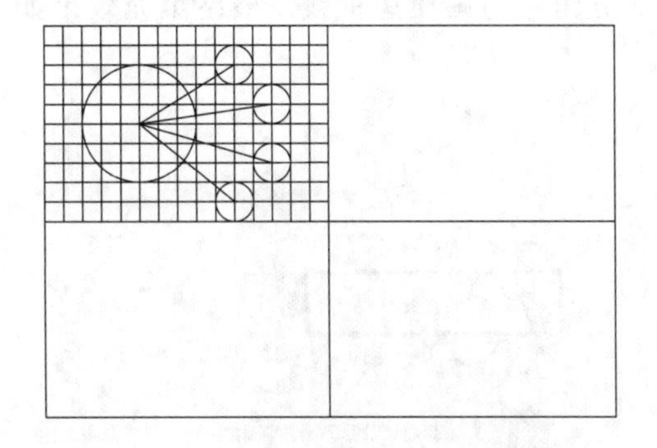

图 19-42　连接大圆与各小圆的圆心

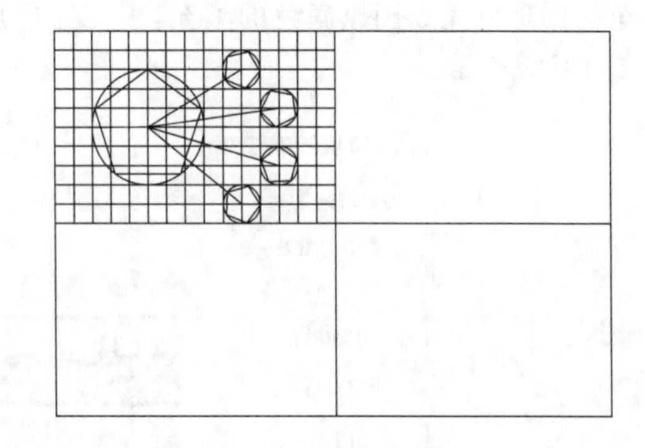

图 19-43　绘制圆内正五边形

（9）使用多线段连接五边形内各点，画出五角星：输入绘制多段线命令“PL”并回车，依次连接正五边形内各顶点，如图 19-44 所示。

（10）删除多余辅助线，留下大矩形与五角星：输入删除命令“e”并回车，选中辅助线并回车，删除多余辅助线，如图 19-45 所示。

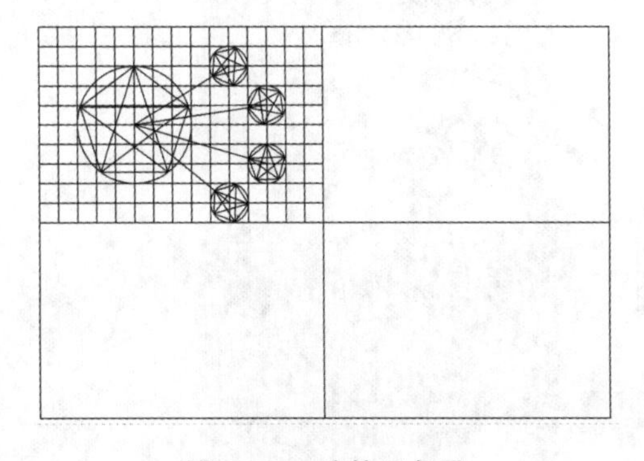

图 19-44　连接五角星

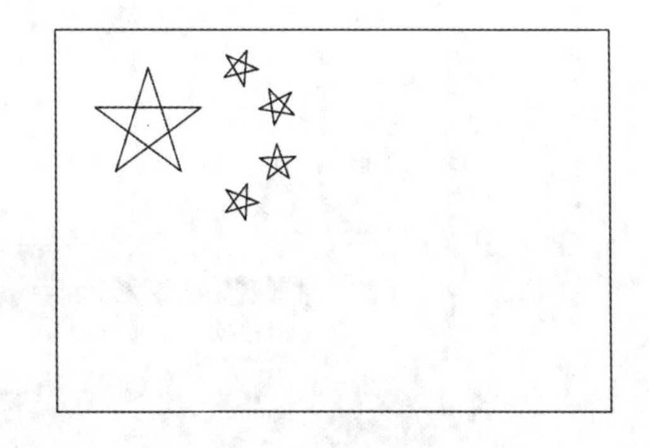

图 19-45　删除多余辅助线

（11）删除五角星内部多余线条：输入修剪命令“TR”并回车，根据提示依次选择修剪对象并回车,逐个点击内部多余线段,回车完成删除,如图 19-46 所示。

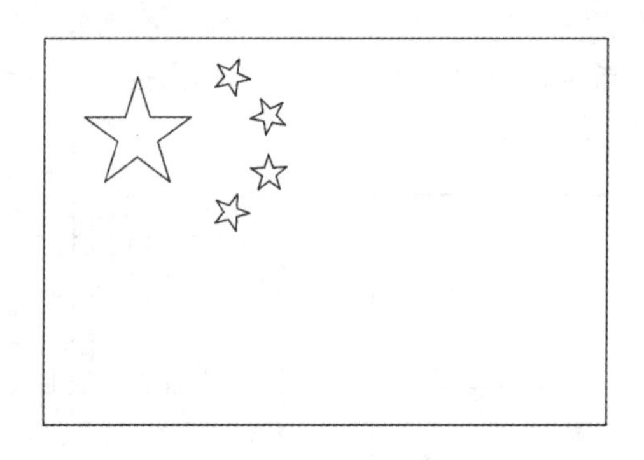

图 19-46　删除五角星内部多余线段

(12) 填充国旗底色和五角星颜色。

输入填充命令"H"并回车,系统弹出"图案填充和渐变色"窗口,如图 19-44 所示,选择图案为"SOLID",颜色为"黄",点击"添加:选择对象",选中需要填充的五角星,预览无误后回车。同理可完成国旗底色的填充,填充完成后删除五角星与国旗边框线。最终填充效果如图 19-48 所示。

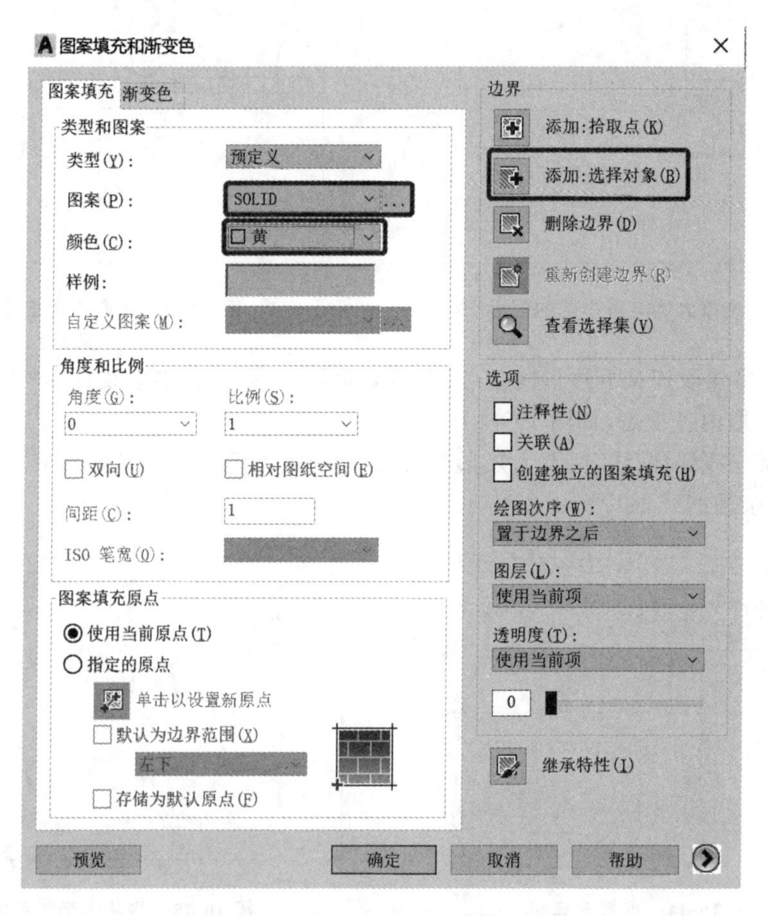

图 19-47　"图案填充和渐变色"窗口

图 19-48　最终填充效果

19.2.9　绘制三面投影

点、线、面的投影知识已经在前面的章节中讲过，在本节任务中主要学习用 CAD 表达三面投影图。

1. 任务实施

绘制如图 19-49 所示三视图。

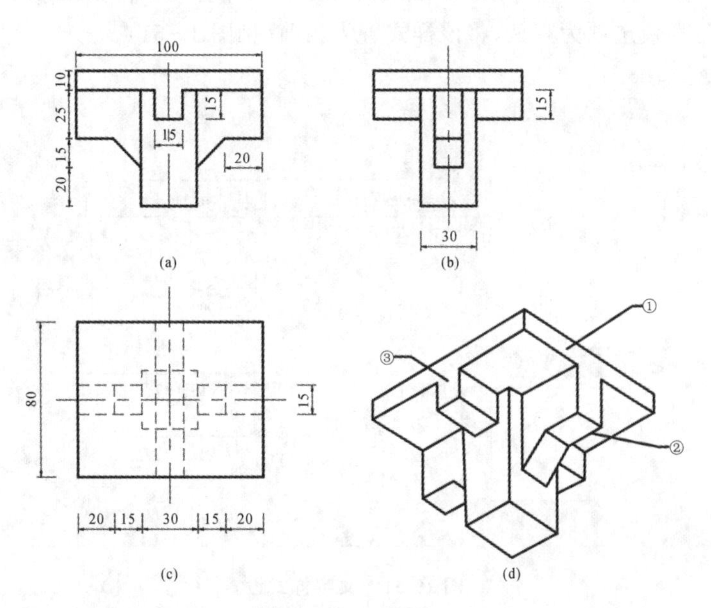

图 19-49　三视图

2. 绘图步骤

1）规划与分析

该形体对称，在三个视图中(图 19-49(a)(b)(c))都可使用中心线辅助作图，选择这些平面分别作为长、高、宽三个方向的基准；该形体可被认为由几个简单形体叠加而成(图 19-49

的轴测图，即图 19-49(d))。叠加过程是由顶板和柱子①作为主体部分，在其下分别是主梁②和次梁③，它们通过叠加组成组合体。

2) 基本设置

(1) 设置绘图环境。

启动 AutoCAD 2019 软件，用“LA”命令新建 4 个图层：图层名为“中心线”“标注”“虚线”“轮廓”，颜色均为白。线型：按国标要求定义线库中的“CENTER”和“HIDDEN”线型，同时加载它们到当前，分别添加在“中心线”和“虚线”两图层。层线宽：“轮廓”的线宽设为 0.35 mm，其余的项目均采用默认设置(见图 19-50)。绘图中根据需要设置绘图辅助功能“极轴”“对象捕捉”“对象追踪”，通常情况下这几个功能都处于启用状态。

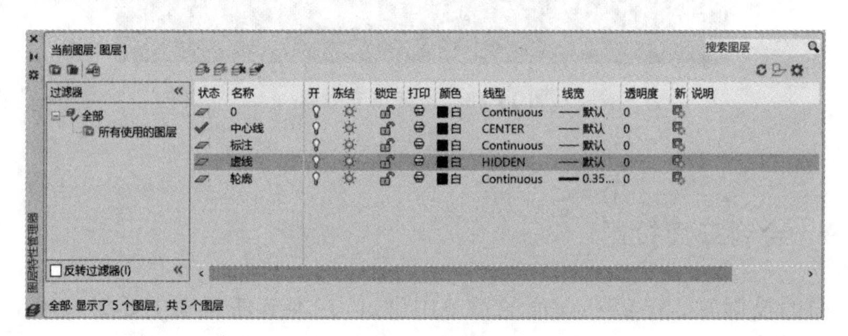

图 19-50 图层设置

(2) 创建文字样式。

设置“XT”文字样式，“字体”为“simplex. shx”，“大字体”选择“gbcbig. shx”，“宽度因子”选择“0. 7000”，其余选项为默认，将该样式置为当前(见图 19-51)。

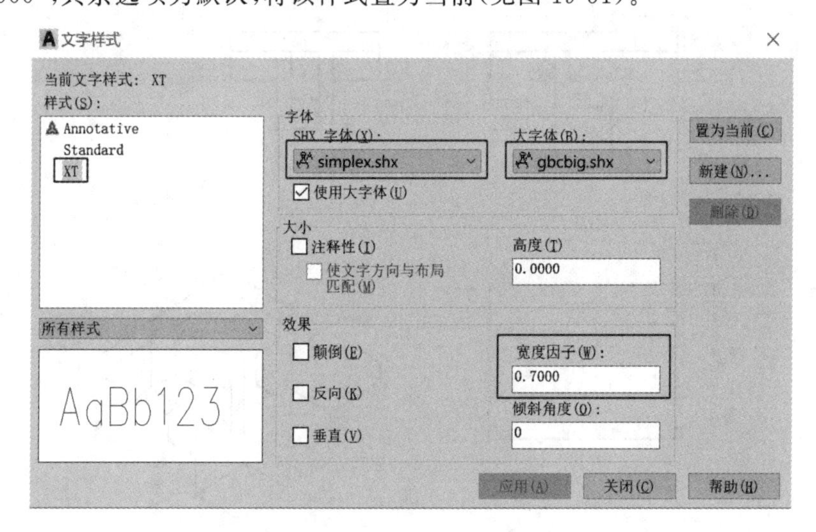

图 19-51 文字样式设置

(3) 创建尺寸标注样式。

执行命令“D”，打开“标注样式管理器”。在打开的“创建新标注样式”对话框的“新样式名”文本框输入样式名“BZ”，单击“继续”按钮，进入“新建标注样式：BZ”对话框(见图 19-52)。“线”选项卡下，“基线间距”设置为 7～10 的整数，如 8. 0000；尺寸界线偏移均设为 2. 0000；勾选“固定长度的尺寸界线”，“长度”设置为 8. 0000。

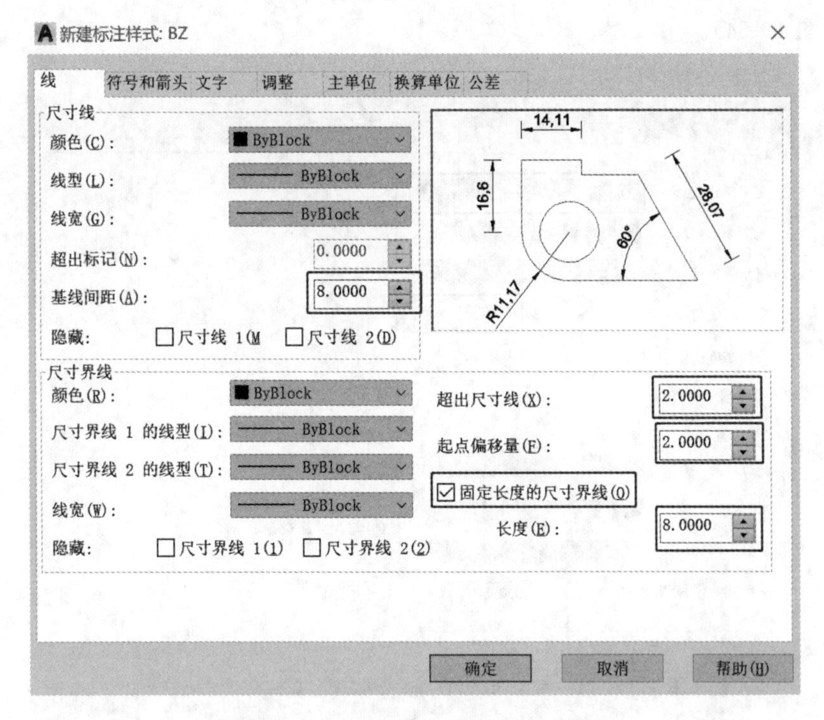

图 19-52 标注样式设置的标注线

在“符号和箭头”选项卡下，“箭头”选择“实心闭合”，“箭头大小”设置为“3.0000”，其余设置为默认设置(见图 19-53)。

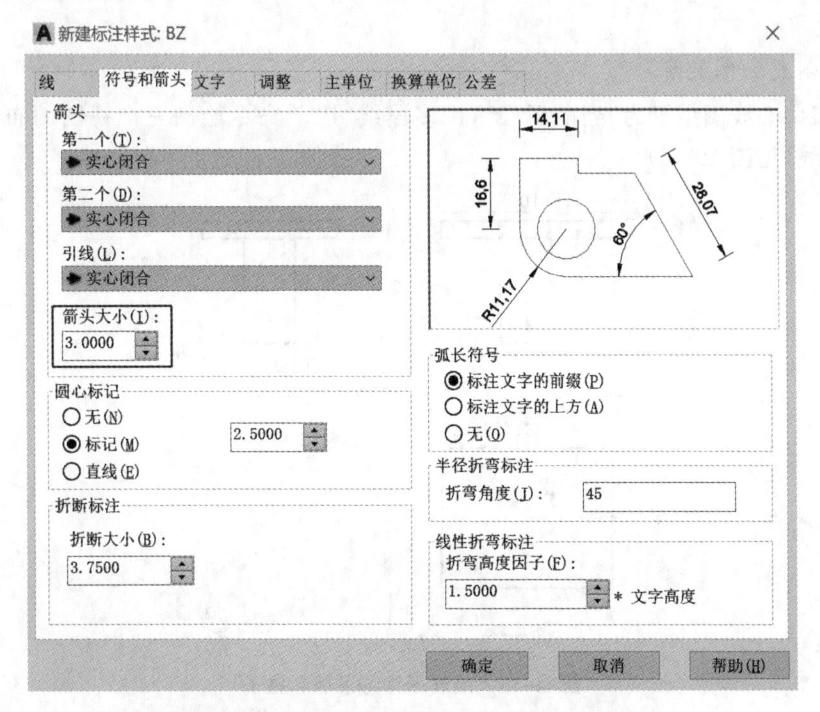

图 19-53 新建标注样式设置的符号和箭头

在“文字”选项卡下，“文字样式”选择“XT”，“文字高度”设置为“3.0000”，其余设置为默认设置(见图 19-54)。

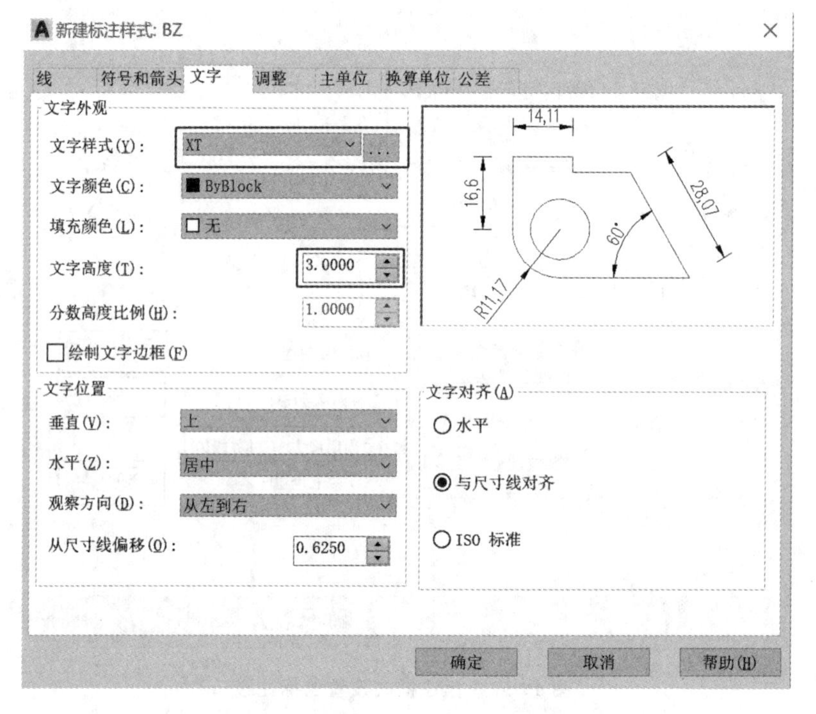

图 19-54 新建标注样式设置的文字

图层、文字样式、标注样式设置完毕后,可根据需要将文件另存为"样板文件.dwt",供后续使用。

3) 绘制叠加体视图

(1) 将中心线图层置为"当前图层",用多段线"PL" 命令绘制三个视图的布局定位线、45°的投影线(见图 19-55)。

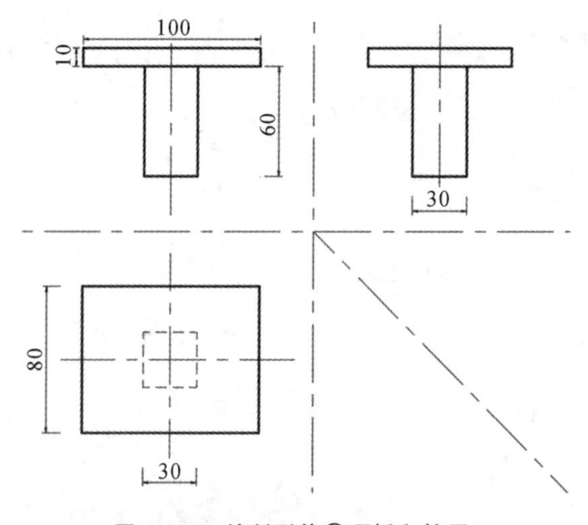

图 19-55 绘制形体①顶板和柱子

(2) 绘制形体①顶板和柱子。

将轮廓图层设置为"当前层",用矩形"REC" 命令绘制顶板的主视图、俯视图、左视图的矩形。绘制时注意长对正、宽相等、高平齐，利用 45°投影线进行左视图和俯视图的位置定位(见图 19-55)。

(3) 绘制形体②主梁。

用直线“L”命令绘制主梁的主视图、俯视图、左视图的矩形，用修剪“TR”命令进行剪切。注意：看不到的部分需要放置在“虚线”图层(见图 19-56)。

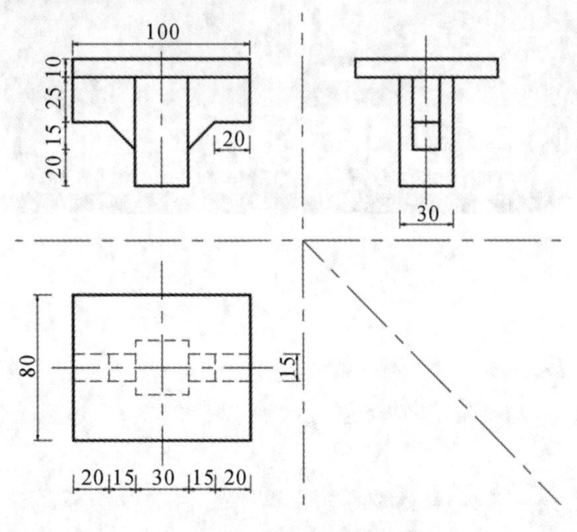

图 19-56 绘制形体②主梁

(4) 绘制形体③次梁。

用直线“L”命令绘制次梁的主视图、俯视图、左视图的矩形，用修剪“TR”命令进行剪切，并注意两形体之间的遮挡关系，为保证投影关系，需从俯视图作水平辅助线与 45°投影线相交。然后用修剪“TR”命令修三视图多余的投影，使用“E”命令删除，删除多余线条，达到切割的效果(见图 19-57)。

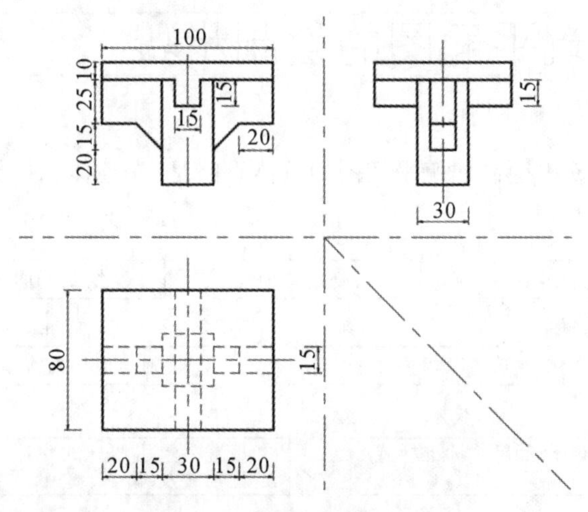

图 19-57 绘制形体③次梁

(5) 标注尺寸。

将标注图层置为“当前层”，用创建的标注样式“BZ”对视图进行标注；标注结果如图 19-57所示。

任务20 建筑平面图绘制

任务目标

(1) 了解建筑平面图的命名方式、视图特点、各视图所包含的内容及国标的有关规定。

(2) 掌握绘制建筑平面图的方法和步骤，并能够合理地绘制所需建筑平面图。

(3) 掌握建筑平面图中门、窗、台阶、楼梯及散水的绘制方法。

(4) 掌握尺寸标注样式的设置方法，并能够灵活、合理、快速地标注尺寸。

20.1 建筑平面图的绘制步骤

在 AutoCAD 2019 中绘制建筑平面图的总体思路是“先整体、后局部”，具体绘制步骤如图 20-1 所示。

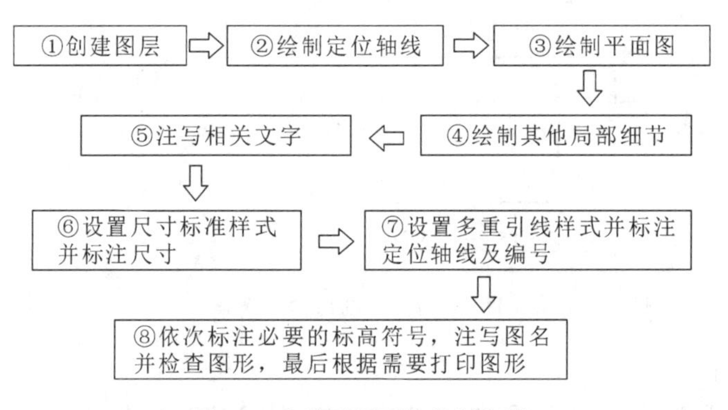

图 20-1 建筑平面图的绘制步骤

20.2 任务实施——绘制住宅楼底层平面图

下面，我们将通过绘制图 20-2 所示的住宅楼底层平面图，来进一步学习绘制建筑平面图的步骤与方法。

1. 绘制思路

在绘图之前需创建两种多线样式，分别用于绘制墙体和窗户。对平面图中的柱子，可使用“矩形”和“图案填充”命令绘制。在绘制好图形后，需要创建两种文字样式，分别用于注写汉字和标注数字。在标注完图形的尺寸后，还需要创建多重引线样式，以标注定位轴线的编号。最后注写视图名称。

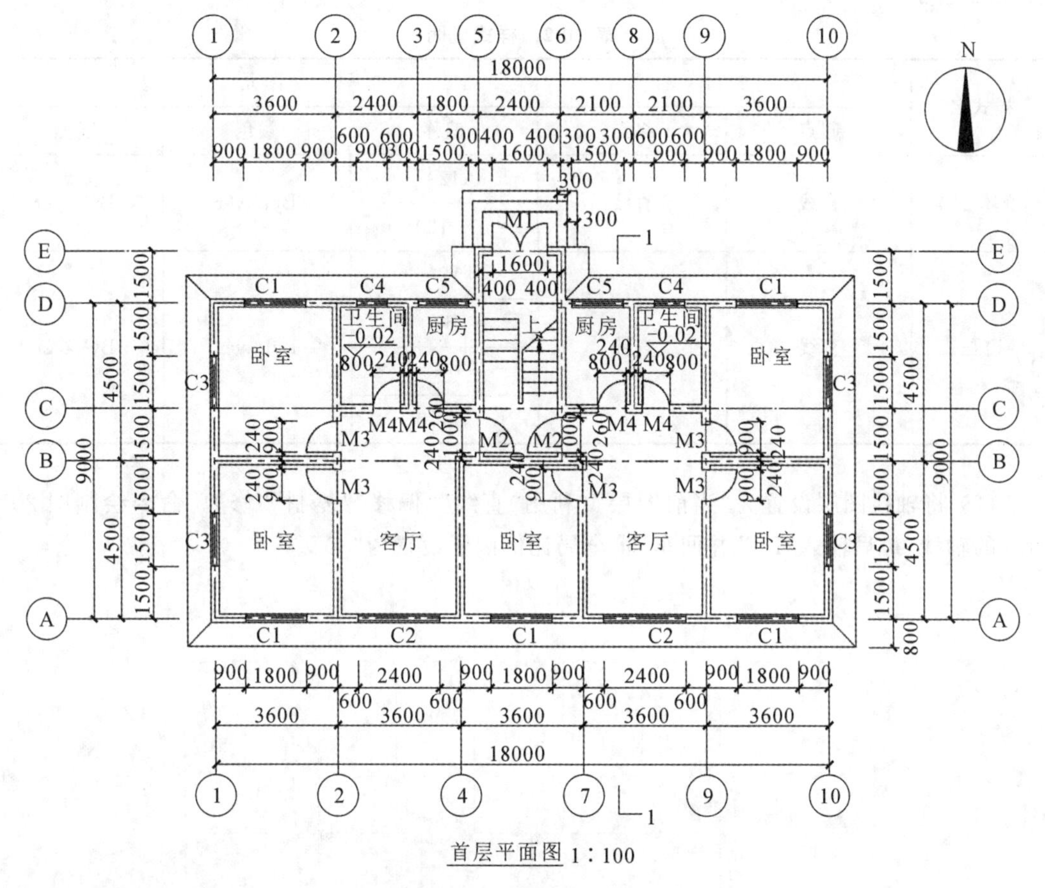

图 20-2 住宅楼底层平面图

2. 绘制步骤

(1) 启动 AutoCAD 2019，根据需要创建以下图层(见表 20-1)。

表 20-1 图层说明

名称	颜色	线型	线宽
轴线	红色	Center	默认
墙体	白色	Continuous	0.35
散水	白色	Continuous	默认
门窗	白色	Continuous	默认
台阶	白色	Continuous	默认
楼梯	白色	Continuous	默认
尺寸标注	白色	Continuous	默认

(2) 根据绘图需要创建以下多线样式,选择菜单栏处“格式”→“多线样式”选项;或输入命令“MLST”,新建以下多线样式,并将墙体 240 多线样式设置为“当前样式”。样式说明如表 20-2 所示。

表 20-2 样式说明

<table>
<tr><th rowspan="2">样式名</th><th colspan="2">封口</th><th colspan="3">图元</th></tr>
<tr><th>起点</th><th>终点</th><th>偏移</th><th>颜色</th><th>线型</th></tr>
<tr><td rowspan="2">墙体 240</td><td rowspan="2">直线</td><td rowspan="2">直线</td><td>120</td><td rowspan="2">ByLayer</td><td rowspan="2">ByLayer</td></tr>
<tr><td>−120</td></tr>
<tr><td rowspan="4">窗户</td><td rowspan="4">直线</td><td rowspan="4">直线</td><td>120</td><td rowspan="4">ByLayer</td><td rowspan="4">ByLayer</td></tr>
<tr><td>60</td></tr>
<tr><td>−60</td></tr>
<tr><td>−120</td></tr>
</table>

(3) 将轴线图层设置为“当前图层”,利用“直线”“偏移”“复制”“修剪”命令绘制图 20-3 所示的轴线,最后输入“LT”并回车,将全局比例因子设置为“30”。

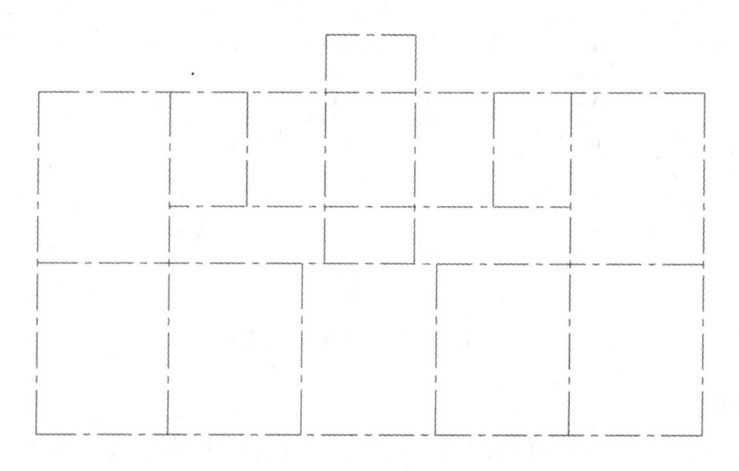

图 20-3 绘制轴线

(4) 将墙体图层设置为“当前图层”。执行多线命令“ML”,根据命令行提示将对正方式设置为“无”,比例设置为“1”,然后绘制厚度为 240 的墙体,结果如图 20-4 所示。

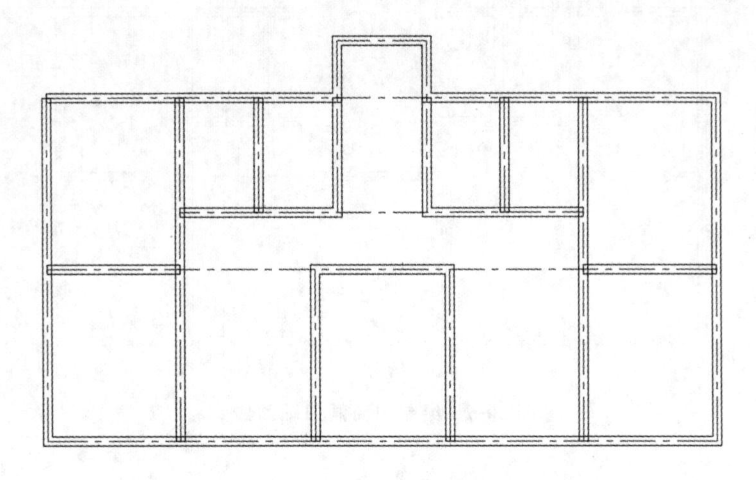

图 20-4　绘制墙体

(5) 双击任意一条多线,在打开的“多线编辑工具”对话框中分别单击“角点结合”“T 形打开”“T 形合并”按钮,对多线进行编辑(见图 20-5)。

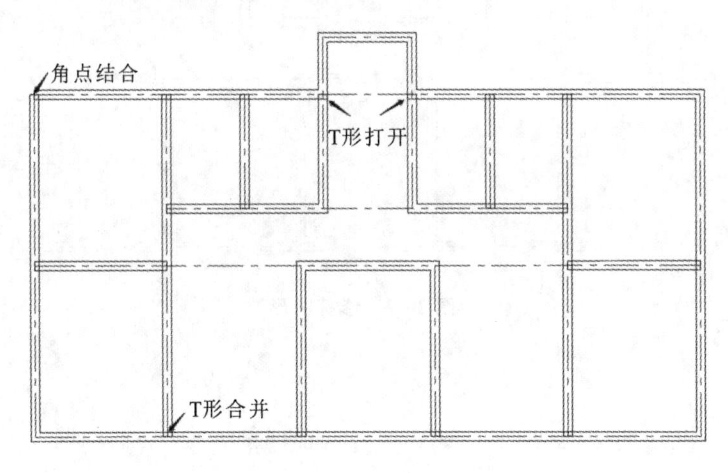

图 20-5　编辑多线

(6) 利用直线上的夹点和“偏移”“复制”“修剪”等命令绘制门窗洞口辅助线,如图 20-6 所示。

(7) 执行“修剪”命令,并将上步绘制的辅助线作为修剪边界,依次修剪多线,得到门窗洞口,最后删除洞口处的辅助线,如图 20-7 所示。

(8) 输入命令“MLST”并回车,在打开的对话框中将窗户样式设置为“当前样式”。将门窗图层设置为“当前图层”,利用多线“ML”命令绘制窗户,如图 20-8 所示。

(9) 利用“直线”和“圆弧”命令绘制如图 20-9(a)所示的图形,输入快捷命令“B”将该图形创建为块,基点为圆心。双击该块进入“块编辑器”界面,然后为该块添加参数:单击“参数”,再单击“线性”,在两端点拖动鼠标标注出“距离 1”;右键单击“距离 1”,单击“特性”,打开“特性”选项板,把夹点数设置为“1”;单击“动作”选项卡中的“缩放”按钮,选择“距离 1”参

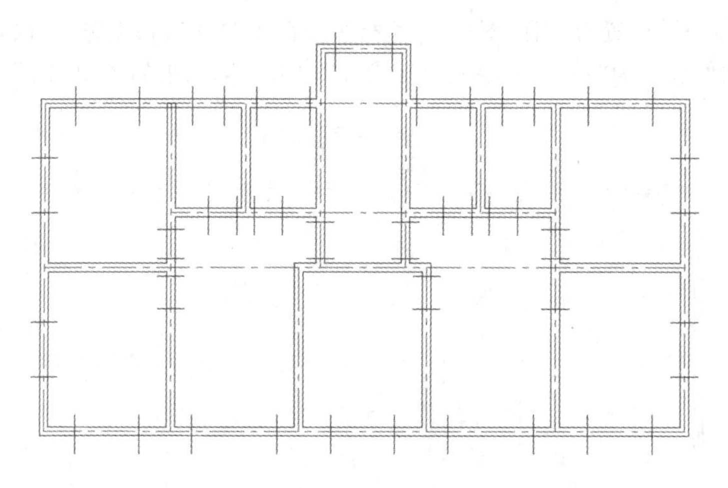

图 20-6 绘制门窗洞口辅助线

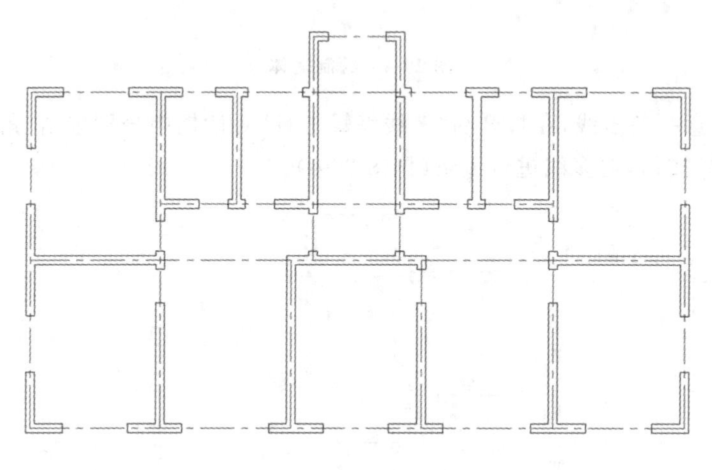

图 20-7 修剪图形

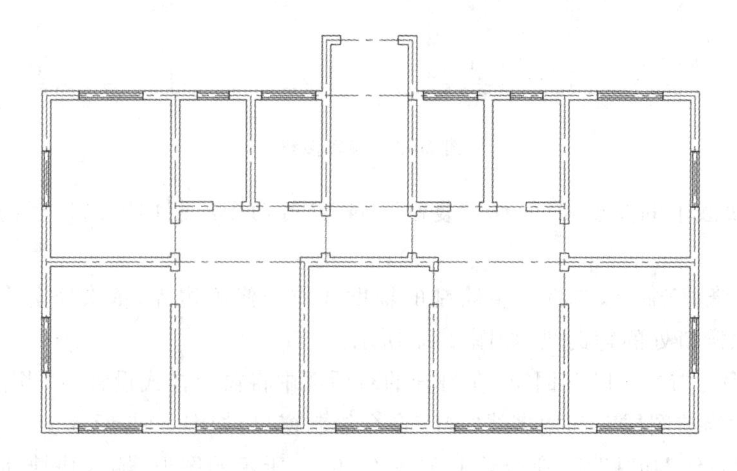

图 20-8 绘制窗户

数后选取图 20-9(b)所示的整个图形并回车;依次单击保存块按钮" "和"关闭块编辑器"按钮,关闭块编辑界面,即完成"门"图块的创建。

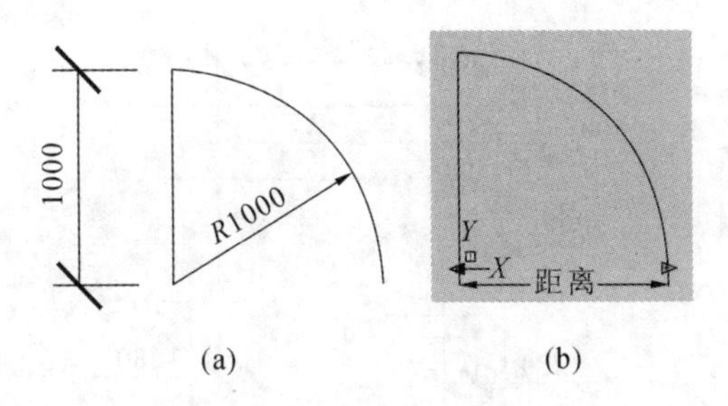

图 20-9　绘制门并将其制作成动态块

(10) 将“门”图块复制到所需位置，然后根据绘图需要利用该动态块上的夹点调整其尺寸，或使用“镜像”“旋转”“移动”等命令（快捷命令依次为“MI”“RO”“M”）调整该图块的位置，结果如图 20-10 所示。

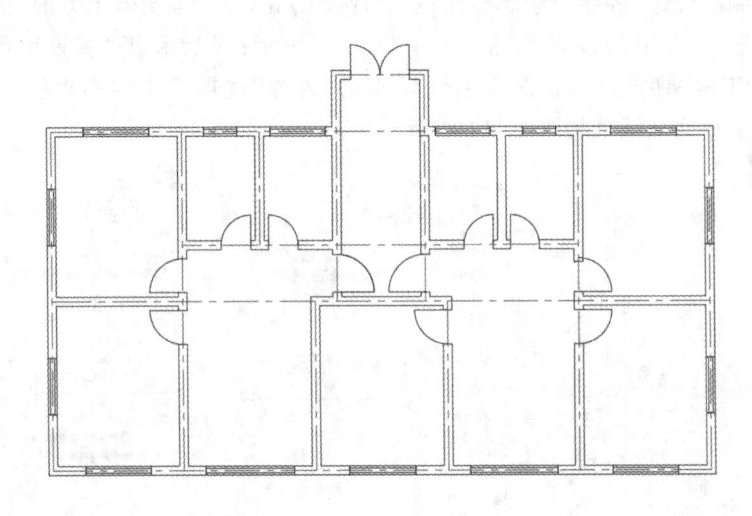

图 20-10　将动态块“门”插入所需位置

(11) 将台阶图层设置为“当前图层”，利用“多段线”和“偏移”命令绘制台阶，结果如图 20-11 所示，其台阶图形及尺寸如图 20-12 所示。

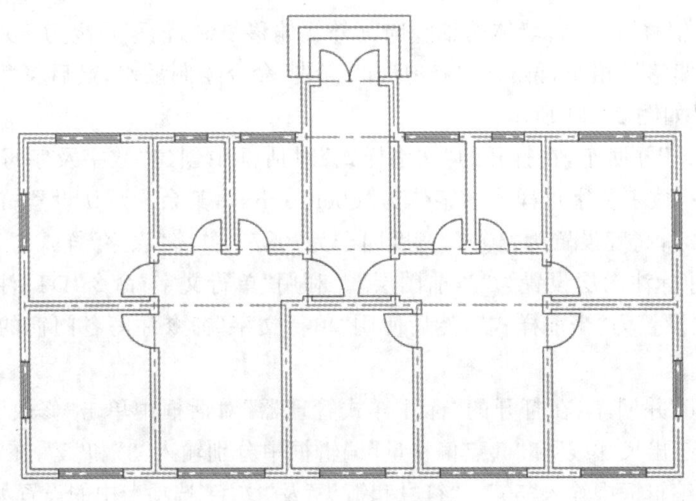

图 20-11　绘制台阶

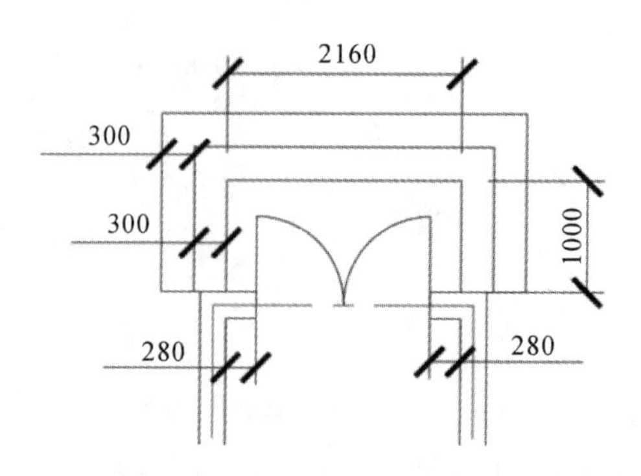

图 20-12　台阶图形及尺寸

(12) 将楼梯图层设置为“当前图层”。首先按照图 20-13(a)所示尺寸，利用“直线”“偏移”“修剪”“复制”“镜像”等命令绘制楼梯；然后依次点击 CAD 编辑器上方的“格式”“多重引线样式”，相关选项卡中的设置如图 20-13 (b)(c)所示；最后利用“多重引线”快捷命令“MLD”绘制上下楼梯的方向，该多重引线样式的“内容”选项卡中将多重引线类型设置为“无”。图形的最终绘制结果如图 20-14 所示。

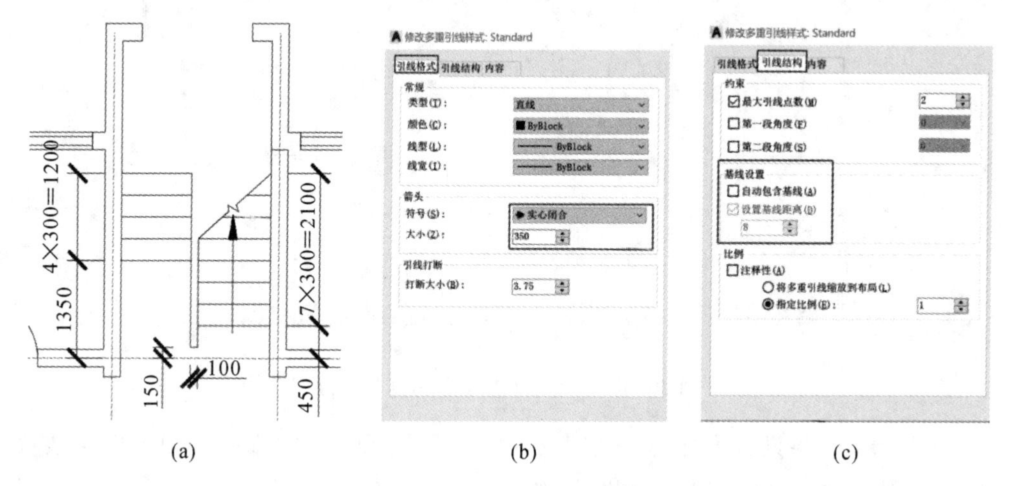

图 20-13　绘制楼梯及方向箭头

(13) 利用“偏移”命令将墙体的轴线向其外侧偏移复制，偏移距离为 800，再利用“圆角”命令“F”使相邻偏移线相交，再利用“修剪”和“直线”命令绘制散水，最后将散水图形置于“散水”图层上，结果如图 20-14 所示。

(14) 输入“st”并回车，在打开的“文字样式”对话框中创建“数字及字母”和“汉字”两种文字样式。其中，数字及字母样式的字体为“gbeitc. shx”，其余为默认设置；汉字样式的字体为“仿宋 GB2312”，高度设置为“400”，宽度因子为“0.7”，并将“汉字”样式置于当前样式。

(15) 将尺寸标注图层设置为“当前图层”。利用“单行文字”命令“DT”注写图中汉字；将数字及字母样式设置为“当前样式”，然后使用“单行文字”命令注写各门窗的名称，结果如图 20-15 所示。

(16) 输入“d”并回车，在打开的“标注样式管理器”对话框中单击“修改”按钮，然后选择“线”选项卡，在“超出尺寸线”和“起点偏移量”编辑框中分别输入“3”和“5”，在“调整”选项卡的“使用全局比例”编辑框中输入“50”。“符号和箭头”及“文字”选项卡中的设置如图 20-16 所示。

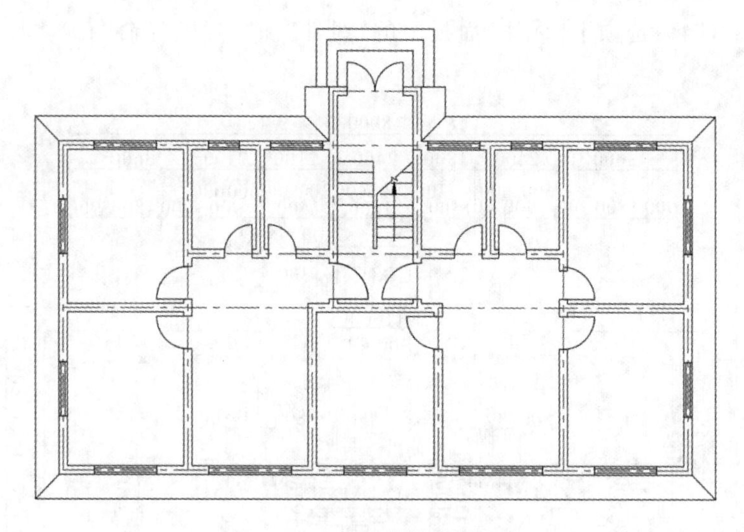

图 20-14 绘制的楼梯及散水

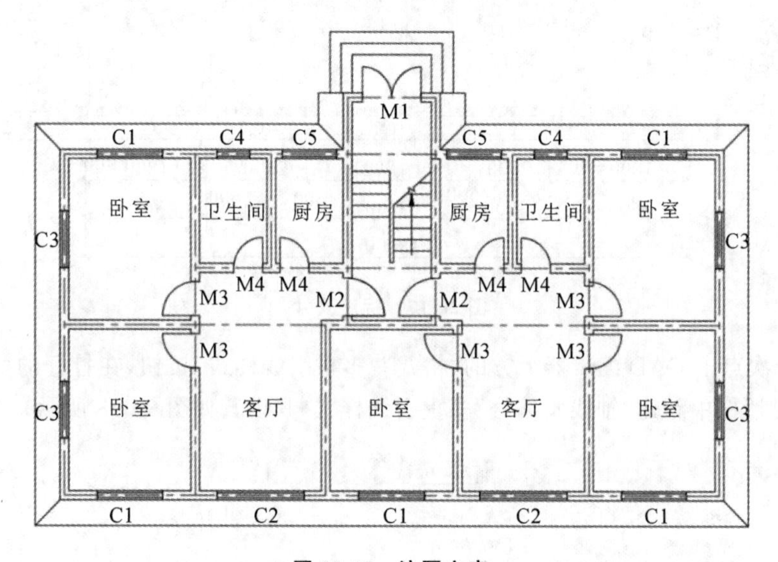

图 20-15 注写文字

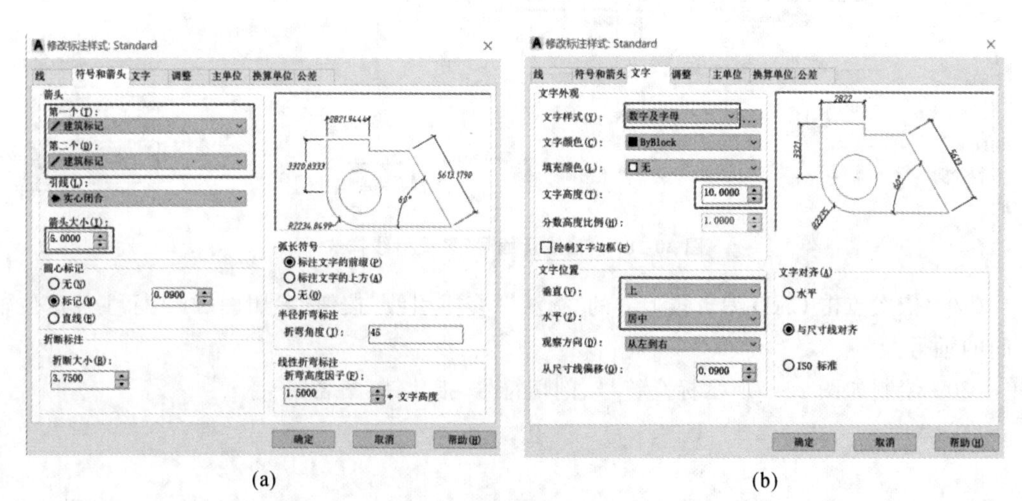

(a) (b)

图 20-16 设置 Standard 标注样式

（17）利用“注释”选项卡“标注”面板中的“线性”和“连续”等命令标注尺寸，结果如图 20-17 所示。

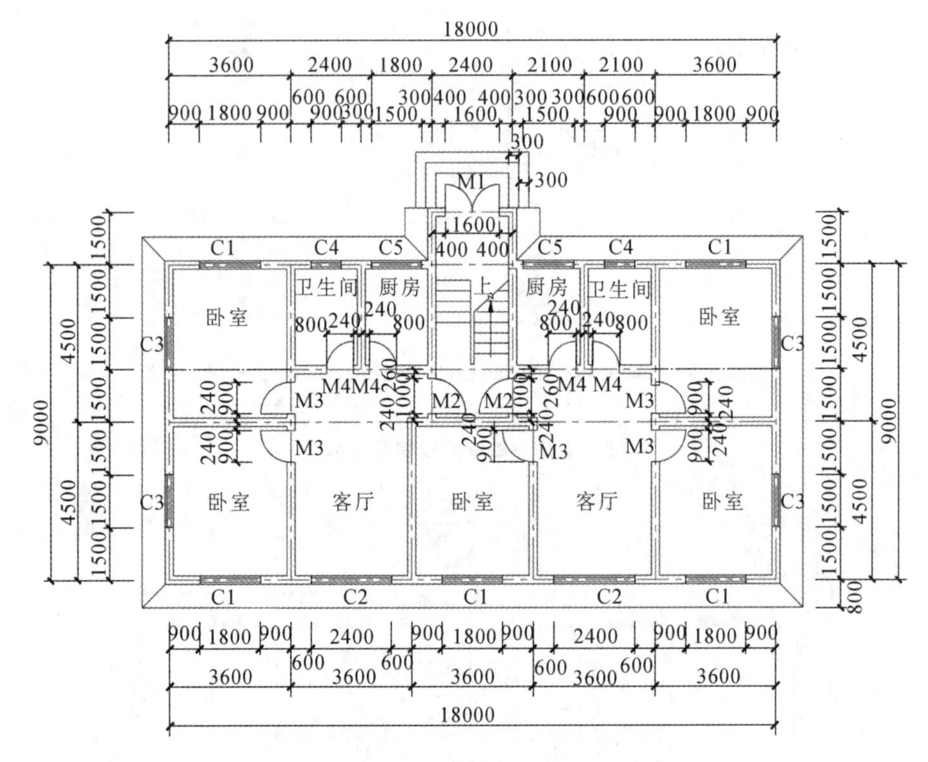

图 20-17 标注尺寸

（18）依次点击 CAD 编辑器上方的“格式”“多重引线样式”按钮，在打开的“多重引线样式管理器”对话框中新建“轴线及编号”多重引线样式，其设置如图 20-18 所示。

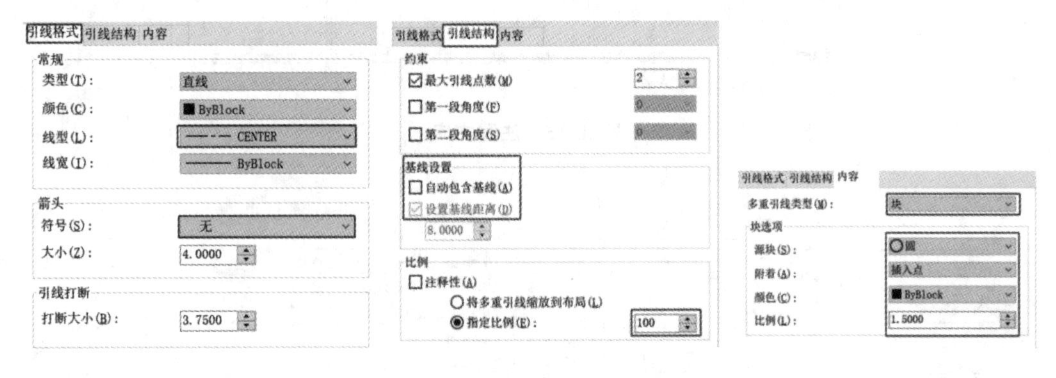

图 20-18 “轴线及编号”多重引线样式

（19）依次点击 CAD 编辑器上方的“标注”“多重引线”按钮，参照图 20-2 标注各定位轴线间的轴号。

（20）绘制如图 20-2 所示标高符号、剖切符号、指北针、图名。

任务21 建筑立面图绘制

任务目标

(1) 了解建筑立面图的命名方式、视图特点、各视图所包含的内容及国标的有关规定。

(2) 掌握绘制建筑立面图的方法和步骤,并能够合理地绘制所需建筑立面图。

(3) 掌握建筑立面图中台阶、阳台、门、窗、雨篷、屋顶等构件的绘制方法,并能够绘制较复杂的建筑立面图。

21.1 建筑立面图的绘制步骤

建筑施工图中所有视图的线条都应符合"长对正、高平齐、宽相等"的投影原则,因此在AutoCAD 2019中绘制建筑施工图时,应将所有视图对照着画。例如,已经在AutoCAD 2019中绘制好建筑平面图后,要绘制与之对应的立面图,可按以下步骤进行操作。

(1) 将建筑平面图插入到当前图形中,或者打开已经绘制好的平面图,将该平面图形作为绘制立面图形的辅助图形。

(2) 根据绘图要求,创建需要的图层,如"地平线"和"轮廓线"图层等。

(3) 利用"长对正、高平齐、宽相等"的投影原则,从平面图中引出建筑物轮廓的竖直投影线,然后依次绘制地平线、屋顶线和墙体线等,这些线构成了立面图的主要布局线。

(4) 从平面图中各门窗的洞口线处引出竖直投影线,然后根据门窗高度及形状绘制可见门窗的立面图,或将已经绘制好的门窗立面图插入到所需位置。

(5) 从平面图中引出阳台、台阶和楼梯等辅助线,然后在立面图中绘制与之对应的各部分,最后绘制雨篷、雨水管,以及屋顶上可见的排烟口、水箱间等细节。

(6) 参照平面图形中的文字样式和标注样式为立面图标注尺寸,然后注写标高符号及图名，标注定位轴线和编号，最后检查图形及尺寸，确认无误后根据需要打印图形。

21.2 任务实施——住宅楼立面图绘制

下面通过参照图 20-2 所示的住宅楼底层平面图绘制图 21-1 所示的立面图，来进一步学习绘制建筑立面图的相关知识。

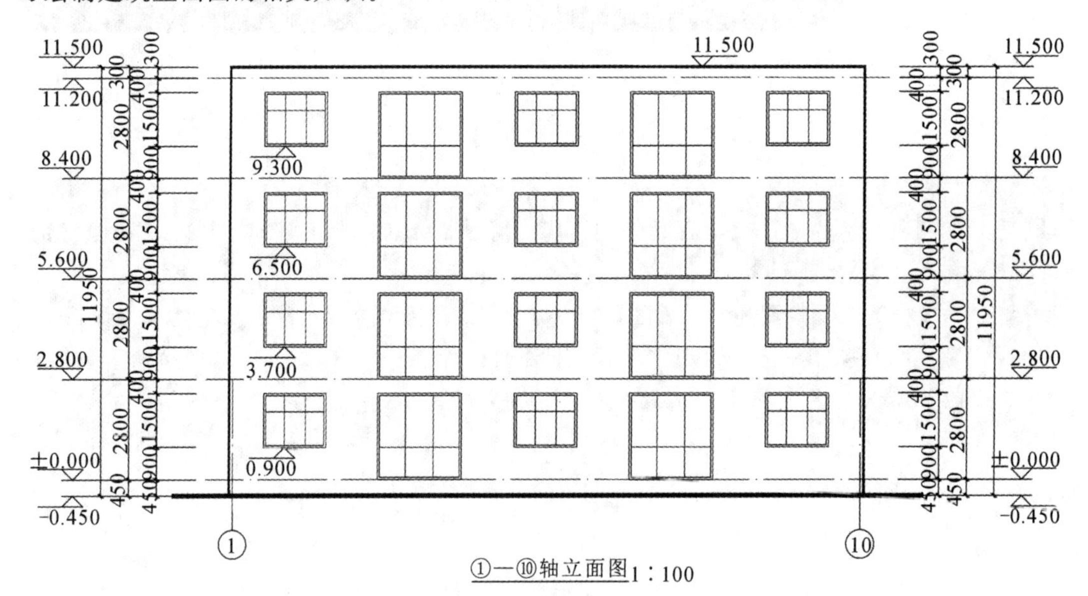

图 21-1 住宅楼立面图

1. 绘制思路

打开已经绘制好的该住宅楼底层平面图，然后关闭或冻结其中不需要参照的图层，如“尺寸标注”和“轴线”等图层，接着创建所需图层，并利用“直线”“构造线”等命令参照平面图绘制立面图的主要轮廓及门窗的位置，最后绘制可见门窗的立面图。

2. 绘制步骤

(1) 打开已经绘制好的该住宅楼底层平面图，将“尺寸标注”和“轴线”图层冻结，接着创建“地平线”图层，其线宽为“0.7”，创建“轮廓线”图层，线宽为“0.35”，并将地平线图层设置为“当前图层”。

(2) 利用“直线”命令绘制室外地平线，如图 21-2 中的直线 AB。展开“默认”选项卡的“绘图”面板，然后单击构造线按钮“ ”，输入“V”并回车，然后在平面图中捕捉并单击左、右两侧竖直方向上最外侧墙线上的任意点，结果如图 21-2 所示。

(3) 将图 21-2 所示的直线 AB 向上偏移 11950，以绘制立面图最高处的轮廓线，并使用“修剪”命令修剪多余线条，最后将所绘制的图线置于与之对应的图层，结果如图 21-3 所示。

(4) 利用“构造线”命令从平面图的窗户处引出窗户洞口的竖直投影线，接着参照图 21-4(a)所示的尺寸将地平线进行偏移，以确定窗户的位置，最后在绘图区的任一空白处绘制图 21-4(b)所示的两种窗户图形。

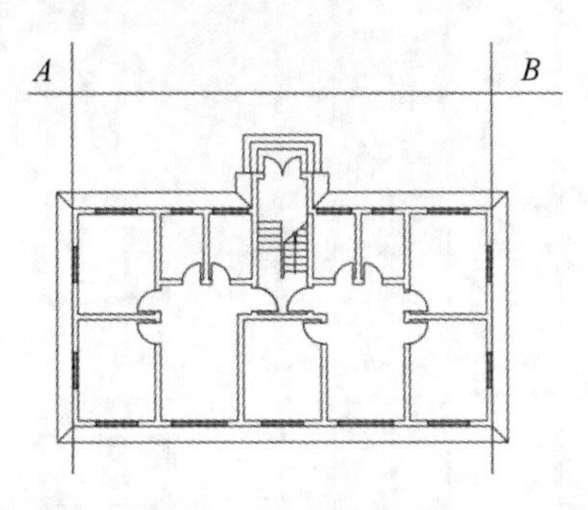

图 21-2 利用辅助线确定立面图的位置

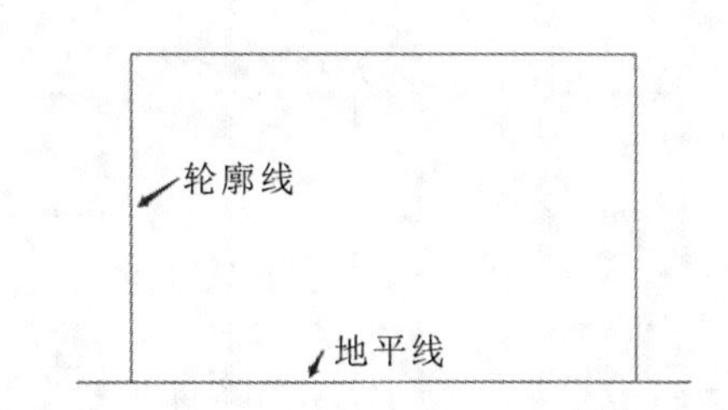

图 21-3 绘制立面图的外轮廓线

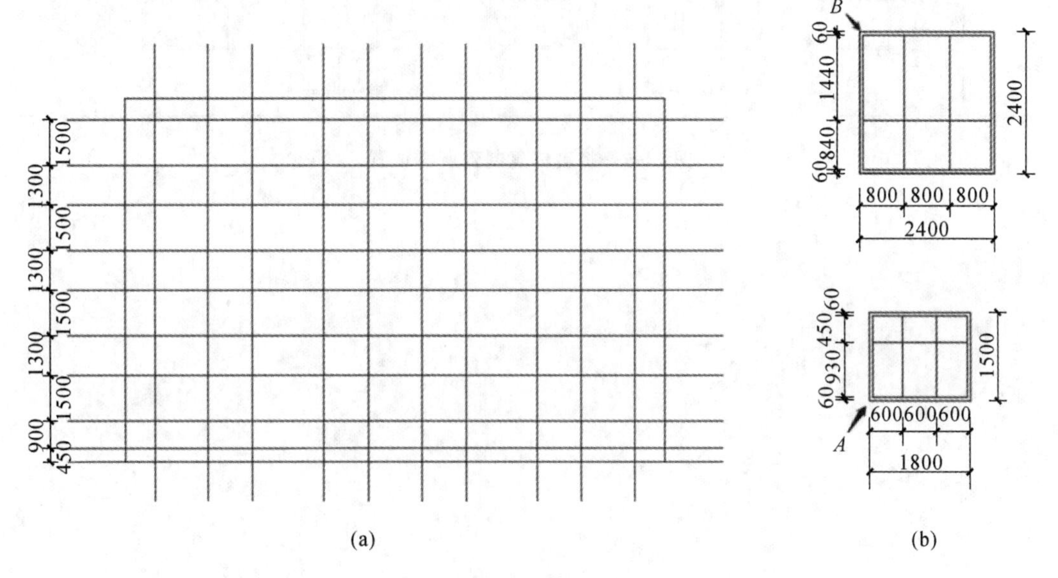

图 21-4 绘制窗户

(5) 利用“复制”命令将所绘制的窗户复制到所需位置，窗户的复制基点分别为图 21-4(b)中的端点 A、B，最后删除图 21-4(a)中的辅助投影线，结果如图 21-5 所示。

(6) 解冻“尺寸标注”图层，然后将该图层设置为“当前图层”。利用“标注”面板中的相关命令标注尺寸，结果如图 21-1 所示。

(7) 利用“复制”命令将平面图中任一标高符号复制到立面图中的合适位置，然后双击该标高符号，在弹出的“增强属性编辑器”对话框中修改标高值。采用同样的方法，利用“复制”“镜像”“移动”等命令绘制其他位置处的标高符号。

(8) 利用“复制”命令将平面图中的轴线①和⑩及编号复制到与之对应的位置，再将平面图下方的图名和比例复制到立面图的正下方，并双击修改视图名称。最终绘制结果如图 21-1 所示。

图 21-5 将窗户复制到所需位置

任务22 建筑剖面图绘制

任务目标

(1) 了解建筑剖面图的命名方式、视图特点、各视图所包含的内容及国标的有关规定。

(2) 掌握绘制建筑剖面图的方法和步骤,并能够合理地绘制所需建筑剖面图。

22.1 建筑剖面图的绘制步骤

在 AutoCAD 2019 中绘制建筑剖面图时,可将平面图和立面图作为辅助图形。建筑剖面图的绘制步骤如图 22-1 所示。

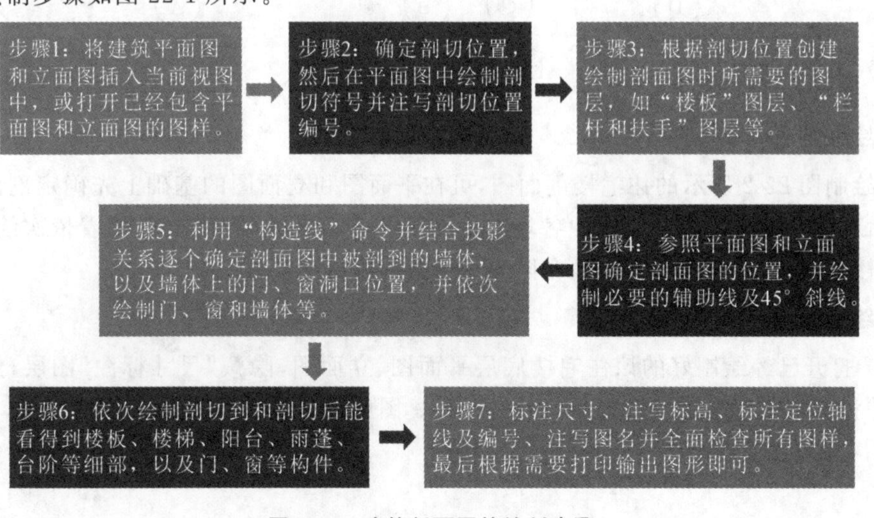

图 22-1 建筑剖面图的绘制步骤

22.2 任务实施——住宅楼剖面图绘制

下面通过绘制图 22-2 所示的住宅楼剖面图，来学习绘制建筑剖面图的相关知识。

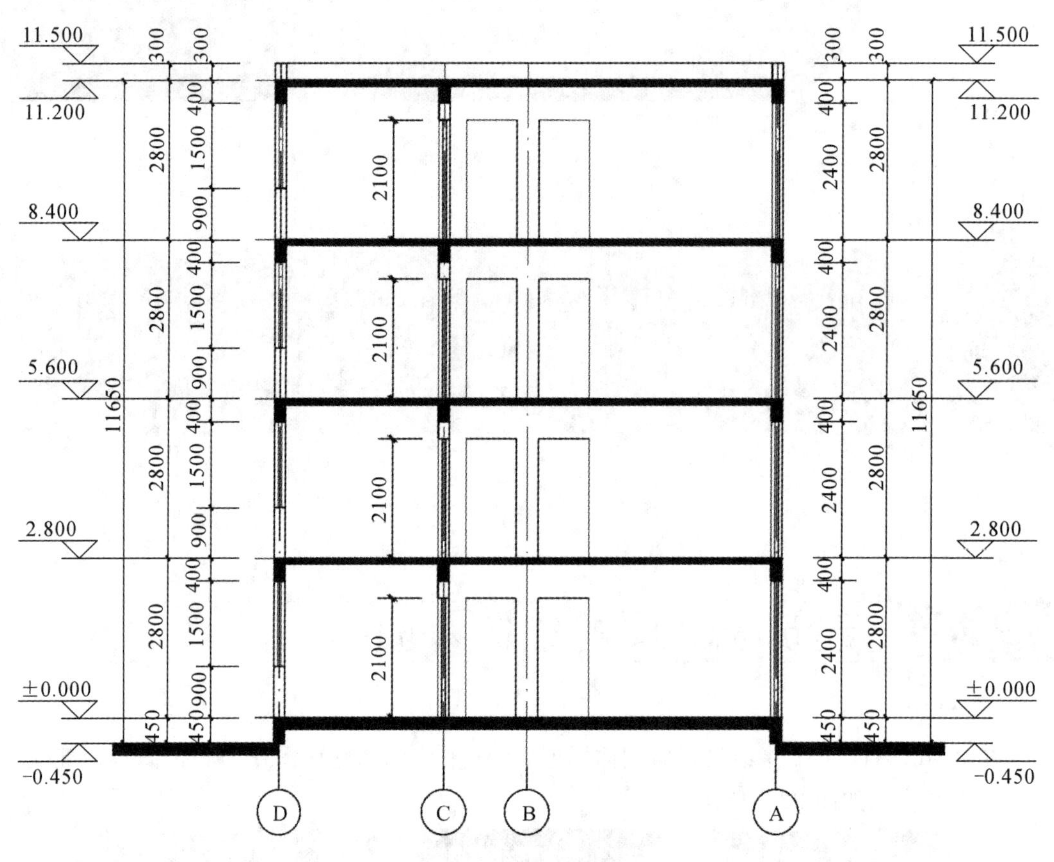

图 22-2 住宅楼剖面图

1. 绘制思路

要绘制图 22-2 所示的住宅楼剖面图，可在平面图和立面图的基础上先确定剖面图的位置，然后利用辅助线确定剖面图中各墙体的主要轴线及门窗洞口位置，接着依次绘制墙体、门、窗、楼板，最后绘制楼梯、雨篷、台阶等细部结构并标注尺寸。

2. 绘制步骤

(1) 打开已经绘制好的该住宅楼底层平面图、立面图，隐藏“尺寸标注”图层，然后创建图层，并将剖切位置线图层设置为“当前图层”。图层说明如表 22-1 所示。

表 22-1 图层说明

名称	颜色	线型	线宽
楼板	白色	Continuous	默认
剖切位置线	白色	Continuous	0.35
梁	白色	Continuous	默认
辅助线	白色	Continuous	默认

(2) 使用"多段线"命令"PL"绘制图 22-3 中的剖切位置线及方向线(剖切符号中,剖切位置线长 800 mm,投影方向线长 600 mm,剖切编号字高 500 mm),然后将数字及字母文字样式置于"当前样式",并使用"单行文字"命令在剖切位置处注写剖切编号。

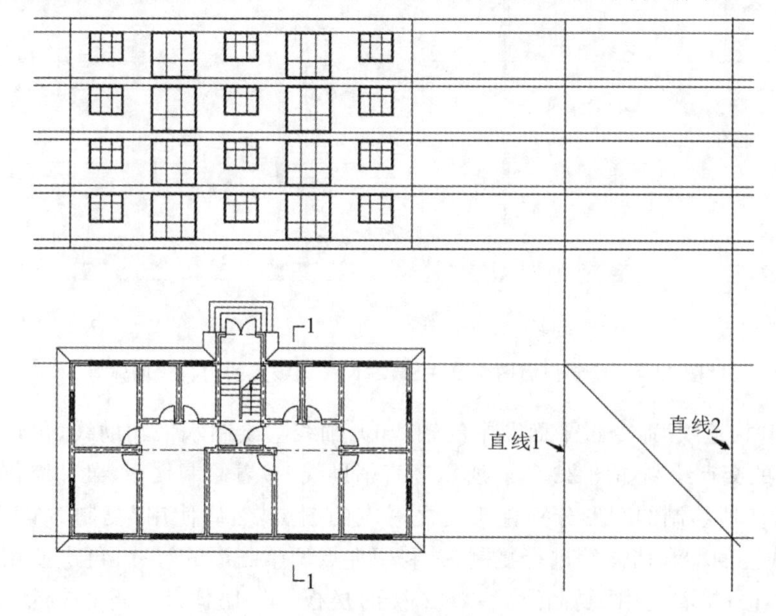

图 22-3 确定剖面图轮廓线及门窗位置

(3) 将辅助线图层设置为"当前图层",分别过平面图的轴线Ⓓ和立面图的地平线绘制水平辅助线,然后绘制图 22-3 所示的直线 1 及 45°斜线,利用"构造线"或"射线"命令"XL"过平面图中轴线Ⓐ绘制剖面图中的竖直墙体轴线 2,然后过立面图中的窗户和最高处轮廓线作辅助线,结果如图 22-3 所示。

(4) 输入命令"MLST"并回车,在打开的"多线样式"对话框中创建多线样式,最后将窗户多线样式设置为"当前样式"。多线样式说明如表 22-2 所示。

表 22-2 多线样式说明

<table>
<tr><th rowspan="2">样式名</th><th colspan="2">封口</th><th colspan="3">图元</th></tr>
<tr><th>起点</th><th>终点</th><th>偏移</th><th>颜色</th><th>线型</th></tr>
<tr><td rowspan="2">楼板 200</td><td rowspan="2">直线</td><td rowspan="2">直线</td><td>100</td><td rowspan="2">ByLayer</td><td rowspan="2">ByLayer</td></tr>
<tr><td>−100</td></tr>
<tr><td rowspan="2">梁</td><td rowspan="2">直线</td><td rowspan="2">直线</td><td>120</td><td rowspan="2">ByLayer</td><td rowspan="2">ByLayer</td></tr>
<tr><td>−120</td></tr>
</table>

(5) 将门窗图层设置为“当前图层”，然后利用“多线”命令绘制轴线Ⓐ上剖切到的门窗。分别将梁和墙体 240 多线样式设置为“当前样式”，依次绘制该轴线上的梁和墙体，并将所绘多线置于与之相对应的图层中；最后修剪并删除多余辅助线，结果如图 22-4(a) 所示。

(6) 采用同样的方法，参照图 22-4(b)所示尺寸，依次绘制剖面图中最左侧轴线上的窗户、梁及墙体。

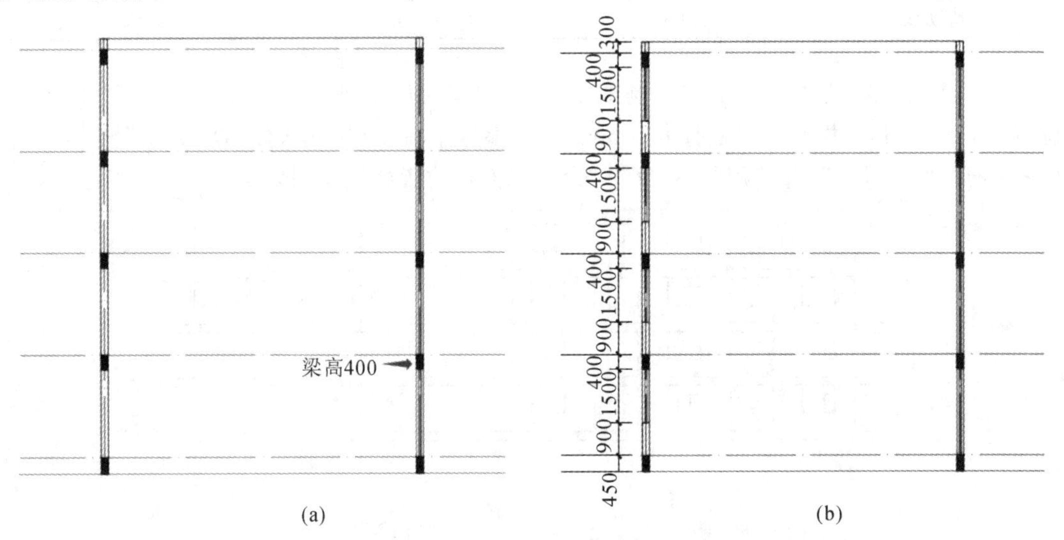

图 22-4 绘制剖面图中最左、最右两条轴线上的门、窗、墙体等

(7) 利用“构造线”命令过平面图中的轴线Ⓑ、轴线Ⓒ绘制水平辅助线，再过这两条辅助线与 45°斜线的交点绘制如图 22-5(a)所示竖直辅助线，接着绘制楼板、梁和墙体和门。

(8) 将上步所绘制的图形分别置于与之对应的图层，然后使用“复制”命令将所绘制的楼板及各轴线上的梁和墙体等进行复制，并利用夹点调整图形的尺寸；再次使用“复制”命令将门复制到 2 楼；接着使用“复制”命令将 2 楼的楼板、梁、墙体及门等进行复制，结果如图 22-5(b)所示。

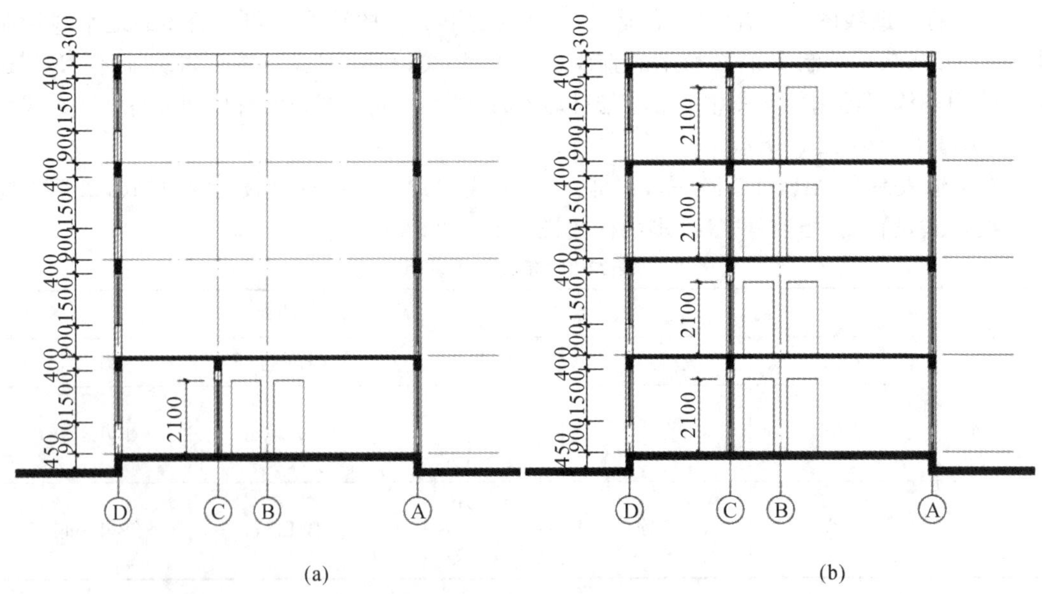

图 22-5 绘制各楼层的楼板和门窗等

(9) 绘制室内、外地坪线,并将所绘多线置于与之相对应的图层中;解冻“尺寸标注”图层,并将其设置为“当前图层”,完善相应标注信息。

项目5

结构详图绘制

JIEGOU XIANGTU HUIZHI

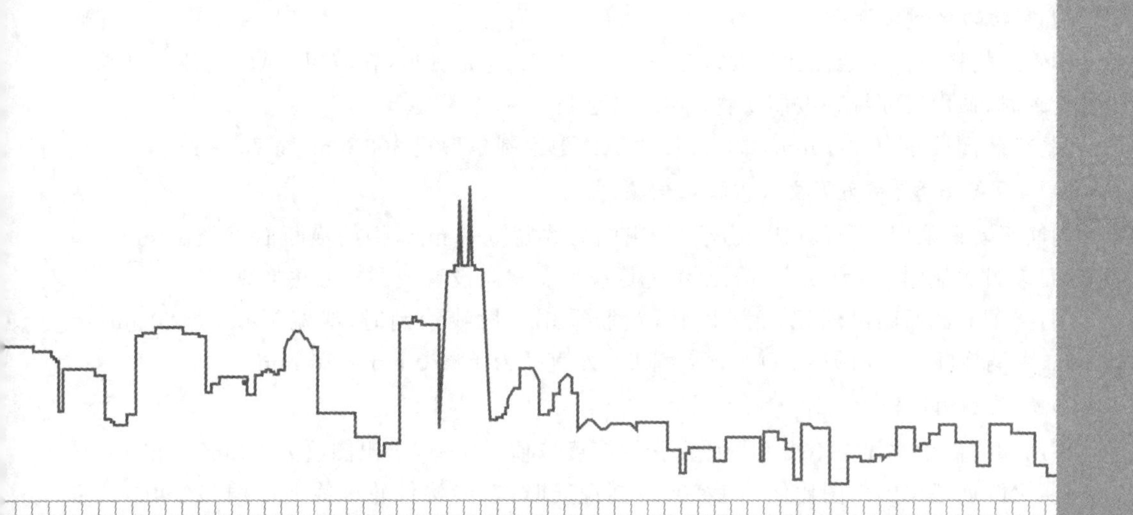

本项目主要介绍结构详图的绘制，结构详图是按照国家现行规范如《房屋建筑制图统一标准》(GB/T 50001—2017)、《建筑制图标准》(GB/T 50104—2010)、《建筑结构制图标准》(GB/T 50105—2010)及国家标准图集等要求进行绘制。

1. 比例

结构详图的绘制比例常采用 1∶50、1∶25、1∶20、1∶10 等，如剪力墙纵剖配筋详图的绘制常采用 1∶50，梁、柱截面配筋详图常采用 1∶25、1∶20。

2. 图线

绘制结构配筋详图时，常采用粗(b)、中($0.5b$)、细($0.25b$)三种线宽，对简单的图样可采用粗、细两种。常用图线要求：钢筋混凝土构件轮廓线为中实线；钢筋线为粗实线；尺寸线、标高符号线、引出线为细实线。

3. 钢筋图例

绘制结构配筋详图时，普通钢筋表示方法详见表 13-5。

4. CAD 绘图规则

应用 CAD 软件绘制结构构件配筋详图时，有多种绘图习惯，按照常用方式统一规定如下。

1）实物的绘制比例

不管结构构造详图绘图比例要求是 1∶50 或 1∶20 还是其他，在应用 CAD 软件绘制结构构件轮廓时，截面尺寸统一按照实物尺寸 1∶1绘制。

例：梁截面尺寸为 300 mm×700 mm，CAD 中绘制矩形宽 300 mm、高 700 mm。

2）出图后线宽、字高等要求需按比例换算

钢筋粗实线采用多段线(Pline)绘制，出图后线宽 0.5 mm，钢筋横断面直径 1 mm。应用 CAD 软件绘制时，必须按照出图比例进行换算。字高设置按同样方法换算。

例：梁配筋截面图出图比例为 1∶20，箍筋采用多段线绘制时，线宽为 0.5×20 mm=10 mm，纵筋横断面采用圆环(Donut)绘制时，外直径为 1×20 mm=20 mm。

3）箍筋和构件轮廓间距

箍筋和构件轮廓间距不需要按照保护层厚度取值，统一规定出图后为 1 mm 左右。

例：梁配筋截面图出图比例为 1∶20，绘制箍筋时，对梁构件轮廓线向内偏移(Offset)复制，间距为 1×20 mm=20 mm。

4）钢筋符号

钢筋符号注写应采用“Tssdeng.shx”字体，输入特殊符号“%%130”生成 HPB300 钢筋符号“Φ”，输入“%%131”生成 HRB335 钢筋符号“Φ”，输入“%%132”生成 HRB400 钢筋符号“Φ”，输入“%%133”生成 HRB500 钢筋符号“Φ”。

5）尺寸标注样式

结构标准构造详图的绘制比例常采用 1∶50、1∶25、1∶20 等，尺寸标注样式设置时需要特别注意以下三点：① 样式名按照比例命名，方便查询选用；② 全局比例按照绘制比例设置；③ 基线间距、文字高度等数值按照出图后尺寸要求设置，方便多种比例尺寸标注样式设置，在设置完成一种比例的尺寸标注样式后，其他比例只需复制后修改全局比例即可。

任务23 基础详图绘制

任务目标

(1)熟悉基础详图的绘制内容。

(2)能够应用 CAD 绘图软件和基础构造要求,绘制基础的标准构造详图。

23.1 基础详图绘制内容

基础标准构造详图包括柱纵向钢筋在基础中构造、墙身竖向分布钢筋在基础中构造、独立基础配筋构造、条形基础底板配筋构造、基础梁纵向钢筋与箍筋构造、基础梁端部及外伸部位构造、基础梁梁底不平和变截面部位钢筋构造、基础梁侧腋构造等,绘制内容如表 23-1 所示。

表 23-1 基础标准构造详图绘制内容

序号	类 别	主要内容
1	柱纵向钢筋在基础中构造	① 绘制基础及柱轮廓; ② 绘制纵向钢筋,根据构造要求计算纵筋伸入基础的长度与弯折长度,标注配筋信息及必要的尺寸; ③ 根据构造要求绘制箍筋或锚固区横向钢筋,标注配筋信息
2	墙身竖向分布钢筋在基础中构造	① 绘制基础及墙身轮廓; ② 绘制墙身竖向分布钢筋,根据构造要求计算竖向分布钢筋伸入基础的长度与弯折长度,标注配筋信息及必要的尺寸; ③ 根据构造要求绘制水平分布钢筋或锚固区横向钢筋,标注配筋信息

续表

序号	类　别	主要内容
3	独立基础配筋构造	① 绘制独立基础轮廓； ② 根据构造要求绘制基础底板钢筋； ③ 标注配筋信息及尺寸
4	条形基础底板配筋构造	① 绘制条形基础轮廓； ② 根据构造要求绘制基础底板钢筋； ③ 标注配筋信息及尺寸
5	基础梁纵向钢筋与箍筋构造	① 绘制基础梁轮廓； ② 根据构造要求绘制基础梁纵向钢筋； ③ 根据构造要求绘制基础梁箍筋； ④ 标注配筋信息及尺寸
6	基础梁端部及外伸部位构造	① 绘制基础轮廓； ② 根据构造要求绘制端部或外伸部位的钢筋构造； ③ 标注配筋信息及尺寸
7	基础梁梁底不平和变截面部位钢筋构造	① 绘制基础轮廓； ② 根据构造要求绘制有高差或梁宽不同时的钢筋构造； ③ 标注配筋信息及尺寸
8	基础梁侧腋构造	① 绘制基础梁与柱结合部侧腋轮廓； ② 根据构造要求绘制加腋位置的钢筋构造； ③ 标注配筋信息及尺寸

23.2 独立柱基础详图绘制示例

根据图 23-1 所示独立柱基础平法施工图，绘制独立基础的 1-1 断面图，绘图比例为 1∶1，出图比例为 1∶25，出图后钢筋线宽 0.5 mm。基础混凝土强度等级为 C30，垫层混凝土强度等级为 C15，基础底标高为－1.600 m。

1. 绘制独立基础轮廓

在图 23-1 中查看基础形式和截面尺寸，绘制基础轮廓，基础截面形式为阶形，基底标高为－1.600 m，基础垫层尺寸根据 22G101-3 图集，厚度为 100 mm。轮廓线采用中线，轴线采用单点长画线，并标注相应的尺寸及标高，标注尺寸时应将尺寸样式中的全局比例修改为 25。

2. 绘制独立基础底板钢筋

查看图 23-1 中独立基础的配筋信息，底部 X 方向配筋为Φ 12@180，Y 方向配筋为Φ 12@125，根据独立基础底板双向交叉钢筋长向设置在下、短向设置在上的规则，绘制基础钢筋，X 方向钢筋采用多段线“Pline”命令绘制，根据出图比例 1∶25 的要求，多段线线宽设置为 12.5；Y 方向钢筋采用圆环“Donut”命令绘制，圆环内径为 0，外径为 25。标注钢筋信息及图名、比例，绘制好的基础断面如图 23-2 所示。

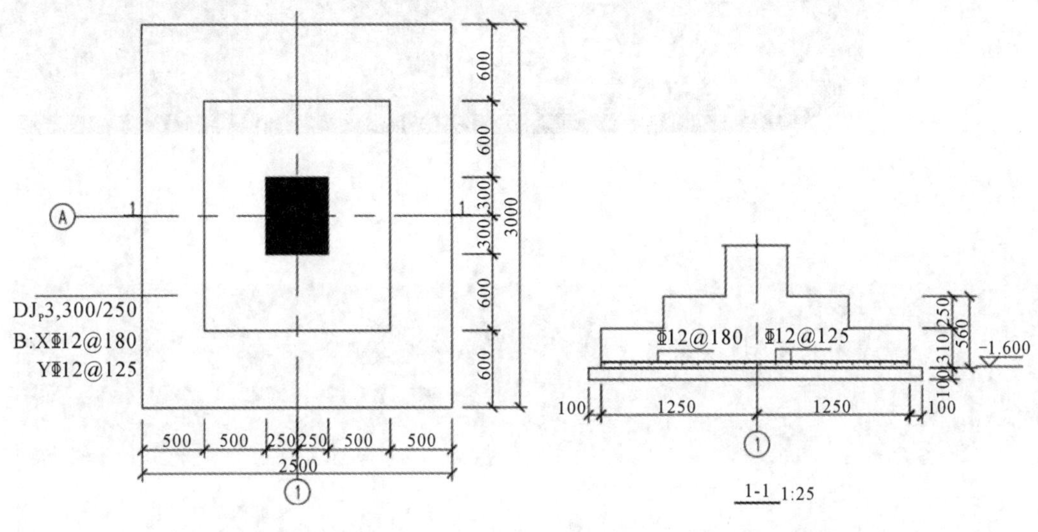

图 23-1 独立柱基础平法施工图

图 23-2 基础断面图

任务24
柱详图绘制

任务目标

能够利用 CAD 绘图软件绘制指定柱的标准构造详图。

24.1 柱详图绘制内容

柱详图包括柱纵向钢筋连接构造、剪力墙上柱纵筋构造、梁上柱纵筋构造、柱箍筋加密区范围、柱变截面位置纵向钢筋构造、柱顶纵向钢筋构造等，绘制内容如表 24-1 所示。

表 24-1　柱标准构造详图绘制内容

序号	类别	主要内容
1	柱纵向钢筋连接构造	① 绘制柱轮廓及纵向钢筋； ② 根据构造要求确定柱非连接区位置； ③ 在连接区绘制钢筋连接接头，标注错开连接的距离
2	剪力墙上柱纵筋构造	① 绘制墙、柱轮廓； ② 根据构造要求绘制纵筋及箍筋； ③ 标注尺寸及配筋信息
3	梁上柱纵筋构造	① 绘制梁、柱轮廓； ② 根据构造要求绘制纵筋及箍筋； ③ 标注尺寸及配筋信息
4	柱箍筋加密区范围	① 绘制柱轮廓及纵筋； ② 根据构造要求确定箍筋加密区，绘制柱箍筋； ③ 标注箍筋加密区范围及箍筋配筋信息

续表

<table>
<tr><th>序号</th><th>类别</th><th colspan="2">主要内容</th></tr>
<tr><td>5</td><td>柱变截面位置纵向钢筋构造</td><td colspan="2">① 绘制柱轮廓；
② 根据构造要求确定变截面位置纵向钢筋构造，绘制柱纵向钢筋；
③ 标注尺寸及配筋信息</td></tr>
<tr><td rowspan="2">6</td><td rowspan="2">柱顶纵向钢筋构造</td><td>中柱</td><td>① 绘制柱轮廓；
② 根据构造要求判断直锚或弯锚，绘制柱纵向钢筋；
③ 标注尺寸及配筋信息</td></tr>
<tr><td>边柱、角柱</td><td>① 绘制柱轮廓；
② 根据构造要求绘制柱纵向钢筋；
③ 标注尺寸及配筋信息</td></tr>
</table>

24.2 柱详图绘制示例

某工程框架边柱如图 24-1 所示，其标高为 11.950～14.950 mm，混凝土强度等级为 C30，抗震等级为四级，柱纵筋采用机械连接，柱上下端框架梁截面为 250 mm×500 mm。绘制柱纵向钢筋连接构造及柱箍筋加密区范围，绘图比例为 1∶1，出图比例为 1∶25。

某工程位于中间层框架边柱如图 24-1 所示，其标高为 11.950～14.950 mm，混凝土强度等级为 C30，抗震等级为四级，柱纵筋采用机械连接，柱上下端搁置梁截面为 250 mm×500 mm。

1. 绘制柱轮廓

根据图 24-1 和上述内容可以查到柱截面尺寸为 500 mm×500 mm，梁为 250 mm×500 mm，根据所述内容绘制柱轮廓。轮廓线采用细实线，轴线采用单点长画线，不可见轮廓线采用细虚线绘制，并标注相应的尺寸和标高，尺寸标注时将尺寸样式中的全局比例修改为 25，绘制好的柱轮廓如图 24-2 所示。

2. 绘制柱纵筋

查看图 24-1 中柱纵筋信息，绘制柱纵筋，纵筋采用粗实线，采用多段线绘制，线宽设置为 12.5，并标注纵筋 4Φ18+8Φ16，如图 24-3 所示。

3. 绘制柱箍筋

查看图 24-1 中箍筋信息，根据《混凝土结构施工图平面整体表示方法制图规则和构造详图(现浇混凝土框架、剪力墙、梁、板)》(22G101-1)对箍筋加密区和箍筋起步距的要求，绘制柱箍筋，绘制方法同纵筋，如图 24-4 所示。

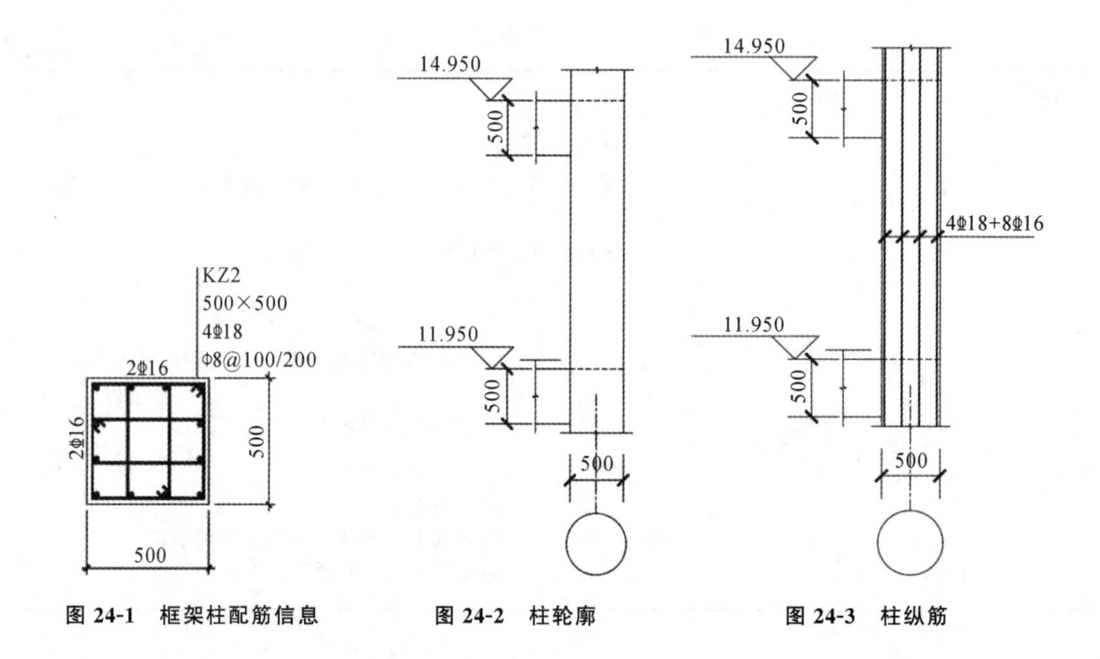

图 24-1 框架柱配筋信息　　图 24-2 柱轮廓　　图 24-3 柱纵筋

4. 标注柱箍筋信息及必要尺寸

查看图 24-1 中柱箍筋信息及 22G101-1 图集，柱箍筋加密区为 $H_n/6$、h_c、500 mm 中取大值，H_n 为楼层净高，h_c 为柱长边尺寸。$H_n/6=(3000-500)/6$ mm$=417$ mm，柱长边尺寸为 500 mm，三个数值取大值为 500 mm，考虑箍筋起步距为 50 mm，得到柱箍筋加密区范围尺寸为 550 mm，如图 24-5 所示。

5. 绘制柱纵筋连接点标注尺寸

该柱为机械连接，根据 22G101-1 图集要求，绘制柱纵筋连接点，并标注错开连接的距离为 $35d=35\times18$ mm$=630$ mm，如图 24-6 所示。

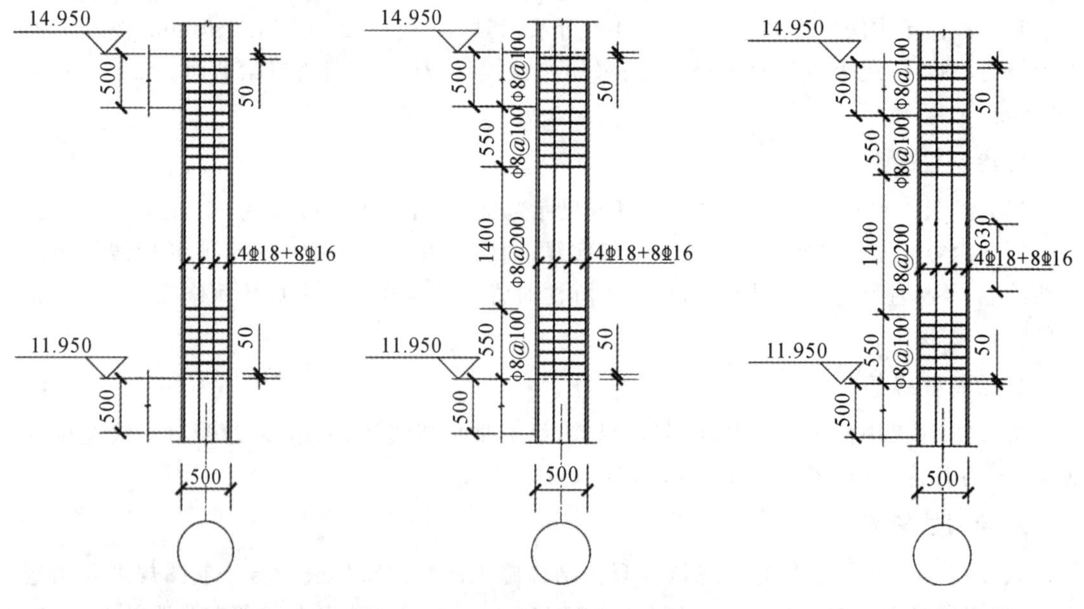

图 24-4 柱箍筋　　图 24-5 柱箍筋信息标注及必要尺寸　　图 24-6 柱纵筋连接构造

任务25 剪力墙详图绘制

任务目标

能够利用CAD绘图软件和剪力墙构造标注要求，绘制指定剪力墙标准构造详图。

25.1 剪力墙详图绘制内容

剪力墙标准构造详图包括剪力墙水平分布钢筋构造、剪力墙竖向钢筋构造、约束边缘构件(YBZ)构造、构造边缘构件(GBZ)构造、剪力墙连梁配筋构造、地下室外墙(DWQ)钢筋构造、剪力墙洞口补强构造等，绘制内容如表24-1所示。

表25-1 剪力墙标准构造详图绘制内容

序号	类别	主要内容
1	剪力墙水平分布钢筋构造	① 绘制剪力墙轮廓及墙身水平分布钢筋； ② 根据构造要求确定剪力墙水平分布钢筋构造； ③ 标注配筋信息及必要的构造尺寸
2	剪力墙竖向钢筋构造	① 绘制剪力墙轮廓及竖向钢筋； ② 根据构造要求确定剪力墙竖向钢筋构造； ③ 标注配筋信息及必要的构造尺寸
3	约束边缘构件(YBZ)构造	① 绘制约束边缘构件轮廓； ② 根据构造要求确定边缘构件钢筋构造； ③ 标注配筋信息及必要的构造尺寸

续表

序号	类别	主要内容
4	构造边缘构件(GBZ)构造	① 绘制构造边缘构件轮廓； ② 根据构造要求确定边缘构件钢筋构造； ③ 标注配筋信息及必要的构造尺寸
5	剪力墙连梁配筋构造	① 绘制剪力墙连梁轮廓； ② 根据构造要求绘制剪力墙连梁钢筋； ③ 标注配筋信息及必要的构造尺寸
6	地下室外墙(DWQ)钢筋构造	① 绘制地下室外墙轮廓； ② 根据构造要求绘制地下室外墙钢筋； ③ 标注配筋信息及必要的构造尺寸
7	剪力墙洞口补强构造	① 绘制洞口轮廓； ② 根据构造要求绘制剪力墙洞口补强钢筋； ③ 标注配筋信息及必要的构造尺寸

25.2 剪力墙详图绘制示例

1. 墙身水平分布钢筋构造详图

剪力墙平面图(局部)如图 25-1 所示，剪力墙结构混凝土强度等级为 C35，抗震等级为二级；根据图 25-1、图 25-2 以及 22G101-1 图集的要求，绘制标高 13.950～16.750 m 处 Q1 墙身水平分布钢筋构造详图。绘图比例为 1∶1，出图比例为 1∶25。

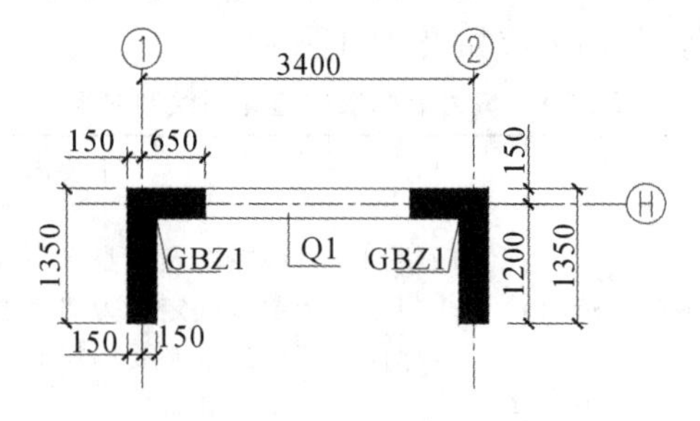

图 25-1　剪力墙平面图(局部)

编号	墙厚	排数	标高	水平分布钢筋	垂直分布钢筋	拉筋(矩形)
Q1	300	2	13.950~50.350	Φ12@200	Φ12@200	Φ6@600×600

图 25-2　剪力墙 Q1 配筋信息

2. 绘制剪力墙轮廓

根据图 25-1、图 25-2 中的信息，剪力墙的墙厚为 300 mm，①～②轴 L 形暗柱尺寸为 1350 mm×800 mm，轮廓采用细实线绘制。绘制好轮廓后进行尺寸标注，标注尺寸时将尺寸样式(Dimstyle)中的全局比例修改为 25，绘制好的轮廓如图 25-3 所示。

3. 绘制剪力墙墙身钢筋

根据图 25-2 信息，Q1 剪力墙墙身竖向和水平分布钢筋均为Φ12@200，墙身拉筋为Φ6@600×600 矩形布置。钢筋为粗实线，水平钢筋和拉筋采用多段线(Pline)命令绘制，线宽设置为 12.5 mm，竖向钢筋采用圆环(Donut)命令绘制，圆环内径为 0 mm，外径为 25 mm，并标注墙身钢筋的配筋信息，如图 25-4 所示。

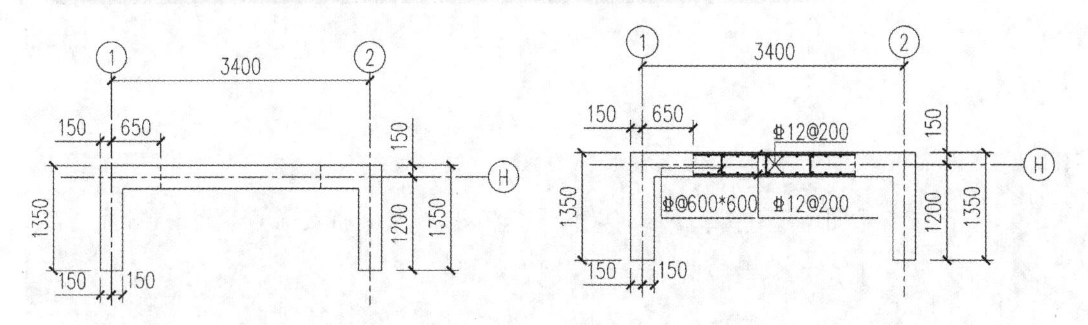

图 25-3　剪力墙 Q1 轮廓　　　图 25-4　剪力墙 Q1 钢筋

4. 墙身水平钢筋构造绘制

根据 22G101-1 图集，剪力墙水平分布钢筋在①～②轴 L 形暗柱位置，墙身水平分布钢筋紧贴暗柱角筋内侧弯折 $10d$，水平分布钢筋直径为 12 mm，弯折段长度为 120 mm。墙身水平分布钢筋的绘制方法同上，绘制好钢筋之后标注构造尺寸，如图 25-5 所示。

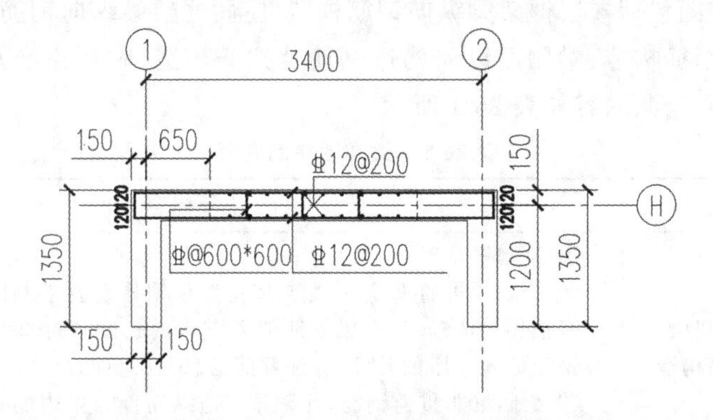

图 25-5　剪力墙 Q1 水平钢筋伸入边缘构件构造

任务26 梁详图绘制

任务目标

能够利用CAD绘图软件和梁构造标注要求，绘制指定梁标准构造详图。

26.1 梁详图绘制内容

梁标准构造详图包括楼层框架梁纵向钢筋构造、屋面框架梁纵向钢筋构造、梁中间支座纵向钢筋构造、梁箍筋构造、梁侧面纵向构造钢筋及拉筋构造、附加箍筋及吊筋构造、梁的悬挑端配筋构造等，绘制内容如表26-1所示。

表26-1 梁详图绘制内容

序号	类别	主要内容
1	楼层框架梁纵向钢筋构造	① 绘制梁轮廓； ② 绘制梁贯通钢筋，在端支座位置根据构造要求判断上部、下部纵筋采用直锚还是弯锚，计算梁纵筋伸入支座的长度，在中间支座位置计算梁下部钢筋伸入支座的长度，标注配筋信息及必要的尺寸； ③ 绘制梁非贯通钢筋，计算非贯通纵筋伸入梁内的长度，标注配筋信息及必要的尺寸
2	屋面框架梁纵向钢筋构造	① 绘制梁轮廓； ② 绘制梁贯通钢筋，在梁端支座位置根据上部钢筋与柱的关系计算其伸入支座的长度，采用直锚或者弯锚计算下部纵筋伸入支座的长度，在中间支座位置计算梁下部钢筋伸入支座的长度，标注配筋信息及必要的尺寸； ③ 绘制梁非贯通钢筋，计算非贯通纵筋伸入梁内的长度，标注配筋信息及必要的尺寸

续表

序号	类别	主要内容
3	梁中间支座纵向钢筋构造	① 绘制梁轮廓； ② 根据构造要求判断纵向钢筋是弯折通过还是断开分别锚固，绘制纵向钢筋； ③ 标注钢筋配筋信息及必要的尺寸
4	梁箍筋构造	① 绘制梁轮廓； ② 根据构造要求计算箍筋加密区范围，绘制梁箍筋； ③ 标注箍筋加密区范围及箍筋配筋信息
5	梁侧面纵向构造钢筋及拉筋构造	① 绘制梁轮廓； ② 根据构造要求绘制梁侧面纵向构造钢筋或抗扭钢筋； ③ 根据构造要求绘制拉筋； ④ 标注配筋信息及尺寸
6	附加箍筋及吊筋构造	① 绘制梁轮廓； ② 在附加箍筋范围内绘制梁附加箍筋； ③ 根据构造要求绘制梁吊筋； ④ 标注配筋信息及尺寸
7	梁的悬挑端配筋构造	① 绘制悬挑梁轮廓； ② 根据构造要求绘制悬挑端上部钢筋、下部钢筋； ③ 根据构造要求绘制悬挑端箍筋； ④ 标注配筋信息及尺寸

26.2　梁详图绘制示例

KL3 梁平法施工图如图 26-1 所示，框架柱截面尺寸为 500 mm×500 mm，梁顶标高为 3.550 mm，框架梁混凝土强度等级为 C30，梁抗震等级为三级，梁侧的板厚为 120 mm，⑨轴线右侧梁为 KL5，截面为 300 mm×600 mm，绘制此梁 1-1、2-2、3-3 截面图和梁纵剖图（不需要绘制梁侧面钢筋），绘图比例为 1∶1，截面图出图比例为 1∶25，纵剖图出图比例为 1∶50。

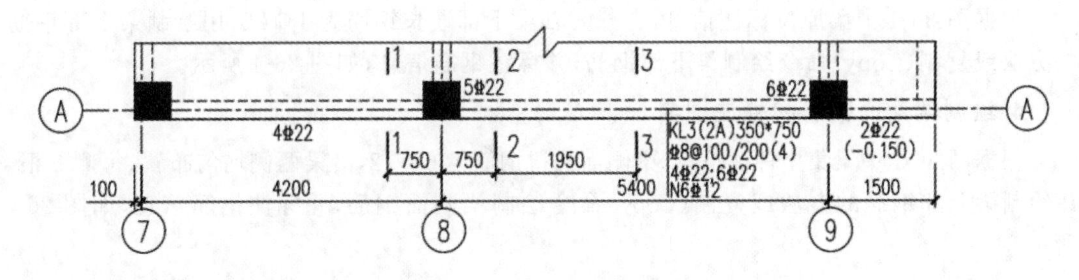

图 26-1　KL3 梁平法施工图

26.2.1 截面图绘制

1. 绘制 1-1 截面轮廓

根据图 26-1 中梁集中标注信息，1-1 截面梁宽 350 mm，梁高 750 mm，绘制梁截面轮廓，梁轮廓采用细实线绘制，绘制时注意楼板轮廓在梁的左侧。轮廓绘制好后进行梁截面尺寸标注，按照出图比例要求，标注尺寸时应将尺寸样式(Dinstyle)中的全局比例修改为 25，绘制好的梁截面轮廓如图 26-2 所示。

2. 绘制 1-1 截面箍筋

根据图 26-1 中梁原位标注信息以及 22G101-1 图集要求，此梁抗震等级为三级，其箍筋加密区长度为 1.5 h_b和 500 mm 中取大值，即箍筋加密区长度＝1.5×750 mm＝1125 mm，考虑箍筋起步距为 50 mm，取箍筋加密区长度为 1200 mm，则此处梁箍筋为Φ8@100(4)，四肢箍。箍筋为粗实线，采用多段线(Pline)命令绘制，根据出图比例要求，多段线线宽设置为 12.5，绘制好的梁截面箍筋如图 26-3 所示。

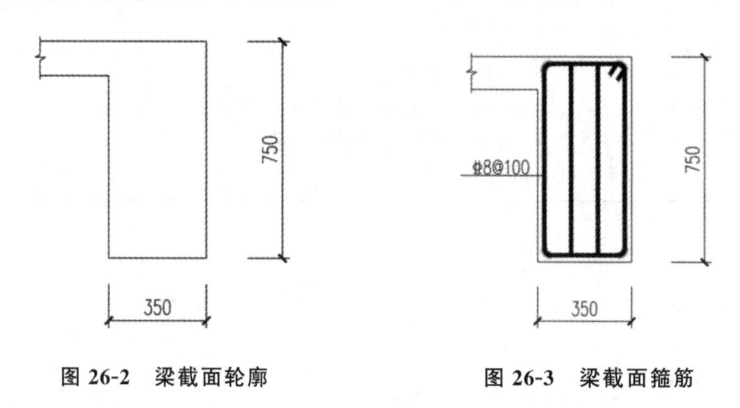

图 26-2 梁截面轮廓　　图 26-3 梁截面箍筋

3. 绘制 1-1 上部及下部钢筋

根据图 26-1 中梁原位标注信息，⑧轴左、右两侧梁上部钢筋为 5Φ22，包括集中标注的 4Φ22通长钢筋和 1Φ22 非贯通钢筋。非贯通钢筋伸入梁内的长度为 $l_n/3$(l_n取左、右两跨的较大值)，根据 22G101-1 图集要求并查看图 26-1，可得 l_n＝4900 mm，计算非贯通钢筋伸入梁内的长度为 1634 mm，1-1 截面上部钢筋为 5Φ22。用圆环(Donut)命令绘制梁上部钢筋，圆环内径为 0 mm，外径为 25 mm，并标注钢筋信息，如图 26-4 所示。

根据图 26-1 中梁原位标注信息，⑦～⑧轴梁下部通长钢筋为 4Φ22，用绘制梁上部钢筋的方法或复制(Copy)命令绘制梁下部钢筋，并标注钢筋信息，如图 26-4 所示。

4. 绘制梁侧面钢筋和标注图名

根据图 26-1 中梁集中标注信息，梁侧面抗扭钢筋为 6Φ12，沿梁两侧均匀布置，每侧 3 根，用绘制梁上部钢筋的方法或复制(Copy)命令绘制梁侧面钢筋，并标注钢筋信息，如图 26-5 所示。

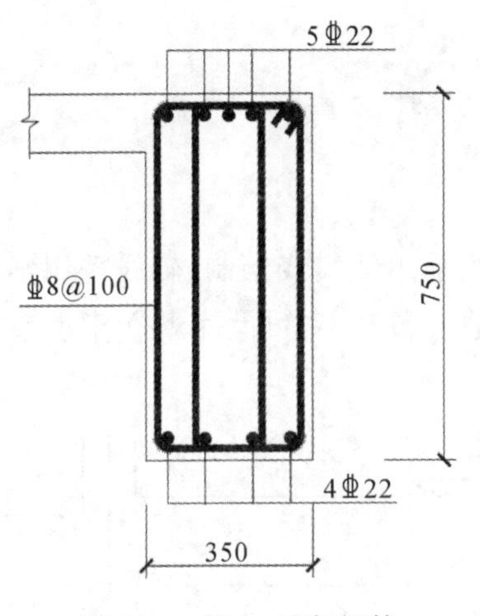

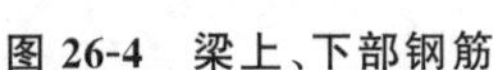

图 26-4　梁上、下部钢筋

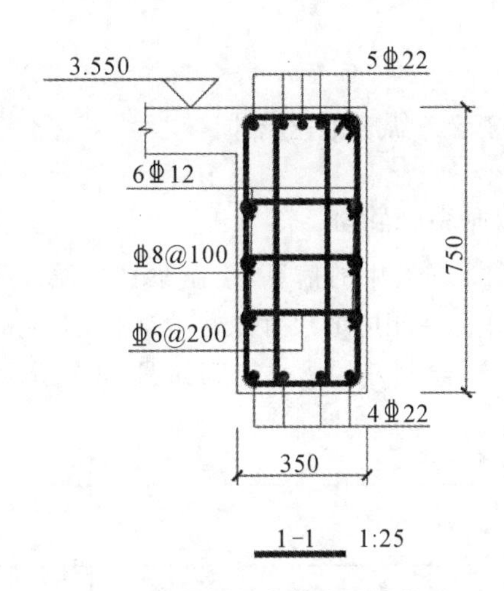

图 26-5　梁侧面钢筋和图名标注

根据 22G101-1 图集规定，梁宽≤350 mm，拉筋直径选用 6 mm，拉筋间距为箍筋间距的 2 倍，用多段线(Pline)命令绘制梁拉筋并标注拉筋信息，注写梁顶标高 3.550、图名 1-1 以及比例 1∶25，如图 26-5 所示。

5. 绘制 2-2 截面图

根据图 26-1 中梁平法标注内容，2-2 截面尺寸、标高、箍筋肢数、箍筋间距、上部钢筋、侧面钢筋均与 1-1 截面相同，复制 1-1 截面图，在 1-1 截面图的基础上进行修改。值得注意的是，在 2-2 截面轮廓中，板轮廓应在梁截面的右侧。根据梁集中标注内容，⑧～⑨轴梁下部通长钢筋为 6⌀22，则 2-2 截面下部钢筋为 6⌀22。绘制好的 2-2 截面如图 26-6 所示。

6. 绘制 3-3 截面图

根据图 26-1 中梁平法标注内容，3-3 截面尺寸、标高、箍筋肢数、侧面钢筋均与 2-2 截面相同，复制并镜像 2-2 截面图，在 2-2 截面图的基础上进行修改。3-3 截面位于箍筋非加密范围，箍筋间距为 200 mm，标注箍筋尺寸为⌀8@200，拉筋间距为 400 mm，标注拉筋尺寸为⌀6@400；1⌀22 非贯通钢筋，根据 1-1 截面图中计算结果，非贯通钢筋伸入梁内的长度为1634 mm，3-3 截面不位于该范围，则上部钢筋为通长钢筋 4⌀22，绘制的 3-3 截面如图26-7所示。

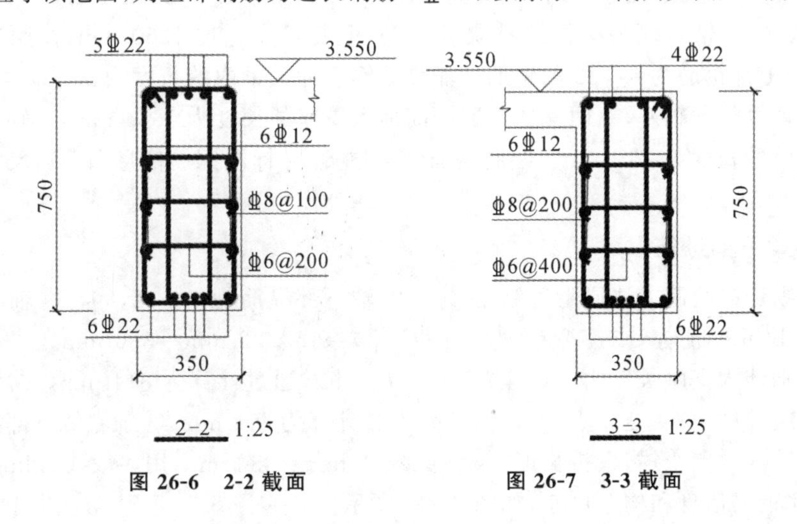

图 26-6　2-2 截面　　图 26-7　3-3 截面

26.2.2 纵剖图绘制

1. 绘制梁柱轮廓

根据图 26-8 中的信息，绘制梁柱轮廓。轮廓线采用细实线绘制，轴线采用细单点长画线绘制，并标注相应的尺寸及标高，标注尺寸时应将尺寸样式（Dimstyle）中的全局比例修改为 1∶50。绘制好的梁柱轮廓如图 26-8 所示。

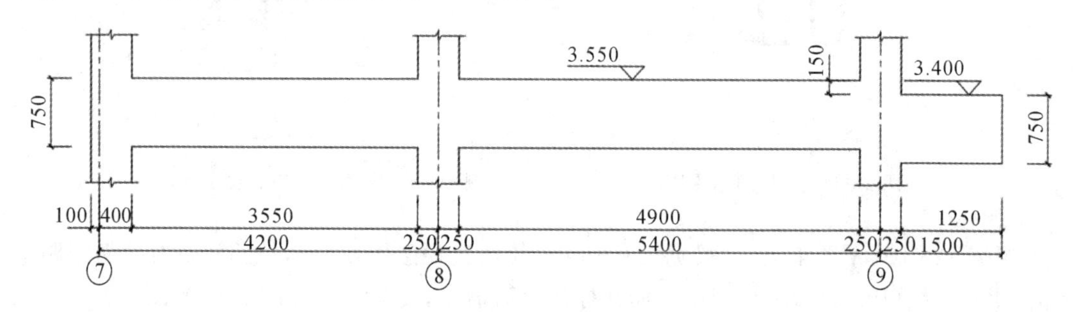

图 26-8 梁柱轮廓

2. 绘制梁上部通长钢筋

根据图 26-1 中梁集中标注内容，梁上部通长钢筋为 4Φ22，通长钢筋为粗实线，采用多段线(Pline)命令绘制，多段线线宽设置为 25 mm。根据提供的信息，框架梁混凝土强度等级为 C30，梁抗震等级为三级，钢筋为 HRB400 级钢筋，查 22G101-1 图集得到 $l_{aE}=37d=37\times22$ mm$=814$ mm，两端钢筋均采用弯锚，左侧钢筋伸至⑦轴框架柱外侧角筋内侧，下弯 $15d=15\times22$ mm$=330$ mm，⑨轴框架柱左、右两侧梁高差为 150 mm，根据 22G101-1 图集要求，$\Delta h/(h_c-50)=150/(750-50)>1/6$，⑧—⑨框架梁应采用弯锚，⑨柱外侧纵筋内侧下弯 $15d=15\times22$ mm$=330$ mm，并标注钢筋信息及必要的构造尺寸。⑨轴右侧梁应采用直锚，直锚长度为 l_{aE} 和 $0.5hc+5d$ 中取大值，即直锚长度＝814 mm，如图 26-9 所示。

3. 绘制上部非贯通钢筋

根据图 26-1 中梁原位标注内容，⑧轴左、右两侧为 1Φ22 非贯通纵筋，⑨轴左侧为 2Φ22 非贯通纵筋，⑨轴右侧为 2Φ22 非贯通纵筋，但其长度超过 1250 mm，按照通长钢筋布置，⑨轴右侧上部钢筋为 6Φ22 的钢筋。非贯通钢筋伸入梁内的长度为 $l_n/3$（l_n 取左、右两跨的较大值），计算得⑧轴左、右两侧非贯通纵筋伸入支座的长度为 1634 mm，⑨轴左侧非贯通纵筋伸入支座的长度为 1634 mm，绘制钢筋断点位置，并标注钢筋信息和构造尺寸，如图 26-10 所示。

4. 绘制梁下部纵筋

梁下部纵筋的绘制方法同上部纵筋，⑦～⑧轴下部纵筋为 4Φ22，⑧～⑨轴下部纵筋为 4Φ22，⑦轴下部纵筋伸入支座弯锚，弯折长度 $15d=15\times22$ mm$=330$ mm。⑧轴中间支座位置钢筋分别伸入支座长度为 l_{aE}，且 $l_{aE}\geqslant1.5h_b+5d$，通过计算为 814 mm。⑨轴左侧下部纵筋伸入支座长度为 l_{aE}，且 $l_{aE}\geqslant1.5h_b+5d$，通过计算为 814 mm，⑨轴右侧下部纵筋伸入柱支座外侧纵筋的内侧弯锚，弯折长度 $15d=15\times22$ mm$=330$ mm，用多段线(Pline)命令绘制钢筋，并标注钢筋信息和构造尺寸，如图 26-11 所示。

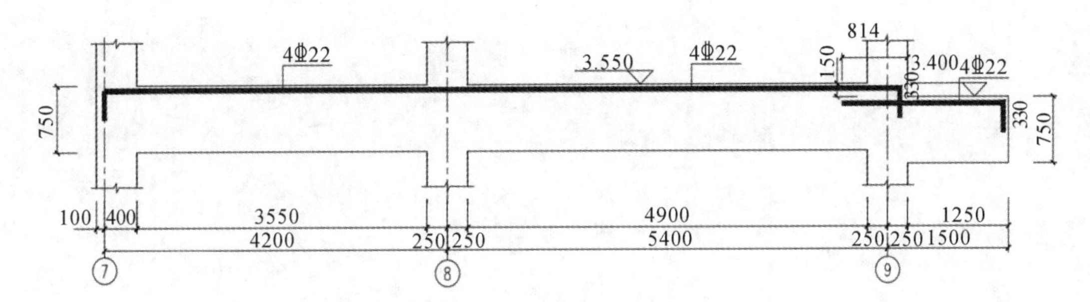

图 26-9 梁上部通长钢筋

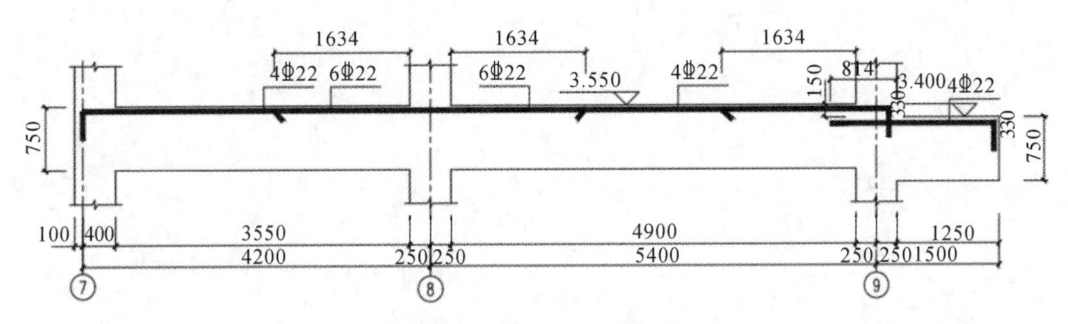

图 26-10 梁上部非通长钢筋

5. 绘制梁箍筋

根据图 26-1 中梁集中标注内容，梁箍筋为Φ8@100/200，四肢箍。框架梁抗震等级为三级，梁两端的箍筋加密范围为 $1.5\times h_b=1.5\times750$ mm = 1125 mm，考虑箍筋起步距离为 50 mm，梁箍筋加密区范围取 1200 mm。箍筋为粗实线，绘制方法同纵筋，标注配筋信息及加密区范围，如图 26-12 所示。

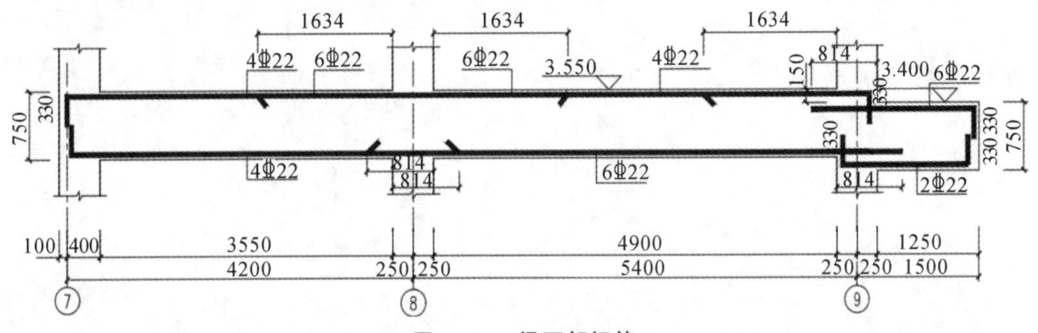

图 26-11 梁下部钢筋

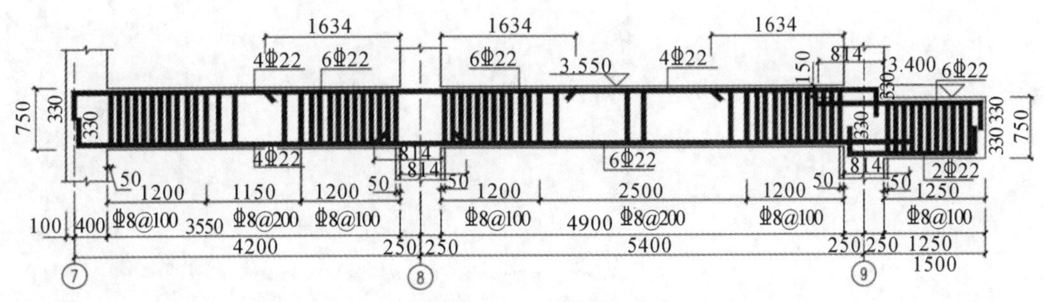

图 26-12 梁箍筋

项目6

综合识图训练

ZONGHE SHITU XUNLIAN

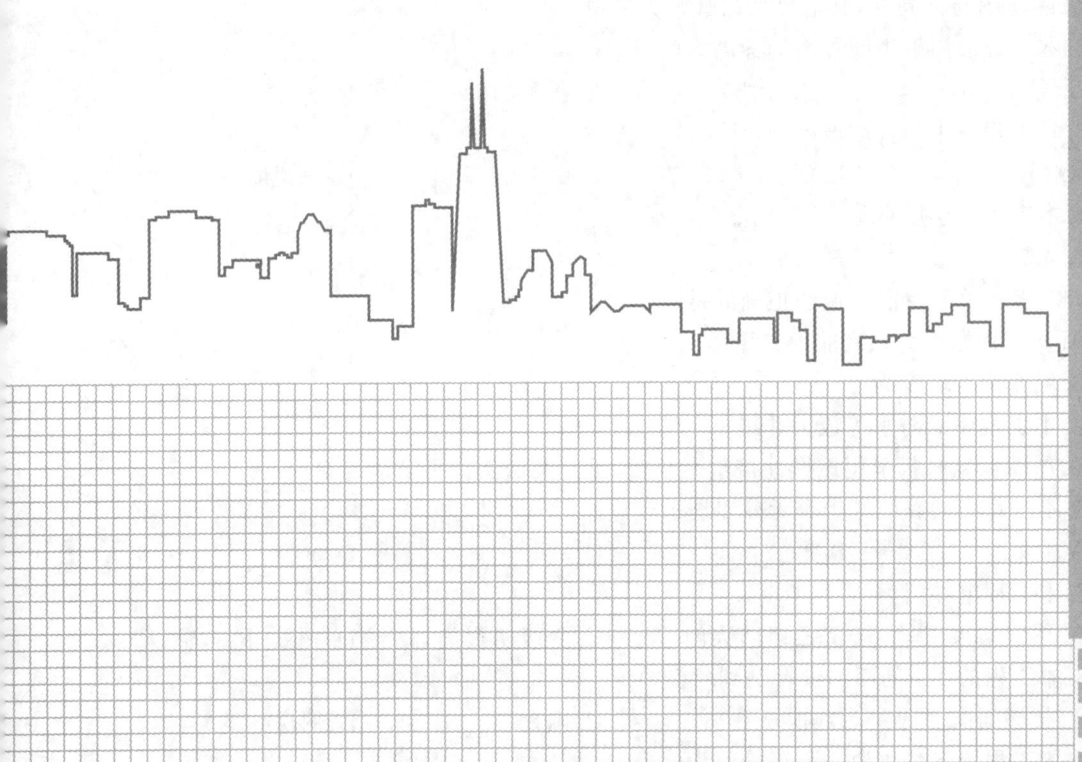

任务27
施工图识读实训

熟读附图“13＃楼”施工图后完成下列问题。

1. 根据建筑施工图总设计说明，以下说法错误的是（　　）。

A. 本工程地上9层、地下1层

B. 本工程建筑面积为2203.51 m^2

C. 本工程为多层公共建筑

D. 除总图与标高外，其他尺寸以毫米为单位

2. 本工程一层卫生间楼面的标高为（　　）m。

A. ±0.000　　B. －0.450　　C. －0.015　　D. －0.450

3. 本工程卫生间找坡坡度为（　　）。

A. 1%　　B. 2%　　C. 0.5%　　D. 未说明

4. 本工程一层层高是（　　）m。

A. 4.5　　B. 3.6　　C. 3.8　　D. 3.0

5. 本工程关于屋面的说法正确的是（　　）。

A. 本工程屋面为只有非上人屋面

B. 屋面排水坡度为1%

C. 本工程屋面防水等级为Ⅱ级

D. 屋面保温材料采用难燃性挤塑聚苯板，厚度及做法详见节能专篇

6. 本工程中共有（　　）个无障碍坡道。

A. 1　　B. 2　　C. 3　　D. 0

7. 本工程电井门为（　　）。

A. 甲级防火门　　B. 乙级防火门　　C. 丙级防火门　　D. 一般门

8. 本工程的1-1剖面图没有剖到（　　）。

A. 楼梯间　　B. 书房　　C. 阳台　　D. 厨房

9. 本工程厨房墙体说法不正确的为（　　）。

A. 面层采用5～8 mm厚瓷砖（规格300 mm×600 mm），防水砂浆勾缝

B. 基层墙体处理（做法参见西南18J515-2018）

C. 墙体燃烧性能等级为 B 级

D. 墙砌体材料采用混凝土实心砖

10. 本工程每层布置(　　)个消火栓。

A. 1　　B. 2　　C. 3　　D. 4

11. 根据结构施工图设计总说明,以下说法错误的是(　　)。

A. 本工程抗震设防烈度为 6 度

B. 抗震等级为二级

C. 建筑物耐火等级地上为二级、地下为一级

D. 地基基础的设计等级为乙级

12. 有关基础,以下说法错误的是(　　)。

A. 本工程所有基础为独立基础

B. 未注明的垫层采用 100 厚 C20 素混凝土

C. 挡墙墙背后填 200 厚片石滤水层,滤水层后填土应采用透水性材料,填土内摩擦角不小于 30°,并应分层压实,压实系数≥0.94

D. 换填材料采用土夹石或砂夹石(碎石、卵石占全重的 40%),砂石的最大粒径不大于 50 mm,级配良好,不含植物残体、垃圾等杂质

13. 关于本工程有关的梁,以下说法错误的是(　　)。

A. 梁中的混凝土采用 C30

B. 梁的混凝土的钢筋保护层厚度为 30 mm

C. 梁高 h<500 mm 时,不允许留孔径超过 50 mm 的孔洞

D. 普通梁跨度≥4.0 m 时应按 3 L/1000 起拱(L 为跨度)

14. 梁平法施工图中的 N4 ϕ12 表示梁腹部(　　)。

A. 每侧配有 4 ϕ12 的构造筋　　B. 每侧配有 2 ϕ12 的抗扭筋

C. 每侧配有 2 ϕ12 的构造筋　　D. 每侧配有 4 ϕ12 的抗扭筋

15. 梁钢筋搭接接头的位置为(　　)。

A. 下部纵筋在支座处搭接,上部纵筋在跨中 1/3 范围内搭接

B. 上部纵筋在支座处搭接,下部纵筋在跨中 1/3 范围内搭接

C. 均在支座处搭接

D. 均在跨中 1/3 范围内搭接

16. 关于本工程有关的框架柱,以下说法正确的是(　　)。

A. 基顶～−0.050 处 KZ2 角筋为 4 ϕ18

B. 23.750～26.700 处 KZ1 箍筋间距均为 100 mm

C. 框架柱的混凝土采用 C30

D. 本工程有 6 种框架柱

17. 有关板,以下说法错误的是(　　)。

A. 本工程所有板厚均为 120 mm

B. 相邻板共用筋时,以配筋较大者在上,其他钢筋再按以上原则相应排布

C. 当板跨度≥4.0 m 时,板跨中应起拱 L/400(L 为跨度)

D. 当楼板短边尺寸≥4.2 m 时,应将原板面受力筋间隔拉通

18. 所有钢材、钢筋应有出厂合格证明或有合格实验报告单,钢筋的强度标准值应具有

不小于(　　)的保证率。

A. 99%　　B. 95%　　C. 96%　　D. 94%

19. 工程中钢筋在最大拉力下的总伸长率实测值不应小于(　　)。

A. 9%　　B. 5%　　C. 8%　　D. 10%

20. 主、次梁交接部位在主梁设置的附加箍筋的间距应为(　　)。

A. 50 mm　　B. 100 mm　　C. 200 mm　　D. 图中未说明

21. 抗震设防地区有地下室的框架柱，柱根箍筋加密区范围(从基础顶算起)为(　　)。

A. $\geqslant H/6$，刚性地面上、下各 500 mm

B. $\geqslant H_n-6$，刚性地面上、下各 500 mm

C. $\geqslant H/6$，$\geqslant$500 mm，$\geqslant h_c$

D. $\geqslant H_n/6$，$\geqslant$500 mm，$\geqslant h_c$

22. 关于独立基础底部钢筋叙述正确的是(　　)。

A. 当基础某边长度≥2.5 m 时，双向受力钢筋的长度均可取边长的 0.9 倍，并交错布置

B. 当基础某边长度≥2.5 m 时，该边受力钢筋的长度可取边长的 0.9 倍，并交错布置

C. 当基础短边尺寸≥2.5 m 时，双向受力钢筋的长度方可取边长的 0.8 倍，并交错布置

D. 在任何情况下受力钢筋的长度均可取边长的 0.8 倍，并交错布置

23. 本工程当填充墙的高度大于(　　)时，在墙内应设置钢筋混凝土水平系梁。

A. 4 m　　B. 5 m　　C. 8 m　　D. 层高 3 倍

24. 有关本工程配筋构造，下列叙述正确的是(　　)。

A. 附加筋应设置在主次梁相交处的次梁上

B. 梁构造筋的锚固长度用 l_l 表示

C. 边柱柱顶纵筋必须采用梁筋入柱搭接的构造

D. 箍筋加密范围按四级抗震等级设置

25. 框架梁梁端设置的第一道箍筋离柱边缘的距离为(　　)。

A. 50 mm　　B. 1 倍箍筋间距　　C. 100 mm　　D. 0.5 倍箍筋间距

26. 本工程楼梯踏步宽度为(　　)mm。

A. 270　　B. 260　　C. 300　　D. 280

27. 关于本工程中的填充墙，不符合要求的是(　　)。

A. 填充墙体应沿框架柱、构造柱或剪力墙全高每隔 500 mm～600 mm 设拉结筋

B. 填充墙砌体质量控制等级按 B 级

C. 砌筑时应先砌墙，后浇构造柱

D. 除特别注明外填充墙内所有构件混凝土等级均为 C30

28. 关于本工程门窗洞口墙垛，下列说法正确的是(　　)。

A. 当墙垛≤200 时，墙垛靠门窗洞口边设置 2Φ10 纵向钢筋

B. 当墙垛≤200 时，墙垛设置Φ6@250 开口箍筋

C. 当墙垛≤200 时，墙垛靠门窗洞口边设置 2Φ12 纵向钢筋

D. 当墙垛≤200 时，墙垛设置开口箍筋伸入钢筋砼竖向构件内 200 mm

29. 本工程屋面采用(　　)保温材料。

A. 难燃型挤塑聚苯板　　B. 泡沫混凝土

C. 膨胀珍珠岩　　D. 泡沫颗粒板

30. 本工程框架柱的纵筋焊接连接不符合规范要求的是( )。

A. 相邻纵向钢筋接头位置宜错开,同一截面连接的钢筋数量不宜超过总数量的50%

B. 接头中心之间的距离不应小于300 mm

C. 柱纵筋接头位置宜避开柱端箍筋加密区

D. 柱纵筋接头无法避开柱端箍筋加密区时纵筋应采用机械连接或焊接

31. 供日常主要交通用的楼梯梯段宽度不应少于( )人流。

A. 一股 B. 两股 C. 三股 D. 四股

32. 建筑物屋面的防水等级分为( )。

A. Ⅰ、Ⅱ、Ⅲ、Ⅳ B. Ⅰ、Ⅱ、Ⅲ C. Ⅰ、Ⅱ D. Ⅰ、Ⅱ、Ⅲ、Ⅳ、Ⅴ

33. 本工程主入口朝向为( )。

A. 正南 B. 正北 C. 东南 D. 西北

34. 本工程标准层楼梯为( )级。

A. 18 B. 17 C. 16 D. 19

35. 女儿墙泛水处防水层的泛水高度不应小于( )mm。

A. 200 B. 300 C. 350 D. 250

36. 本工程的上人屋面结构标高为( )m。

A. 26.700 B. 27.100 C. 31.000 D. 30.600

37. 本工程有( )个防火分区。

A. 1 B. 2 C. 3 D. 4

38. 本工程油烟井盖顶标高为( )。

A. 26.700 B. 27.100 C. 31.000 D. 30.600

39. 本工程建筑物地面高度为( )m。

A. 26.7 B. 28.2 C. 32.9 D. 31.4

40. 本工程窗的尺寸不包含( )。

A. 900×1200 B. 900×1400 C. 800×600 D. 1500×1400

41. 本工程电梯载重为( )kg。

A. 800 B. 1000 C. 1200 D. 图中未说明

42. 本工程电梯井底标高为( )。

A. −0.150 B. ±0.000 C. −6.200 D. 图中未说明

43. 本工程一层平面图中,楼梯第一个休息平台的结构标高为( )。

A. 0.450 B. 2.450 C. 3.600 D. ±0.000

44. 本工程基础持力层为( )。

A. 微风化岩 B. 砾石 C. 中风化岩 D. 砂土

45. 本工程ZJ1a单桩承载力特征值为( )kN。

A. 897 B. 1368 C. 1933 D. 1114

46. 本工程室外排水沟坡度为( )。

A. 0.05% B. 1% C. 2% D. 0.5%

47. 外墙的找平层的材质为( )。

A. 水泥砂浆 B. 磷石膏抹灰砂浆

C. 细石混凝土 D. 聚合物水泥防水砂浆

48. 本工程室外地坪标高相当于国家高程的(　　)。

A. 586.800　　B. 585.800　　C. 585.900　　D. 586.900

49. 7 层外墙窗 TC1818 应设置护窗栏杆,防护高度不应小于(　　)mm。

A. 900　　B. 1100　　C. 1050　　D. 600

50. 本工程立面“　　”图例表示为(　　)。

A. 铝合金格栅　　B. 深灰色金属型材

C. 古铜色铝合金板　　D. 深灰色涂料

51. 本工程三层平面图中 D3 为卫生间排气孔洞,洞底距地面为(　　)。

A. 2200　　B. 2300　　C. 2500　　D. 2000

52. 基坑回填土及位于设备基础、地面、散水、踏步的基础之下的回填土,其压实系数不应小于(　　)。

A. 0.94　　B. 0.97　　C. 0.95　　D. 0.90

53. 本工程中的电梯洞口为(　　)mm。

A. 1200　　B. 1050　　C. 1100　　D. 1250

54. 梁平法施工图中标注“(−0.100)”表示(　　)。

A. 梁顶面低于所在结构层基准标高 0.100 m

B. 梁底面高于所在结构层基准标高 0.100 m

C. 梁顶面低于所在层建筑标高 0.100 m

D. 梁面绝对标高为−0.100 m

55. 本工程 2.950～23.750 标高段,GBZ1 纵筋为(　　)。

A. 4Φ12+2Φ10　　B. 4Φ12+4Φ10　　C. 6Φ10　　D. 2Φ12+4Φ10

56. 本工程 8.950～23.750 标高段,LB2 板底钢筋为(　　)。

A. X&Y Φ8@180　　B. X&Y Φ8@200　　C. X&Y Φ10@200　　D. X&Y Φ10@180

57. 图 27-1 是柱平法施工图注写方式,箍筋类型是(　　)。

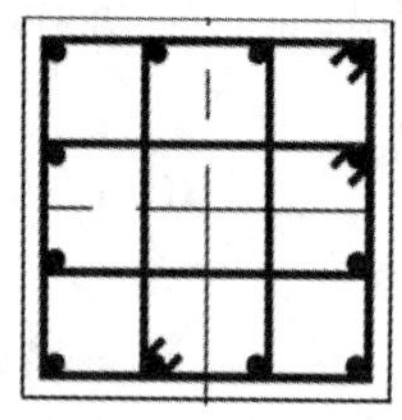

图 27-1

A. 2×2　　B. 4×3　　C. 4×4　　D. 3×4

58. 本工程构造柱一般应设置在结构的主、次梁,柱,混凝土墙上,其纵筋为(　　)。

A. 4Φ12　　B. 4Φ10　　C. 4Φ8　　D. 4Φ14

59. 关于本工程柱箍筋加密范围的下列叙述中不符合规范要求的是(　　)。

A. 柱端加密区长度为柱截面长边尺寸(或圆柱直径)、柱净高的 1/6 和 500 mm 三者中的最大值

B. 嵌固端的柱根加密区长度为不应小于柱净高的 1/5

C. 刚性地面处,取其上、下各 500 mm

D. 对柱净高与柱截面高度之比不大于 4 的柱,取全高加密

60. 本工程筏基、独基、条基、基梁、水池底板底部混凝土保护层厚度为(　　)mm。

A. 30　B. 40　C. 70　D. 图中未说明

61. 本工程 26.700 标高处,L4 梁跨为(　　)。

A. 4　B. 6　C. 5　D. 3

62. 本工程环境类别为一类的部位是(　　)。

A. 卫生间　B. 基础　C. 屋面　D. 一般楼面

63. 本工程剪力墙层高范围最下一排水平分布筋距底部板顶的间距为(　　)mm。

A. 100　B. 70　C. 80　D. 50

64. 本工程中 TC0618 的数量为(　　)樘。

A. 9　B. 18　C. 16　D. 图纸中未表明

65. 本工程中 TC2118 采用的玻璃是(　　)

A. 5 mm 玻璃＋12 mm 玻璃＋5 mm 玻璃

B. 6 mm 玻璃＋12 mm 玻璃＋6 mm 玻璃

C. 6 mm 玻璃＋9A＋6 mm 玻璃

D. 5 mm 玻璃＋9A＋5 mm 玻璃

66. 本工程灭火器有(　　)个。

A. 9　B. 18　C. 16　D. 24

67. 本工程油烟井有(　　)个。

A. 4　B. 3　C. 2　D. 无油烟井

68. 本工程中屋面雨水管的数量为(　　)个。

A. 2　B. 3　C. 4　D. 5

69. 本工程中卫生间的地面采用(　　)。

A. 8～10 厚 300 mm×300 mm 防滑地砖面层

B. 原浆楼面

C. 6 厚 600 mm×600 mm 光滑地砖面层

D. 8 厚 300 mm×300 mm 光滑地砖面层

70. 本工程屋面采用的防水材料是(　　)。

A. 防水砂浆　B. 防水混凝土

C. SBS 改性沥青防水卷材　D. APP 改性沥青防水卷材

71. 基础标注“DJ_J2 h＝600 X&Y:ϕ12@120”时,表示(　　)。

A. 阶梯形独立基础,其阶梯高度为 600 mm,其基础底板双向钢筋均为 HPB300,间距为 120 mm

B. 阶梯形独立基础,其阶梯高度为 600 mm,其基础底板双向钢筋均为 HPB400,间距为 120 mm

C. 阶梯形独立基础,其阶梯高度为 600 mm,其基础底板双向钢筋均为 HRB400,间距为 120 mm

D. 坡形独立基础,其阶梯高度为 600 mm,其基础底板双向钢筋均为 HPB400,间距为 120 mm

72. 本工程中的框架梁(梁高为 h_b)梁端箍筋加密区长度为(　　)的较大值。

A. 1.5h_b和 500 mm　B. 2h_b和 500 mm

C. 1.5h_b和 1000 mm　　　　D. 2h_b和 1000 mm

73. 按照 22G101-1 图集的要求，当梁侧向构造钢筋的拉筋未注明时，以下做法不正确的是（　　）。

A. 梁宽≤350 mm 时，拉筋直径为 6 mm

B. 梁宽>350 mm 时，拉筋直径为 8 mm

C. 拉筋间距为加密区箍筋间距的 2 倍

D. 拉筋间距为非加密区箍筋间距的 2 倍

74. 本工程中做法有误的是（　　）。

A. 剪力墙水平分布筋、竖向分布筋未注明的情况下均为双排，水平分布筋位于外层，竖向分布筋位于内层

B. 梁高 h<500 mm 时，不允许留孔径超过 50 mm 的孔洞

C. 当过梁上部墙体荷载≤L_n/3 墙体高度时，过梁按附加线荷载等级为 0 级选用

D. 当结构图中电梯井道不是钢筋混凝土墙体时，井道应采用 MU10 级多孔配砖砌筑，每个梯井的四角及电梯门洞两侧可不设构造柱

75. 下列关于轴线设置的说法正确的是（　　）。

A. 拉丁字母的 I、O、Z 可以用作轴线编号

B. 当字母数量不够时，可增用双字母加数字注脚

C. 1 号轴线之前的附加轴线的分母应以 0A 表示

D. 通用详图中的定位轴线必须注写轴线编号

76. 本工程在后浇带两侧混凝土龄期达到（　　）天后封闭。

A. 28　　B. 35　　C. 14　　D. 45

77. 本工程屋面防水等级设为（　　）级，防水层合理使用年限为（　　）年。

A. I、20　　B. Ⅱ、10　　C. I、15　　D. Ⅱ、15

78. 本工程中板底筋的锚固长度要求为（　　）。

A. 伸至墙或梁中心线

B. 伸入墙或梁不应小于 5d，d 为受力筋直径

C. 伸至墙或梁中心线且不应小于 5d，d 为受力筋直径

D. 不小于 l_a

79. 基础底板起步筋的起步距满足平法图集（22G101-3 图集）构造要求的是（　　）。

A. 100 mm

B. 200 mm

C. 50 mm

D. 在板底同方向钢筋间距的一半和 75 mm 中取最小值

80. 2.950 标高梁平法施工图中 KL9 中截面下部筋为（　　）。

A. 2⌀16　　B. 2⌀14　　C. 4⌀22 2/2　　D. 4⌀22

附录
施工图纸案例

建筑施工图

结构施工图

参考文献

[1] 中华人民共和国住房和城乡建设部. 房屋建筑制图统一标准:GB/T 50001—2017[S]. 北京:中国建筑工业出版社,2017.

[2] 中华人民共和国住房和城乡建设部. 总图制图标准:GB/T 50103—2010[S]. 北京:中国计划出版社,2010.

[3] 中华人民共和国住房和城乡建设部. 建筑制图标准:GB/T 50104—2010[S]. 北京:中国计划出版社,2010.

[4] 中华人民共和国住房和城乡建设部. 建筑结构制图标准:GB/T 50105—2010[S]. 北京:中国建筑工业出版社,2010.

[5] 中国建筑标准设计研究院. 混凝土结构施工图平面整体表示方法制图规则和构造详图(现浇混凝土框架、剪力墙、梁、板):22G101-1[S]. 北京:中国标准出版社,2022.

[6] 中国建筑标准设计研究院. 混凝土结构施工图平面整体表示方法制图规则和构造详图(现浇混凝土板式楼梯):22G101-2[S]. 北京:中国标准出版社,2022.

[7] 中国建筑标准设计研究院. 混凝土结构施工图平面整体表示方法制图规则和构造详图(独立基础、条形基础、筏形基础、桩基础):22G101-3[S]. 北京:中国标准出版社,2022.

[8] 游普元. 建筑制图技术[M]. 北京:化学工业出版社,2007.

[9] 何斌,陈锦昌,王枫红. 建筑制图[M]. 8 版. 北京:高等教育出版社,2020.

[10] 刘军旭,雷海涛. 建筑工程制图与识图[M]. 2 版. 北京:高等教育出版社,2018.

[11] 张义坤. 建筑工程制图与识图[M]. 西安:西安电子科技大学出版社,2020.

[12] 夏玲涛. 建筑工程识图(中高级——土建施工)[M]. 北京:高等教育出版社,2022.

[13] 李丽文,张晶莹. AutoCAD2017 建筑制图案例教程. 北京:航空工业出版社,2017.